MAXI BEST OF

Option MATHS EXPERTES

Nouveaux programmes
Terminale Générale

D1728996

Du même auteur... pour les élèves de terminale :

Nouveau programme :

- Maxi Best Of Annales Concours Post-Bac (Maths) ; Août 2022.
- Maxi Best Of Annales Concours Post-Bac (Physique-Chimie) ; Août 2022.
- Maxi Best Of Maths Complémentaires ; octobre 2020.
- Maxi Best Of Spécialité Maths ; août 2020.
- Maxi Best Of Chimie ; août 2020.
- Maxi Best Of Physique ; août 2020.

Ancien programme :

- MATHS Concours Puissance Alpha ; oct. 2019.
- MATHS Concours Avenir ; sept. 2019.
- MATHS Concours Geipi-Polytech ; sept. 2019.
- MATHS Concours Advance ; août 2019.

AVANT-PROPOS

Cet ouvrage est destiné aux élèves de Terminale (Générale) ayant choisi l'option « Mathématiques Expertes » (Nouveau programme 2020). Cet ouvrage a été conçu pour que l'élève puisse acquérir des bases solides et pour faire en sorte que sa préparation aux contrôles continus soit optimale.

Tout particulièrement, l'aspect rédactionnel des corrections permettra à l'élève de voir ce que l'on attend de lui, car c'est souvent sur ce point qu'on voit chez lui, les faiblesses. En maths, pour réussir, il faut dans un premier temps assimiler les formules et ensuite s'entraîner sur des exercices types afin de développer des automatismes.

Plusieurs types d'exercice sont proposés, d'une part, des problèmes de type « rédactionnel », mais aussi des questions de type « Vrai ou Faux » ou encore « Trouver la bonne réponse », qui tombent de plus en plus fréquemment dans différents concours post-bac.

Les cours et exercices ont été classés par thèmes de manière à cibler les questions types sur un chapitre que l'on maîtrise le moins. C'est à force de répétitions que l'on développe les mécanismes et réflexes qu'il faut avoir aux contrôles continus faits en classe. Les chapitres sur les nombres complexes et le calcul matriciel sont très importants pour les élèves désireux de suivre des études scientifiques après le bac.

J'espère que vous aurez autant de plaisir à travailler les exercices de cet ouvrage que j'en ai eu à écrire les corrections de manière très explicite ; je suis persuadé qu'il vous permettra de réussir au mieux les contrôles de classe dans d'excellentes conditions.

Vos critiques comme vos éloges m'aideront à améliorer encore ce livre : vous pouvez d'ailleurs m'en faire part à l'adresse suivante :

contact@mondial-maths.com.

Bonne relecture et bon travail !

L'auteur, Franck Toubalem

REMERCIEMENTS

Je tiens à remercier avant tout ma femme Jocelyne, pour ses encouragements afin que cet ouvrage voit le jour, mais surtout pour sa précieuse relecture. Je n'aurai jamais suffisamment de mots pour lui exprimer ma sincère gratitude.

QUELQUES MOTS SUR L'AUTEUR...

L'auteur de cet ouvrage est Franck Toubalem ; ancien professeur de l'éducation nationale. Après des études de physique théorique (Licence et Maîtrise), il a obtenu son Capes es-Sciences Physiques et a été admissible à l'agrégation. Il s'est ensuite orienté vers la recherche et a obtenu un DEA en Génie Civil, suivi d'un doctorat (en Mécanique des Vibrations) de l'Ecole Centrale de Lyon.

Tout particulièrement, il s'est intéressé au comportement d'une centrale nucléaire qui serait soumise à un séisme ; tout en tenant compte, via une approche probabiliste, des caractéristiques stochastiques de l'interaction sol-structure. En 1996, il a effectué un post-doctorat à l'université de Rice (Houston/Texas) afin d'approfondir ses travaux de recherche, qui ont fait l'objet de plusieurs conférences et de nombreuses publications dans des revues internationales.

Depuis 1997, il a créé un centre de soutien scolaire sur Nice, sous l'enseigne de Mondial Maths. Ce centre est spécialisé dans le soutien scolaire pour les élèves de 1re et terminale qui ont choisi les spécialités « Maths » et « Physique-Chimie ».

(Site Internet : www.mondial-maths.com).

Table des matières

NOMBRES COMPLEXES

Nombres Complexes
Partie cours

1 Forme Algébrique d'un nombre complexe

$$\boxed{z = a + bi \text{ avec } i^2 = -1}$$

a) Parties Réelle et Imaginaire d'un nombre complexe

Remarque : a représente la partie réelle de z, notée $Re(z)$ et b sa partie imaginaire, notée $Im(z)$.

Exemple : Si $z = 3 - 2i$ alors $Re(z) = 3$ et $Im(z) = -2$.

Théorème : 2 nombres complexes sont égaux si leurs parties réelle et imaginaire sont égales.

b) Identités remarquables dans $\mathbb{C}$:

$$\boxed{\begin{aligned} (a + bi)^2 &= a^2 - b^2 + 2abi \\ (a - bi)^2 &= a^2 - b^2 - 2abi \\ (a + bi)(a - bi) &= a^2 + b^2 \end{aligned}}$$

2 Représentation graphique d'un nombre complexe

2.1 Affixe d'un point

On dit que le point M a pour **affixe** z tel que $z = x + yi$ dans le repère $(O; \vec{u}, \vec{v})$.

Remarque : Dans le plan complexe, on ne parle plus de coordonnées mais d'affixe d'un point.
Dans le plan réel, le point A a pour coordonnées $A(3; 2)$, dans le plan complexe le point A a pour affixe $z_A = 3 + 2i$.

2.2 Affixe d'un vecteur

$$\boxed{Aff_{\overrightarrow{AB}} = z_{\overrightarrow{AB}} = z_B - z_A}$$

2.3   Nombre complexe conjugué

Le nombre complexe conjugué de z est noté $\overline{z}$; si le point M a pour affixe z alors son symétrique (M') par rapport à l'axe des réels a pour affixe $\overline{z}$.

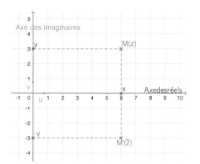

Ainsi, en formulation algébrique, si $z = x + yi$ alors $\overline{z} = x - yi$.

Propriétés des conjugués des nombres complexes

$$\overline{z + z'} = \overline{z} + \overline{z'} \qquad \overline{\left(\frac{1}{z}\right)} = \frac{1}{\overline{z}}$$

$$\overline{zz'} = \overline{z} \times \overline{z'} \qquad \overline{\left(\frac{z}{z'}\right)} = \frac{\overline{z}}{\overline{z'}}$$

$$\overline{z^n} = (\overline{z})^n$$

Exercice : Mettre sous forme algébrique le nombre complexe $\overline{\left(\dfrac{1 - 3i}{2i}\right)}$.

Solution

$$\overline{\left(\frac{1 - 3i}{2i}\right)} = \frac{\overline{1 - 3i}}{\overline{2i}} = \frac{1 + 3i}{-2i} = \frac{i(1 + 3i)}{-2i \times i} = \frac{-3 + i}{2} = -\frac{3}{2} + \frac{1}{2}i$$

Méthode – Pour résoudre une équation avec z et $\overline{z}$, il suffit de poser $z = x + yi$ et $\overline{z} = x - yi$.

Exercice : Résoudre l'équation dans $\mathbb{C}$, $2z + i = \overline{z} + 1$.

Solution Posons $z = x + yi$ et $\overline{z} = x - yi$, ainsi $2(x + yi) + i = x - yi + 1$ et $2x + (2y + 1)i = x + 1 - yi$.

Deux nombres complexes sont égaux si leurs parties réelle et imaginaire sont égales,
$$\text{d'où,} \quad \begin{cases} 2x = x + 1 \\ 2y + 1 = -y \end{cases} \text{ ; soit } \begin{cases} x = 1 \\ y = -\frac{1}{3} \end{cases}$$

Ainsi, on en déduit l'ensemble des solutions : $S = \left\{1 - \frac{1}{3}i\right\}$.

3 Résolution d'équation du 2nd degré dans $\mathbb{C}$

Méthode – Pour résoudre une équation du seconde degré de la forme :
$az^2 + bz + c = 0$, on calcule le discriminant $\Delta = b^2 - 4ac$. Généralement, on obtiendra Δ négatif que l'on écrira sous la forme d'un carré $(...i)^2$. Et les solutions seront sous la forme :

$$\begin{cases} z_1 = \dfrac{-b - \sqrt{\Delta}}{2a} \\ z_2 = \overline{z_1} = \dfrac{-b + \sqrt{\Delta}}{2a} \end{cases}$$

Exercice : Résoudre dans $\mathbb{C}$ l'équation, $-z^2 + 2z - 5 = 0$.

Solution

$\Delta = 4 - 20 = -16 = (4i)^2$; ainsi $\begin{cases} z_1 = \dfrac{-2 - 4i}{-2} = 1 + 2i \\ z_2 = \overline{z_1} = 1 - 2i \end{cases}$

4 Factorisation d'un polynôme de degré n

Théorème : Un polynôme de degré n admet au maximum n racines distinctes.

Soit P un polynôme de degré n ; si z_0 est une racine complexe de P, alors il existe un polynôme Q de degré $n - 1$, tel que $P(z) = (z - z_0)Q(z)$.

Remarque : Le polynôme Q sera déterminé par identification.

Exercice : Soit P le polynôme défini dans $\mathbb{C}$ par :

$$P(z) = z^3 - 12z^2 + 48z - 128$$

1) Calculer $P(8)$ et en déduire une factorisation du polynôme P par un terme de 1er degré.
2) Résoudre alors dans $\mathbb{C}$ l'équation $P(z) = 0$.

SOLUTION

1) $P(8) = 8^3 - 12 \times 8^2 + 48 \times 8 - 128 = 0$; on en déduit que **8** est racine du polynôme, et d'après la partie « cours » (Cf encadré ci-dessus), on peut factoriser le polynôme P par $z - 8$; soit

$$P(z) = (z - 8)Q(z)$$

De plus, Q est un polynôme de degré **2** (car $3 - 1 = 2$) ; donc $Q(z)$ est de la forme : $Q(z) = az^2 + bz + c$ où a, b et c sont des constantes à déterminer. Pour ce faire, commençons par développer le produit $(z - 8)(az^2 + b^z + c)$ pour l'identifier avec $P(z)$:

$$(z - 8)(az^2 + bz + c) = az^3 + (b - 8a)z^2 + (c - 8b)z - 8c$$
$$= z^3 - 12z^2 + 48z - 128$$

Et par identification, on en déduit le système suivant :

$$\begin{cases} a &= 1 \\ b - 8a &= -12 \\ c - 8b &= 48 \\ -8c &= -128 \end{cases} \iff \begin{cases} a &= 1 \\ b &= -12 + 8 \\ c &= 48 - 32 \\ c = \frac{128}{8} \end{cases} \iff \begin{cases} a &= 1 \\ b &= -4 \\ c &= 16 \end{cases}$$

On en déduit donc une factorisation de $P(z)$:

$$P(z) = (z - 8)(z^2 - 4z + 16)$$

2) $P(z) = 0 \iff (z - 8)(z^2 - 4z + 16) = 0 \iff \begin{cases} z - 8 = 0 \\ z^2 - 4z + 16 = 0 \end{cases}$

Résolution de l'équation du 2nd degré :

$\Delta = (-4)^2 - 4 \times 16 = -48 = (4i\sqrt{3})^2$; les 2 racines complexes sont

donc : $\begin{cases} z_1 = \dfrac{4 - 4i\sqrt{3}}{2} \\ z_2 = \dfrac{4 + 4i\sqrt{3}}{2} \end{cases} \iff \begin{cases} z_1 = 2 - 2\sqrt{3}i \\ z_2 = 2 + 2\sqrt{3}i \end{cases}$

On en déduit ainsi toutes les solutions de l'équation $P(z) = 0$:

$$S = \{8 ; 2 - 2\sqrt{3}i ; 2 + 2\sqrt{3}i\}$$

5   Forme Trigonométrique d'un nombre complexe

5.1   Module d'un nombre complexe

Le module de z (affixe d'un point M), noté $|z|$, représente la distance OM.

D'après le théorème de Pythagore, on en déduit que :

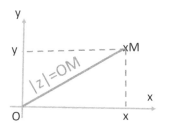

$$\boxed{|z| = \sqrt{x^2 + y^2}}$$

Distance entre 2 points : $\boxed{AB = |z_B - z_A|}$

> **Exercice :** On donne les points A d'affixe $z_A = 2 - i$ et B d'affixe $z_B = 3 + 2i$. Calculer la distance AB.

Solution

$$AB = |z_B - z_A| = |3 + 2i - (2 - i)| = |1 + 3i| = \sqrt{1^2 + 3^2} = \sqrt{10}$$

Propriétés des modules des nombres complexes :

$$\boxed{\begin{array}{ll} |z \times z'| = |z| \times |z'| & |z^n| = |z|^n \\[2mm] \left|\dfrac{1}{z}\right| = \dfrac{1}{|z|} & \left|\dfrac{z}{z'}\right| = \dfrac{|z|}{|z'|} \end{array}}$$

5.2   Argument d'un nombre complexe

On peut définir l'angle entre $\vec{u}$ et le vecteur $\overrightarrow{OM}$

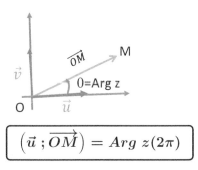

$$\boxed{\left(\vec{u} \,;\, \overrightarrow{OM}\right) = Arg\ z (2\pi)}$$

où $\boldsymbol{Arg\ z}$ représente l'argument de $\boldsymbol{z}$.

On peut aussi définir l'angle entre $\vec{u}$ et le vecteur $\overrightarrow{AB}$

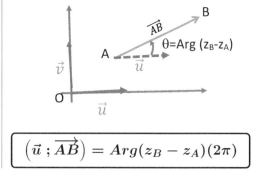

$$\left(\vec{u} \; ; \overrightarrow{AB}\right) = Arg(z_B - z_A)(2\pi)$$

Propriétés des arguments :

$$Arg \; \overline{z} = -Arg \; z(2\pi) \qquad Arg \left(\frac{1}{z}\right) = -Arg \; z(2\pi)$$

$$Arg \; zz' = Arg \; z + Arg \; z'(2\pi) \qquad Arg \left(\frac{z}{z'}\right) = Arg \; z - Arg \; z'(2\pi)$$

$$Arg \; z^n = nArg \; z(2\pi)$$

5.3   Forme trigonométrique d'un nombre complexe

$$z = |z|(\cos\theta + i\sin\theta)$$

Méthode pour déterminer l'argument de z :

On utilise les formes algébriques et trigonométriques que l'on égalise :

$$a + bi = z = |z|(\cos\theta + i\sin\theta)$$

On commence par calculer $|z|$, le module de z, et par identification des parties réelles et imaginaires, on trouve :

$$\begin{cases} \cos\theta = \dfrac{a}{|z|} \\ \sin\theta = \dfrac{b}{|z|} \end{cases}$$

Et on en déduit l'angle θ, généralement, en s'aidant du cercle trigonométrique.

Exercice : Calculer le module et l'argument de $z = -\sqrt{3} + i$ et le mettre sous forme trigonométrique.

Solution

On commence par calculer le module de z : $|z| = \sqrt{\left(-\sqrt{3}\right)^2 + 1^2} = 2$;

puis on trouve l'argument à l'aide des relations suivantes :

$$
\begin{cases}
\cos\theta = \dfrac{-\sqrt{3}}{2} \\[2mm]
\sin\theta = \dfrac{1}{2}
\end{cases}
$$

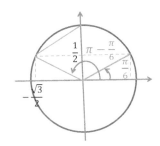

Ainsi, on en déduit $\theta = \pi - \dfrac{\pi}{6} = \dfrac{5\pi}{6}\,(2\pi)$;

Forme trigonométrique de z : $z = 2\left(\cos\dfrac{5\pi}{6} + i\sin\dfrac{5\pi}{6}\right)$.

6 Forme Exponentielle d'un nombre complexe

6.1 Définition et propriétés

Rappel — Forme trigonométrique $z = |z|(\cos\theta + i\sin\theta)$

Posons $r = |z|$ et $e^{i\theta} = \cos\theta + i\sin\theta$, on obtient alors la forme exponentielle de z :

$$\boxed{z = r\,e^{i\theta}}$$

Propriétés sur la forme exponentielle :

Si $z = r\,e^{i\theta}$ et $z' = r'\,e^{i\theta'}$ alors $zz' = rr'\,e^{i(\theta+\theta')}$

$$\frac{1}{z} = \frac{1}{r}\,e^{-i\theta}$$

$$\frac{z}{z'} = \frac{r}{r'}\,e^{i(\theta-\theta')}$$

$$z^n = r^n\,e^{in\theta}$$

Exercice : Écrire sous forme algébrique le nombre complexe :

$$z = e^{\frac{i\pi}{3}} + e^{\frac{i\pi}{6}}$$

Solution

$$z = \cos\frac{\pi}{3} + i\sin\frac{\pi}{3} + \cos\frac{\pi}{6} + i\sin\frac{\pi}{6}$$

Soit $z = \dfrac{1}{2} + \dfrac{i\sqrt{3}}{2} + \dfrac{\sqrt{3}}{2} + \dfrac{1}{2}i$

D'où, $z = \dfrac{1+\sqrt{3}}{2} + i\left(\dfrac{1+\sqrt{3}}{2}\right)$

Autre exercice : Mettre sous forme exponentielle le nombre complexe

$$z = (1+i)^3$$

Solution

Calcul du module de z : $r = |z| = \left|(1+i)^3\right| = |1+i|^3 = \sqrt{2}^3 = 2\sqrt{2}$.

Calcul de l'argument θ de z : $\theta = Arg\ z(2\pi) = 3Arg(1+i)\ (2\pi)$.

Or $Arg(1+i) = \dfrac{\pi}{4}$, car $|1+i| = \sqrt{2}$ et $\begin{cases} \cos\theta' = \dfrac{1}{\sqrt{2}} = \dfrac{\sqrt{2}}{2} \\[2mm] \sin\theta' = \dfrac{1}{\sqrt{2}} = \dfrac{\sqrt{2}}{2} \end{cases}$,

d'où, $\theta' = \dfrac{\pi}{4}\ (2\pi)$.

Ainsi, $\theta = Arg\ z = 3 \times \dfrac{\pi}{4} = \dfrac{3\pi}{4}\ (2\pi)$.

Forme exponentielle de z : $z = 2\sqrt{2}\,e^{\frac{3i\pi}{4}}$.

6.2   Formules de Moivre et d'Euler

a)   Formule de Moivre

$$(\cos\theta + i\sin\theta)^n = \cos n\theta + i\sin n\theta$$

Démonstration : $(\cos\theta + i\sin\theta)^n = \left(e^{i\theta}\right)^n$

$$= e^{in\theta}$$

$$= \cos n\theta + i\sin n\theta$$

Exercice :

En utilisant la formule de Moivre, exprimer $\cos 3x$ en fonction de $\cos x$.

Solution

D'après la formule de Moivre, on peut écrire :

$$(\cos x + i\sin x)^3 = \cos 3x + i\sin 3x$$

Et en utilisant l'identité remarquable $(a+b)^3 = a^3 + 3a^2 b + 3ab^2 + b^3$, on peut écrire :

$(\cos x + i\sin x)^3 = \cos^3 x + 3i\cos^2 x \sin x - 3\cos x \sin^2 x - i\sin^3 x$; et on sait que deux nombres complexes sont égaux, si leurs parties réelles et imaginaires sont égales ; par identification, on en déduit donc :

$$\cos 3x = \cos^3 x - 3\cos x \sin^2 x \text{ et de plus, } \sin^2 x = 1 - \cos^2 x$$

$$= \cos^3 x - 3\cos x (1 - \cos^2 x)$$

$$= 4\cos^3 x - 3\cos x$$

b) Formules d'Euler

$$\cos\theta = \frac{e^{i\theta} + e^{-i\theta}}{2} \text{ et } \sin\theta = \frac{e^{i\theta} - e^{-i\theta}}{2i}$$

Démonstration : $\qquad e^{i\theta} = \cos\theta + i\sin\theta$

$$e^{-i\theta} = \cos\theta - i\sin\theta$$

$$\overline{e^{i\theta} + e^{-i\theta} = 2\cos\theta} \text{ par "somme"}$$

On en déduit alors $\cos\theta = \dfrac{e^{i\theta} + e^{-i\theta}}{2}$.

Et, on obtient par « différence », $\sin\theta = \dfrac{e^{i\theta} - e^{-i\theta}}{2i}$.

Remarque : On peut utiliser la formule d'Euler pour linéariser un **cos** ou un **sin** afin de calculer par exemple une primitive.

> **Exercice :**
>
> Linéariser $\cos^3 x$ et en déduire les primitives de la fonction f telle que $f(x) = \cos^3 x$.
>
> *Remarque :* La « linéarisation » consiste à faire disparaitre la puissance d'un terme.

Solution

D'après la formule d'Euler, on peut écrire, en utilisant l'identité remarque (par triangle de Pascal) : $(a + b)^3 = a^3 + 3a^2 b + 3ab^2 + b^3$

$$
\begin{aligned}
\cos^3 x &= \left(\frac{e^{ix} + e^{-ix}}{2} \right)^3 \\
&= \frac{1}{8} \left(e^{3ix} + 3\, e^{2ix} \times e^{-ix} + 3\, e^{ix} \times e^{-2ix} + e^{-3ix} \right) \\
&= \frac{1}{4} \left(\frac{e^{3ix} + e^{-3ix}}{2} + 3 \times \frac{e^{ix} + e^{-ix}}{2} \right) = \frac{1}{4} \cos 3x + \frac{3}{4} \cos x
\end{aligned}
$$

Rappel : Une primitive de $x \longmapsto \cos(ax + b)$ est $x \longmapsto \dfrac{1}{a} \sin(ax + b)$.

Ainsi, on en déduit les primitives $F(x)$ de $\cos^3 x$:

$$
F(x) = \frac{1}{12} \sin 3x + \frac{3}{4} \sin x + k \;;\; \text{où } k \text{ est un réel.}
$$

7   Racine $n^{\grave{e}me}$ d'un nombre complexe

7.1   Définition

> Si Z est un nombre complexe donné et n un entier naturel non nul, on appelle **racine $n^{\grave{e}me}$ complexe** de Z tout nombre complexe z tel que $z^n = Z$.

Remarque :   Le but sera donc de déterminer les nombres complexes z, racine $n^{\grave{e}me}$ **complexe** de Z.

7.2 Méthode

- On commence par écrire Z sous la forme exponentielle, après avoir calculé son module R et son argument ϕ ; soit $Z = R\,e^{i\phi}$.
- On pose alors $z = r\,e^{i\theta}$; l'équation $z^n = Z$ revient donc à résoudre l'équation $\left(r\,e^{i\theta}\right)^n = R\,e^{i\phi} \iff r^n\,e^{in\theta} = R\,e^{i\phi}$.
- Par identification, on en déduit le système suivant :

$$\begin{cases} r^n = R \\ n\theta = \phi + 2k\pi \ \text{(avec } k \in \mathbb{Z}\text{)} \end{cases} \iff \begin{cases} r = \sqrt[n]{R} \\ \theta = \dfrac{\phi}{n} + \dfrac{2k\pi}{n} \end{cases}$$

- On en déduit alors les racines $n^{\text{ème}}$ complexes $z_k = \sqrt[n]{R}\,e^{i\left(\frac{\phi}{n}+\frac{2k\pi}{n}\right)}$.

Remarque : Les points M_k d'affixe z_k sont les sommets d'un polynôme régulier à n côtés.

7.3 Exercice type

Calculer les racines cubiques du nombre complexe :

$$Z = \frac{4\sqrt{2}(1 + i\sqrt{3})}{1 + i}$$

Solution

Cela revient à chercher les nombres complexes z tels que $z^3 = \dfrac{4\sqrt{2}(1 + i\sqrt{3})}{1 + i}$.

D'après la méthode décrite ci-dessus, on commence par déterminer le module et l'argument du nombre complexe Z :

- Calcul du module de Z :

$$\left| \frac{4\sqrt{2}(1 + i\sqrt{3})}{1 + i} \right| = \frac{4\sqrt{2}\left|1 + i\sqrt{3}\right|}{|1 + i|}$$

$$= \frac{4\sqrt{2} \times 2}{\sqrt{2}} = 8$$

- Calcul de l'argument de Z :

$$Arg(Z) = Arg\left[\frac{4\sqrt{2}(1 + i\sqrt{3})}{1 + i}\right] \ (2\pi)$$

$$= \underbrace{Arg\ 4\sqrt{2}}_{=0} + Arg(1 + i\sqrt{3}) - Arg(1 + i) \ (2\pi)$$

$$= Arg\left[2\left(\frac{1}{2} + i\frac{\sqrt{3}}{2}\right)\right] - Arg\left[\sqrt{2}\left(\frac{\sqrt{2}}{2} + i\frac{\sqrt{2}}{2}\right)\right] \ (2\pi)$$

$$= Arg\left(\frac{1}{2} + i\frac{\sqrt{3}}{2}\right) - Arg\left(\frac{\sqrt{2}}{2} + i\frac{\sqrt{2}}{2}\right) \ (2\pi)$$

$$= \frac{\pi}{3} - \frac{\pi}{4} \ (2\pi) = \frac{\pi}{12} \ (2\pi)$$

Si on pose r le module de z et θ son argument, on obtient alors, le système suivant :

$$\begin{cases} r = \sqrt[3]{8} = 2 \\ \theta = \dfrac{\pi/12}{3} + \dfrac{2k\pi}{3} \end{cases}$$

Et ainsi, les racines cubiques sont donc : $z_k = 2\,e^{i\left(\frac{\pi}{36} + \frac{2k\pi}{3}\right)}$ où l'entier k prend les valeurs $k \in \{0\ ;\ 1\ ;\ 2\}$; et on peut expliciter les 3 solutions sous forme exponentielle :

$$z_0 = 2\,e^{i\frac{\pi}{36}} \ ;$$

$$z_1 = 2\,e^{i\left(\frac{\pi}{36} + \frac{2\pi}{3}\right)} = 2\,e^{i\frac{25\pi}{36}} \ ;$$

$$z_2 = 2\,e^{i\left(\frac{\pi}{36} + \frac{4\pi}{3}\right)} = 2\,e^{i\frac{49\pi}{36}} = 2\,e^{-i\frac{23\pi}{36}}.$$

8 Formules d'addition et de duplication

8.1 Formules d'addition des cosinus et des sinus

Soient $\vec{u}$ et $\vec{v}$ deux vecteurs unitaires, situés donc dans le cercle trigonométrique ; ces vecteurs ont ainsi pour coordonnées :

$$\vec{u}(\cos a\ ;\ \sin a) \text{ et } \vec{v}(\cos b\ ;\ \sin b)$$

Calculons alors le produit scalaire de ces deux vecteurs de deux façons différentes :

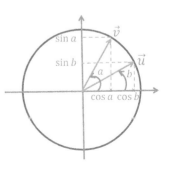

$$\vec{u}.\vec{v} = \|\vec{u}\| \times \|\vec{v}\| \times \cos(a - b)$$
$$= \cos(a - b) \,;\, \text{car } \|\vec{u}\| = \|\vec{v}\| = 1$$

et, $\vec{u}.\vec{v} = \cos a \cos b + \sin a \sin b$

On en déduit alors $\boxed{\cos(a - b) = \cos a \cos b + \sin a \sin b}$

D'où, en remplaçant l'angle b par $-b$ et puisque la fonction **sin** est impaire $(\sin(-b) = -\sin b)$ alors,

$$\boxed{\cos(a + b) = \cos a \cos b - \sin a \sin b}$$

Et en utilisant le fait que $\cos\left(\frac{\pi}{2} - \alpha\right) = \sin\alpha$, on obtient ainsi, en posant $\alpha = a + b$:

$$\boxed{\sin(a + b) = \sin a \cos b + \sin b \cos a}$$

Démonstration : $\cos[\frac{\pi}{2} - (a + b)] = \sin(a + b)$

et $\cos\left[\dfrac{\pi}{2} - (a + b)\right] = \cos\left[\dfrac{(\pi}{2} - a) - b)\right]$

$$= \cos\left(\frac{\pi}{2} - a\right)\cos b + \sin\left(\frac{\pi}{2} - a\right)\sin b$$

$$= \sin a \cos b + \cos a \sin b.$$

Ainsi, $\sin(a + b) = \sin a \cos b + \sin b \cos a$;

et $\sin(a - b) = \sin a \cos b - \sin b \cos a.$

8.2 Formules de duplication

En posant $a = b = x$, on obtient : $\cos 2x = \cos^2 x - \sin^2 x.$

$$= 2\cos^2 x - 1$$

$$\text{et } \sin 2x = 2\sin x \cos x$$

Nombres Complexes
Exercices "types"

---

1) Exercice de type « Vrai ou Faux »

On se place dans le plan complexe $(O; \vec{u}, \vec{v})$. On considère A le point d'affixe $z_A = -2i$, B le point d'affixe $z_B = -2$ et E le point d'affixe $z_E = 2 + 2i\sqrt{3}$.

a) L'écriture trigonométrique de $2 + 2i\sqrt{3}$ est $4\left(\cos\frac{\pi}{3} + i\sin\frac{\pi}{3}\right)$.

b) E est situé sur le cercle de centre 0 et de rayon $R = 2$.

c) L'ensemble des points M d'affixe z tels que $|z + 2i| = |2 + z|$ est la médiatrice du segment AB.

d) L'ensemble des points M d'affixe z tels que $2z\overline{z} = 1$ est un cercle de rayon 2.

SOLUTION

a) VRAI ;

$|2 + 2i\sqrt{3}| = 2|1 + i\sqrt{3}| = 4$

et $Arg(2 + 2i\sqrt{3}) = Arg\left[4\left(\dfrac{1}{2} + i\dfrac{\sqrt{3}}{2}\right)\right]$

$$= Arg\,4 + Arg\left(\dfrac{1}{2} + i\dfrac{\sqrt{3}}{2}\right)$$

$$= \dfrac{\pi}{3}\ (2\pi).$$

On en déduit que $2 + 2i\sqrt{3} = 4\left(\cos\frac{\pi}{3} + i\sin\frac{\pi}{3}\right)$.

b) FAUX ;

$E \in \mathcal{C}$ (où $\mathcal{C}$ est le cercle de centre 0 et de rayon $R = 2$) si et seulement si $OE = |z_E| = 2$.

or $|z_E| = |2 + 2i\sqrt{3}| = 4$, d'après a) ; donc $E \neq \mathcal{C}$.

c) VRAI ;

$|z + 2i| = |2 + z|$ s'écrit aussi $|z - (-2i)| = |z - (-2)|$ et $|z - z_A| = |z - z_B|$; ce qui s'interprète géométriquement par $AM = BM$.

Donc l'ensemble des points M est la médiatrice de $[AB]$.

d) **FAUX** ;

$2z\overline{z} = 1 \iff z\overline{z} = \dfrac{1}{2}$; soit $|z|^2 = \dfrac{1}{2}$ d'où, $|z| = OM = \dfrac{\sqrt{2}}{2}$. Donc l'ensemble

des points M est le cercle de centre O et de rayon $\boldsymbol{R} = \dfrac{\sqrt{2}}{2}$.

---

2) Exercice de type « Vrai ou Faux »

Le plan complexe est rapporté au repère orthonormé $(\boldsymbol{O}\ ;\ \vec{e_1}\ ;\ \vec{e_2})$.

a) $\dfrac{\sqrt{3}+i}{\sqrt{3}-i} + \dfrac{\sqrt{3}-i}{\sqrt{3}+i} = 1.$

b) L'équation $(\boldsymbol{E})\ :\ z^3 - (1+2i)z^2 + (2i-12)z + 24i = 0$ admet une unique solution imaginaire pure.

c) $\dfrac{(1-i)^6}{(\sqrt{3}+i)^2} = 2\,\mathrm{e}^{i\frac{\pi}{6}}.$

A tout point M d'affixe $z \neq -2i$, on associe le point M' d'affixe
$$z' = \frac{\overline{z}+4i}{\overline{z}-2i}.$$
On pose $(\boldsymbol{\Gamma})$ l'ensemble des points M d'affixe z tels que
$$arg(z') = \frac{\pi}{2}\ (\pi).$$
d) $(\boldsymbol{\Gamma})$ est un cercle privé de deux points.

SOLUTION

a) **VRAI** ;

$$\frac{\sqrt{3}+i}{\sqrt{3}-i} + \frac{\sqrt{3}-i}{\sqrt{3}+i} = \frac{\left(\sqrt{3}+i\right)^2 + \left(\sqrt{3}-i\right)^2}{3+1}$$
$$= \frac{3-1+2\sqrt{3}i + 3 - 1 - 2\sqrt{3}i}{4} = 1$$

b) **VRAI** ;

Si l'équation $(\boldsymbol{E})$ admet une unique solution imaginaire pure, alors il existe un unique réel $\boldsymbol{y}$ tel que $\boldsymbol{z} = \boldsymbol{y}i$, et

$(\boldsymbol{E}) \iff (yi)^3 - (1+2i)(yi)^2 + (2i-12)yi + 24i = 0$

$\iff -y^3 i - (1+2i) \times (-y^2) + (2i-12)yi + 24i = 0$

$\iff -y^3 i + y^2(1+2i) - 2y - 12yi + 24i = 0$

$\iff i(-y^3 + 2y^2 - 12y + 24) + y^2 - 2y = 0$

On sait aussi qu'un nombre complexe est nul si et seulement si, sa partie réelle et sa partie imaginaire sont nulles soit,

$$\begin{cases} y^2 - 2y = 0 \\ -y^3 + 2y^2 - 12y + 24 = 0 \end{cases} \iff \begin{cases} y(y - 2) = 0 \\ -y^3 + 2y^2 - 12y + 24 = 0 \end{cases}$$

1er cas : $y = 0$ impossible car $-0^3 + 2 \times 0^2 - 12 \times 0 + 24 \neq 0$

2e cas : $y = 2$; on a alors $-2^3 + 2 \times 2^2 - 12 \times 2 + 24 = 0$;

donc il existe un seul nombre complexe imaginaire pur $(z = 2i)$ qui soit solution de l'équation (E).

c) VRAI ;

$$1 - i = \sqrt{2}\left(\frac{\sqrt{2}}{2} - \frac{\sqrt{2}}{2}i\right) = \sqrt{2}\,e^{-i\frac{\pi}{4}},$$

d'où, $(1 - i)^6 = (\sqrt{2})^6 \left(e^{-i\frac{\pi}{4}}\right)^6 = 8\,e^{-\frac{3i\pi}{2}}$.

On a aussi : $\sqrt{3} + i = 2\left(\frac{\sqrt{3}}{2} + \frac{1}{2}i\right) = 2\,e^{\frac{i\pi}{6}}$ d'où, $(\sqrt{3} + i)^2 = 4\,e^{\frac{i\pi}{3}}$.

On en déduit que :

$$\frac{(1 - i)^6}{(\sqrt{3} + i)^2} = \frac{8\,e^{-\frac{3i\pi}{2}}}{4\,e^{\frac{i\pi}{3}}} = 2\,e^{-\left(\frac{3\pi}{2} + \frac{\pi}{3}\right)i} = 2\,e^{-\frac{11\pi}{6}}$$

$$= 2\,e^{\left(-\frac{11\pi}{6} + \frac{12\pi}{6}\right)i} = 2\,e^{\frac{i\pi}{6}}$$

d) VRAI ; $arg(z') = \dfrac{\pi}{2}\ (\pi) \iff arg\,\overline{z'} = -\dfrac{\pi}{2}\,(\pi) = \dfrac{\pi}{2}\ (\pi)$,

et, $arg\left(\dfrac{z - 4i}{z + 2i}\right) = \dfrac{\pi}{2}\ (\pi)$ avec $z \neq z_B$;

soit $\left(\overrightarrow{MA}\,;\,\overrightarrow{MB}\right) = \dfrac{\pi}{2}\ (\pi)$ avec $z_A = -2i$ et $z_B = 4i$.

Donc l'ensemble des points M est le cercle de diamètre $[AB]$ privé des points A et B.

Remarque : On doit priver aussi le cercle du point A sinon il n'y a plus d'angle orienté, puisque si $M = A$,

$$\left(\overrightarrow{MA}\,;\,\overrightarrow{MB}\right) = \left(\overrightarrow{AA}\,;\,\overrightarrow{AB}\right) = \left(\overrightarrow{0}\,;\,\overrightarrow{AB}\right) \neq \dfrac{\pi}{2}.$$

3) Exercice de type « Vrai ou Faux »

Le plan complexe est rapporté à un repère orthonormal direct $(O; \vec{u}, \vec{v})$.
Soit f la transformation du plan complexe qui, à tout point M d'affixe $z \neq 0$, associe le point M' d'affixe $z' = 1 + \dfrac{i}{z}$.

a) L'image par f du point A d'affixe $z_A = 1 + i$ est le point A' d'affixe
$$z_{A'} = \frac{3}{2} + \frac{1}{2}i.$$

Dans toute la suite, on pose $z = x + yi$ avec $x \neq 0$ et $y \neq 0$ et $z' = x' + y'i$ avec $x', y' \in \mathbb{R}$.

b) $Re(z') = x' = \dfrac{x^2 + y^2 + y}{x^2 + y^2}$.

c) $Im(z') = y' = \dfrac{x}{x^2 + y^2}$.

d) L'ensemble des points M d'affixe $z \neq 0$ tel que z' soit imaginaire pur est le cercle $(\mathcal{C})$ de centre $A\left(0; -\dfrac{1}{2}\right)$ et de rayon $\dfrac{1}{2}$ privé du point 0.

SOLUTION

a) **VRAI** ;
$$z_{A'} = 1 + \frac{i}{1+i} = \frac{1+i+i}{1+i} = \frac{1+2i}{1+i} = \frac{(1+2i)(1-i)}{2} = \frac{3}{2} + \frac{1}{2}i.$$

b) **VRAI** ;
$$z' = 1 + \frac{i}{x+yi} = \frac{x+i(y+1)}{x+yi} = \frac{[x+i(y+1)](x-yi)}{x^2+y^2}$$
$$= \frac{x^2+y(y+1)}{x^2+y^2} + i\frac{[x(y+1)-yx]}{x^2+y^2}$$
$$= \frac{x^2+y^2+y}{x^2+y^2} + i\frac{x}{x^2+y^2} \ ;$$

On en déduit que $Re(z') = x' = \dfrac{x^2+y^2+y}{x^2+y^2}$.

c) **VRAI** ;

En procédant de même par identification, on en déduit que :
$$Im(z') = y' = \frac{x}{x^2+y^2}.$$

d) **VRAI** ;

z' est un imaginaire pur si et seulement si $Re(z') = x' = 0$, soit $\dfrac{x^2 + y^2 + y}{x^2 + y^2} = 0 \implies x^2 + y^2 + y = 0$ avec $(x; y) \neq (0; 0)$ (puisque le dénominateur ne doit pas s'annuler).

Or, $x^2 + y^2 + y = 0 \iff x^2 + \left(y + \dfrac{1}{2}\right)^2 - \dfrac{1}{4} = 0$

d'où, $x^2 + \left(y + \dfrac{1}{2}\right)^2 = \dfrac{1}{4} = \left(\dfrac{1}{2}\right)^2$; donc M appartient au cercle de centre $A\left(0; -\dfrac{1}{2}\right)$ et de rayon $R = \dfrac{1}{2}$ privé du point O.

---

4) Exercice de type « Vrai ou Faux »

Le plan complexe est rapporté à un repère orthonormal direct $(O; \vec{u}, \vec{v})$.
Le point A a pour affixe $z_A = 1 + i$. Soit $\mathcal{C}$ le cercle de centre O passant par le point A. Soit B un point de $\mathcal{C}$ d'affixe réelle z_B positive.

On définit le point E tel que le quadrilatère $OBEA$ soit un losange.

a) $z_A = e^{i\frac{\pi}{4}}$.
b) L'affixe du point B est $z_B = \dfrac{3}{2}$.
c) L'affixe du point E est $z_E = (1 + \sqrt{2}) + i$.
d) $OE = 2\sqrt{2}$.

SOLUTION

a) FAUX ;

$|1 + i| = \sqrt{2}$ et $z_A = \sqrt{2}\left(\dfrac{\sqrt{2}}{2} + i\dfrac{\sqrt{2}}{2}\right) = \sqrt{2}\left(\cos\dfrac{\pi}{4} + i\sin\dfrac{\pi}{4}\right)$;

d'où, $z_A = \sqrt{2}\, e^{\frac{i\pi}{4}}$.

b) FAUX ;

Si $\mathcal{C}$ est le cercle de centre O passant par A alors le rayon du cercle est $\mathcal{C}$: $R = OA = |1 + i| = \sqrt{2}$; ainsi on en déduit, puisque z_B est un réel positif que $z_B = \sqrt{2}$.

c) VRAI ;

Représentons le losange $OBEA$ pour schématiser la situation des points.

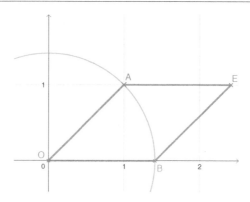

Si $\mathbf{OBEA}$ est un losange alors on a l'égalité vectorielle : $\overrightarrow{AE} = \overrightarrow{OB}$ d'où, $z_E - z_A = z_B - z_O$ et $z_E = z_A + z_B = 1 + i + \sqrt{2}$; donc $z_E = 1 + \sqrt{2} + i$.

d) FAUX ;

$$OE = |z_E| = \sqrt{\left(1 + \sqrt{2}\right)^2 + 1} = \sqrt{4 + 2\sqrt{2}} \neq 2\sqrt{2}.$$

---

5) Exercice de type « Vrai ou Faux »

Le plan complexe est muni à un repère orthonormé $(O; \vec{u}, \vec{v})$.
Soit $(\mathbf{E})$ l'équation $z^2 - 6z + 12 = 0$.

a) $(\mathbf{E})$ admet deux solutions complexes z_1 et z_2.

On pose z_1 la solution ayant une partie imaginaire positive.
b) $4 - z_1 = 2\, e^{\frac{2i\pi}{3}}$.

Soit $\mathbf{A}$ le point d'affixe $z_A = 4$ et M_1, M_2 les points d'affixes respectives z_1 et z_2.

c) $\left(\vec{u}, \overrightarrow{OM_1}\right) = \dfrac{\pi}{6}\ (2\pi)$.

d) Le point M_1 est situé sur le cercle de diamètre $[OA]$.

SOLUTION

a) **VRAI** ;

$\Delta = -12 < 0$ donc l'équation $(\mathbf{E})$ admet deux solutions complexes z_1 et z_2.

b) FAUX ;

Remarque : z_1 a une partie imaginaire d'où, $z_1 = \dfrac{6 + 2\sqrt{3}i}{2} = 3 + \sqrt{3}i$ et

$$4 - z_1 = 1 - \sqrt{3}i = 2\left(\frac{1}{2} - \frac{\sqrt{3}}{2}i\right) = 2\left[\cos\left(-\frac{\pi}{3}\right) + i\sin\left(-\frac{\pi}{3}\right)\right] ;$$

donc $4 - z_1 = 2\,\mathrm{e}^{-\frac{i\pi}{3}}$.

c) VRAI ;

$$\left(\overrightarrow{u}, \overrightarrow{OM_1}\right) = Arg\ z_1\ (2\pi) = Arg\left[2\sqrt{3}\left(\frac{\sqrt{3}}{2} + \frac{1}{2}i\right)\right]\ (2\pi)$$

$$= \underbrace{Arg\left(2\sqrt{3}\right)}_{=0} + Arg\left(\frac{\sqrt{3}}{2} + \frac{1}{2}i\right)\ (2\pi) = \frac{\pi}{6}\ (2\pi).$$

d) VRAI ;

Si le point M_1 est situé sur le cercle de diamètre $[OA]$, alors le triangle OAM_1 est rectangle en M_1, comme semble le montrer la figure ci-dessous :

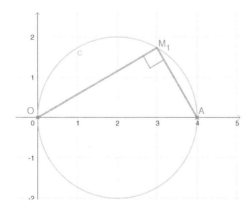

On utilise maintenant la réciproque du théorème précédent :

Or, $\left(\overrightarrow{OM_1}; \overrightarrow{AM_1}\right) = Arg\left(\dfrac{z_1 - z_A}{z_1}\right)\ (2\pi) = Arg\left(\dfrac{-2\,\mathrm{e}^{-i\frac{\pi}{3}}}{z_1}\right)\ (2\pi)$

(d'après la question b).

$$\text{et } \left(\overrightarrow{OM_1}; \overrightarrow{AM_1}\right) = Arg(-2) + Arg\left(\mathrm{e}^{-i\frac{\pi}{3}}\right) - Arg\ z_1 = \pi - \frac{\pi}{3} - \frac{\pi}{6}\ (2\pi)$$

$$= \left(\frac{6 - 2 - 1}{6}\right)\pi = \frac{\pi}{2}\ (2\pi).$$

Donc le triangle OAM_1 est bien rectangle en M_1 et M_1 est situé sur le cercle de diamètre $[OA]$.

6) Exercice de type « Vrai ou Faux »

Le plan complexe est muni d'un repère orthonormé $(O; \vec{u}, \vec{v})$. On désigne par A, B, C et D, les points d'affixes respectives :

$z_A = 2 - 3i, z_B = i, z_C = 6 - i$ et $z_D = -2 + 5i$.

a) $\dfrac{z_B - z_A}{z_C - z_A} = i$

b) Le triangle ABC est équilatéral.

x et y désignent deux nombres réels, on note f la fonction qui, à tout point M d'affixe $z = x + yi$ distinct de i, associe le point M' d'affixe $z' = \dfrac{i(z - 2 + 3i)}{z - i}$.

c) La partie imaginaire de z' est $\dfrac{x^2 - 2x + y^2 + 2y - 3}{x^2 + (y - 1)^2}$.

d) L'ensemble γ des points M d'affixe z tels que z' soit un réel est une droite.

SOLUTION

a) VRAI ;

$$\frac{z_B - z_A}{z_C - z_A} = \frac{4i - 2}{4 + 2i} = \frac{2i - 1}{2 + i} = -\frac{1 - 2i}{2 + i} = -\frac{(1 - 2i)(2 - i)}{5} = i.$$

b) FAUX ;

$$\begin{cases} \left(\overrightarrow{AC}, \overrightarrow{AB}\right) = Arg\left(\dfrac{z_B - z_A}{z_C - z_A}\right) \, (2\pi) = Arg\, i \, (2\pi) = \dfrac{\pi}{2} \, (2\pi) \\[2mm] \left|\dfrac{z_B - z_A}{z_C - z_A}\right| = \dfrac{|z_B - z_A|}{|z_C - z_A|} = |i| = 1 \end{cases}$$

$$\Longleftrightarrow \begin{cases} \left(\overrightarrow{AC}, \overrightarrow{AB}\right) = \dfrac{\pi}{2} \, (2\pi) \\[2mm] \dfrac{AB}{AC} = 1 \end{cases} \Longleftrightarrow \begin{cases} \left(\overrightarrow{AC}, \overrightarrow{AB}\right) = \dfrac{\pi}{2} \, (2\pi) \\[2mm] AB = AC \end{cases}$$

On en déduit que le triangle ABC est rectangle et isocèle en A.

c) VRAI ;

$$z' = x' + y'i = \frac{i[x - 2 + (3 + y)i]}{x + (y - 1)i} = \frac{i[x - 2 + (3 + y)i][x - (y - 1)i]}{x^2 + (y - 1)^2}$$

$$= \frac{-x(3 + y) + (y - 1)(x - 2)}{x^2 + (y - 1)^2} + i\frac{x(x - 2) + (y - 1)(3 + y)}{x^2 + (y - 1)^2}$$

$$= \frac{-4x - 2y + 2}{x^2 + (y - 1)^2} + i\frac{x^2 - 2x + y^2 + 2y - 3}{x^2 + (y - 1)^2}$$

d) FAUX ;

$z' \in \mathbb{R} \iff Im\ z' = 0 \iff x^2 - 2x + y^2 + 2y - 3 = 0$, avec $(x; y) \neq (0; 1)$,

et à l'aide d'une mise en forme canonique des termes en x et y, on obtient :

$(x - 1)^2 + (y + 1)^2 = 5$; donc l'ensemble γ des points M d'affixe z tels que z' soit un réel est le cercle de centre $\Omega(1; -1)$ et de rayon $R = \sqrt{5}$ privé du point $B(0; 1)$.

---

7) Exercice de type « Trouver la bonne réponse »

Le complexe $Z = \dfrac{i - \sqrt{3}}{1 + i}$ a pour forme trigonométrique :

a) $Z = \sqrt{2}\left(\cos\frac{7\pi}{12} + i\sin\frac{7\pi}{12}\right)$ c) $Z = \cos\frac{7\pi}{12} + i\sin\frac{7\pi}{12}$

b) $Z = \sqrt{2}\left(\cos\frac{5\pi}{12} + i\sin\frac{5\pi}{12}\right)$ d) $Z = \cos\frac{5\pi}{12} + i\sin\frac{5\pi}{12}$

SOLUTION

Réponse a)

On a $Z = \dfrac{i - \sqrt{3}}{1 + i}$;

on en déduit que $|Z| = \left|\dfrac{i - \sqrt{3}}{1 + i}\right| = \dfrac{|i - \sqrt{3}|}{|1 + i|} = \dfrac{2}{\sqrt{2}} = \sqrt{2}.$

Et $Arg\ Z = Arg(-\sqrt{3} + i) - Arg(1 + i)\ (2\pi)$

$$= Arg\left[2\left(-\frac{\sqrt{3}}{2} + \frac{1}{2}i\right)\right] - Arg(1 + i)\ (2\pi)$$

$$= Arg\ 2 + Arg\left(-\frac{\sqrt{3}}{2} + \frac{1}{2}i\right) - Arg(1 + i)\ (2\pi)$$

$$= 0 + \frac{5\pi}{6} - \frac{\pi}{4}\ (2\pi) = \left(\frac{10 - 3}{12}\right)\ (2\pi)$$

$$= \frac{7\pi}{12}\ (2\pi).$$

On a donc $Z = \sqrt{2}\left(\cos\frac{7\pi}{12} + i\sin\frac{7\pi}{12}\right).$

8) Exercice de type « Vrai ou Faux »

On se place dans le plan complexe muni d'un repère repère orthonormé direct $(O; \vec{u}, \vec{v})$ et on considère la suite (z_n) de nombres complexes définie,

pour tout $n \in \mathbb{N}$, par :
$$\begin{cases} z_0 = 2 \\ z_{n+1} = \dfrac{1+i}{2} z_n \end{cases}.$$

On pose A_n le point d'affixe z_n et on définit, pour tout $n \in \mathbb{N}$, la suite (u_n) par $u_n = |z_n|$.

a) La suite (u_n) est géométrique.

b) Pour tout entier naturel n, $\dfrac{z_{n+1} - z_n}{z_{n+1}} = i$.

c) A partir du rang $n = 4$, le point A_n appartient au disque de centre O et de rayon $R = \dfrac{1}{2}$.

d) Pour tout entier naturel n, le triangle OA_nA_{n+1} est isocèle et rectangle.

SOLUTION

a) **VRAI** ;

pour tout $n \in \mathbb{N}$, $u_{n+1} = |z_{n+1}| = \left| \dfrac{1+i}{2} z_n \right| = \left| \dfrac{1+i}{2} \right| \times |z_n| = \dfrac{\sqrt{2}}{2} |z_n|$;

soit, $u_{n+1} = \dfrac{\sqrt{2}}{2} u_n$. Donc la suite (u_n) est une suite géométrique de raison $q = \dfrac{\sqrt{2}}{2}$ et de 1er terme $u_0 = |z_0| = 2$.

b) **VRAI** ;

pour tout $n \in \mathbb{N}$, $\dfrac{z_{n+1} - z_n}{z_{n+1}} = \dfrac{\frac{1+i}{2} z_n - z_n}{\frac{1+i}{2} z_n}$

$$= \dfrac{\frac{1+i}{2} - 1}{\frac{1+i}{2}}$$

$$= \dfrac{i - 1}{1 + i} = \dfrac{(i-1)(1-i)}{2}$$

$$= \dfrac{i - 1 + 1 + i}{2} = i.$$

c) **VRAI** ;

$OA_n = |z_n - 0| = |z_n| = u_n = 2 \times \left(\dfrac{\sqrt{2}}{2}\right)^n$; de plus $0 < q < 1$ et $u_n > 0$,

donc la suite géométrique (u_n) est décroissante.

Or $OA_4 = 2\left(\dfrac{\sqrt{2}}{2}\right)^4 = 2 \times \dfrac{4}{16} = \dfrac{1}{2}$;

on a donc, pour tout $n \geqslant 4$, $OA_n \leqslant \dfrac{1}{2}$ et le point A_n appartient au disque de

centre O et de rayon $R = \dfrac{1}{2}$.

d) VRAI ;

$z_{n+1} - z_n = iz_{n+1}$ d'où, $|z_{n+1} - z_n| = |i| \times |z_{n+1}|$, et $A_n A_{n+1} = OA_{n+1}$

donc le triangle $OA_n A_{n+1}$ est isocèle en A_{n+1}

et $Arg\left(\dfrac{z_{n+1} - z_n}{z_{n+1}}\right) = Arg\, i = \dfrac{\pi}{2}\ (2\pi)$; on en déduit que :

$$\left(\overrightarrow{A_{n+1}O}\, ;\, \overrightarrow{A_{n+1}A_n}\right) = \dfrac{\pi}{2}\ (2\pi).$$

On en conclut donc que le triangle $OA_n A_{n+1}$ est isocèle et rectangle en A_{n+1}.

---

9) Exercice de type « Vrai ou Faux »

Le plan complexe est muni d'un repère repère orthonormé direct $(O;\vec{u},\vec{v})$.
On définit A et B deux points d'affixes respectives $z_A = 1$ et $z_B = 2i$
et T la transformation complexe du plan qui, à tout point M d'affixe z
non nulle, associe le point M' d'affixe $z' = \dfrac{z - 2i}{z}$.

a) L'image du point d'affixe $e^{\frac{i\pi}{4}}$ par la transformation T est le point d'affixe $1 + 2\,e^{-\frac{i\pi}{4}}$.

b) L'ensemble des points M du plan complexe tels que $OM' = 1$ représente la médiatrice du segment $[OB]$.

c) M' appartient au cercle de centre A et de rayon 1 si et seulement si le point M appartient au cercle de centre O et de rayon $R = 2$.

d) z' est un nombre complexe imaginaire pur si et seulement si le point M appartient au cercle de diamètre $[OB]$.

SOLUTION

a) FAUX ;

L'application T est telle que : $M(z) \overset{T}{\longmapsto} M'(z')$;

si $z = \mathrm{e}^{\frac{i\pi}{4}}$, alors $z' = \dfrac{\mathrm{e}^{\frac{i\pi}{4}} - 2i}{\mathrm{e}^{\frac{i\pi}{4}}}$

$$= 1 - \frac{2i}{\mathrm{e}^{\frac{i\pi}{4}}} = 1 - 2\,\mathrm{e}^{i\left(\frac{\pi}{2} - \frac{\pi}{4}\right)}$$

$$= 1 - 2\,\mathrm{e}^{\frac{i\pi}{4}} = 1 + \mathrm{e}^{-i\pi} \times 2 \times \mathrm{e}^{\frac{i\pi}{4}}$$

$$= 1 + 2\,\mathrm{e}^{-\frac{3i\pi}{4}}.$$

b) VRAI ;

$OM' = 1 \iff |z'| = 1$

$$\iff \left| \frac{z - 2i}{z} \right| = 1$$

$$\iff |z - 2i| = |z| \text{ (avec } z \neq 0\text{)}$$

$$\iff BM = OM$$

et l'ensemble des points M est la médiatrice de $[OB]$.

c) VRAI ;

Si M' appartient au cercle de centre A et de rayon $R = 1$ alors $|z' - 1| = 1$ et $\left| \dfrac{z - 2i}{z} - 1 \right| = 1$ d'où, $\left| \dfrac{z - 2i - z}{z} \right| = 1$ (avec $z \neq 0$) et on en déduit que $|z| = |-2i| = 2$, soit $OM = 2$.

Et réciproquement M appartient au cercle de centre O et de rayon $R = 2$.

d) FAUX ;

Si z' est un imaginaire pur, alors $Arg\ z' = Arg\left(\dfrac{z - 2i}{z} \right) = \dfrac{\pi}{2}\ (\pi)$, c'est à dire, $\left(\overrightarrow{MO}; \overrightarrow{MB} \right) = \dfrac{\pi}{2}\ (\pi)$ et réciproquement M appartient au cercle de diamètre $[OB]$ privé du point O (puisque l'affixe z est non nulle).

---

10) Exercice de type « Vrai ou Faux »

Le plan complexe est rapporté à un repère orthonormal direct $(O; \vec{u}, \vec{v})$. On considère les nombres complexes :

$$z_1 = \sqrt{6} + \sqrt{2} + i\left(\sqrt{6} - \sqrt{2} \right) \text{ et } z_2 = \frac{1 + i}{\sqrt{3} + i}.$$

a) $z_1^2 = 8\sqrt{3} + 8i$

b) $|z_2| = \sqrt{2}$

c) $Arg\left(z_1^2 \right) = \dfrac{5\pi}{6}\ (2\pi)$

d) $z_2 = \dfrac{\sqrt{2}}{2}\,\mathrm{e}^{\frac{i\pi}{12}}$

SOLUTION

a) **VRAI** ;

$$z_1^2 = \left(\sqrt{6} + \sqrt{2}\right)^2 - \left(\sqrt{6} - \sqrt{2}\right)^2 + 2i\left(\sqrt{6} + \sqrt{2}\right)\left(\sqrt{6} - \sqrt{2}\right)$$

$$= 2\left[\left(\sqrt{3} + 1\right)^2 - \left(\sqrt{3} - 1\right)^2\right] + 2i \times 4$$

$$= 2\left(2\sqrt{3}\right) \times 2 + 8i$$

$$= 8\sqrt{3} + 8i$$

b) FAUX ;

$$|z_2| = \left|\frac{1 + i}{\sqrt{3} + i}\right| = \frac{|1 + i|}{|\sqrt{3} + i|} = \frac{\sqrt{2}}{2}.$$

c) FAUX ;

D'après la question a), $Arg\left(z_1^2\right) = Arg\left(8\sqrt{3} + 8i\right) \ (2\pi)$

$$= Arg\left[16\left(\frac{\sqrt{3}}{2} + \frac{1}{2}i\right)\right] \ (2\pi)$$

$$= Arg \ 16 + Arg\left(\frac{\sqrt{3}}{2} + \frac{1}{2}i\right) \ (2\pi)$$

$$= 0 + \frac{\pi}{6} \ (2\pi)$$

$$= \frac{\pi}{6} \ (2\pi).$$

d) **VRAI** ;

$$Arg \ z_2 = Arg(1 + i) - Arg(\sqrt{3} + i) \ (2\pi)$$

$$= Arg\left(\frac{\sqrt{2}}{2} + i\frac{\sqrt{2}}{2}\right) - Arg\left(\frac{\sqrt{3}}{2} + \frac{1}{2}i\right) \ (2\pi)$$

$$= \frac{\pi}{4} - \frac{\pi}{6} \ (2\pi)$$

$$= \frac{\pi}{12} \ (2\pi)$$

Et d'après ce dernier résultat et la question b), on en déduit que $z_2 = \frac{\sqrt{2}}{2} \ e^{\frac{i\pi}{12}}$.

> **11) Exercice de type « Vrai ou Faux »**
>
> Le plan complexe est rapporté à un repère orthonormal direct $(O; \vec{u}, \vec{v})$.
> Soit f la transformation du plan complexe qui, à tout point M d'affixe z,
> associe le point M' d'affixe $z' = (1 + i)z + 1$.
>
> a) L'image par f du point B d'affixe 2 est le point C d'affixe $3 + 2i$.
> b) Le point A d'affixe i est le seul point invariant par f.
> c) L'image par f, de l'axe des réels est la droite (BC).
> d) Soit D le point d'affixe 1. Pour tout point M distinct de A et de D,
> le triangle DMM' est isocèle en M.

SOLUTION

a) VRAI ;

Calculons l'image du point B par l'application f :

$(1 + i) \times z_B + 1 = (1 + i) \times 2 + 1 = 3 + 2i = z_C$; ainsi $f(B) = C$.

b) VRAI ;

L'ensemble des points invariants par f est tel que : $f(M) = M$; ainsi, $z' = z$
et z vérifie l'équation : $z = (1 + i)z + 1 \iff z = z + iz + 1$.

D'où, $z = -\dfrac{1}{i} = i$.

c) FAUX ;

Si M appartient à l'axe des réels, alors $z \in \mathbb{R}$ et, $Arg\ z = 0\ (\pi)$.

De plus, $z' = (1 + i)z + 1$ d'où, $z' - 1 = (1 + i)z$

et $Arg(z' - 1) = Arg(1 + i) + Arg\ z\ (2\pi)$;

c'est à dire, $\left(\vec{u}; \overrightarrow{DM'}\right) = Arg(1 + i) + 0\ (\pi) = \dfrac{\pi}{4}\ (\pi)$;

où $z_D = 1$ est l'affixe du point D. Donc l'ensemble des points M' est la droite
passant par D, de coefficient directeur égal à 1. On vérifie qu'elle passe par C
l'image du point B d'affixe 2.

Cette droite (DC) a pour équation réduite : $y = x - 1$.

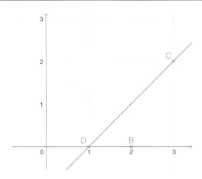

On constate que les coordonnées du point B ne vérifient pas l'équation réduite de (DC). Donc (BC) n'est pas l'image par f de l'axe des réels.

d) FAUX ;

$MM' = |z' - z| = |(1 + i)z + 1 - z| = |iz + 1| = |i| \times |z - i|$ et $MD = |z - 1|$; donc pour tout point M distinct de A et de D, $MM' \neq MD$ et le triangle DMM' n'est pas isocèle en M.

---

12) Exercice de type « Vrai ou Faux »

Le plan complexe est muni d'un repère orthonormal direct $(O; \vec{u}, \vec{v})$.

A chaque point M d'affixe $z \neq 0$, on associe l'unique point M' d'affixe z' tel que :

$$z' = \left(\frac{\bar{z}}{|z|} \right)^2.$$

a) En posant $z = x + yi$, avec $x \neq 0$ ou $y \neq 0$, et $z' = x' + y'i$, on a :

$$\begin{cases} x' = \dfrac{x^2 - y^2}{x^2 + y^2} \\ y' = \dfrac{2xy}{x^2 + y^2} \end{cases}.$$

b) M' appartient à l'axe des ordonnées si et seulement si M appartient à la droite d'équation $y = x$ privée de O.

c) M' est un point du cercle trigonométrique.

d) M' a pour affixe -1 si et seulement si $z = i$ ou $z = -i$.

SOLUTION

a) FAUX ;

$x' + y'i = \dfrac{(x - yi)^2}{x^2 + y^2} = \dfrac{x^2 - y^2}{x^2 + y^2} - \dfrac{2xyi}{x^2 + y^2}$; par identification, on trouve :

$$\begin{cases} x' = \dfrac{x^2 - y^2}{x^2 + y^2} \text{ avec } (x;y) \neq (0;0) \\ y' = -\dfrac{2xy}{x^2 + y^2} \end{cases}$$

b) FAUX ;

$$M' \in (yy') \iff Re(z') = x' = 0$$
$$\iff x^2 - y^2 = 0 \text{ , avec } (x \ ; \ y) \neq (0 \ ; \ 0)$$
$$\iff (x - y)(x + y) = 0 \text{ , avec } (x \ ; \ y) \neq (0 \ ; \ 0)$$

Donc l'ensemble des points M est la réunion des 2 droites d'équations $y = x$ et $y = -x$ (les 2 bissectrices du repère), privée du point 0.

c) **VRAI** ;

Si $OM' = 1$ alors M' appartient au cercle trigonométrique et
$$|z'| = 1 \iff |z'|^2 = 1$$
$$x'^2 + y'^2 = 1$$

Or, $x'^2 + y'^2 = \dfrac{\left(x^2 - y^2\right)^2}{\left(x^2 + y^2\right)^2} + \dfrac{4x^2 y^2}{\left(x^2 + y^2\right)^2}$ avec $(x;y) \neq (0;0)$

$$= \dfrac{x^4 - 2x^2 y^2 + y^4 + 4x^2 y^2}{\left(x^2 + y^2\right)^2} = \dfrac{x^4 + 2x^2 y^2 + y^4}{\left(x^2 + y^2\right)^2}$$

$$= \dfrac{\left(x^2 + y^2\right)^2}{\left(x^2 + y^2\right)^2} = 1$$

donc le point M' appartient bien au cercle trigonométrique.

d) FAUX ;

$$z' = -1 \iff \begin{cases} x' = -1 \\ y' = 0 \end{cases} \iff \begin{cases} \dfrac{x^2 - y^2}{x^2 + y^2} = -1 \text{ avec } (x;y) \neq (0;0) \\ -\dfrac{2xy}{x^2 + y^2} = 0 \end{cases}$$

$$\iff \begin{cases} x^2 - y^2 = -(x^2 + y^2) \text{ avec } (x;y) \neq (0;0) \\ xy = 0 \end{cases}$$

$$\implies \begin{cases} x = 0 \\ y \neq 0 \end{cases}$$

Donc l'ensemble des points M tel que $z' = 1$ est l'axe des imaginaires privé du point O.

---

13) Exercice de type « Vrai ou Faux »

Soit f la transformation du plan complexe qui à tout point M d'affixe $z \neq -3$ associe le point M' d'affixe $z' = \dfrac{3z - 7}{z + 3}$.

Soit g la transformation du plan complexe qui à tout point M d'affixe $z \neq -2i$ associe le point M'' d'affixe $z'' = \dfrac{z - 2 + i}{x + 2i}$.

On pose A le point d'affixe $z_A = 2 - i$, B le point d'affixe $z_B = -2i$, C le point d'affixe $z_C = -\dfrac{1}{13} - \dfrac{8}{13}i$ et M le point d'affixe $z = x + yi$ avec $x, y \in \mathbb{R}$.

a) C est l'image de A par f.

b) L'ensemble (Γ_1) des points $M(z)$ tels que $|z''| = 1$ est un cercle.

c) $Re(z'') = \dfrac{x^2 + y^2 - 2x + 3y + 2}{x^2 + (y + 2)^2}$ et $Im(z'') = -\dfrac{x - 2(y + 2)}{x^2 + (y + 2)^2}$.

d) L'ensemble (Γ_2) des points $M(z)$ tels que z'' est un réel est un cercle.

SOLUTION

a) **VRAI** ;
$$\dfrac{3z_A - 7}{z_A + 3} = \dfrac{3(2 - i) - 7}{2 - i + 3} = \dfrac{-1 - 3i}{5 - i} = \dfrac{(-1 - 3i)(5 + i)}{26}$$
$$= -\dfrac{1}{13} - \dfrac{8}{13}i = z_C \; ;$$
on en déduit que $f(A) = C$.

b) FAUX ;
$$|z''| = 1 \iff \dfrac{|z - (2 - i)|}{|z - (-2i)|} = 1 \; ; \text{ avec } z \neq -2i \text{ ou encore } M \neq B,$$

qui s'interprète géométriquement par $\dfrac{AM}{BM} = 1 \iff AM = BM$ et l'ensemble des points M est la médiatrice de $[AB]$.

c) **VRAI** ;

Posons $z = x + yi$, avec $(x; y) \neq (0 \, ; -2)$; on obtient :
$$x'' + y''i = \dfrac{x - 2 + (y + 1)i}{x + (y + 2)i} = \dfrac{[x - 2 + (y + 1)i][x - (y + 2)i]}{x^2 + (y + 2)^2},$$

d'où, $x'' + y''i = \dfrac{(x - 2)x + (y + 1)(y + 2)}{x^2 + (y + 2)^2} + i\dfrac{x(y + 1) - (x - 2)(y + 2)}{x^2 + (y + 2)^2},$

et par identification, on en déduit que :

$$Re(z'') = \frac{x^2 + y^2 - 2x + 3y + 2}{x^2 + (y+2)^2} \text{ et } Im(z'') = -\frac{x - 2(y+2)}{x^2 + (y+2)^2}$$

d) FAUX ;

$z'' \in \mathbb{R} \iff y'' = 0 \iff x - 2(y+2) = 0$ avec $(x ; y) \neq (0 ; -2)$;

donc l'ensemble (Γ_2) des points $M(z)$ tels que z'' est un réel, est la droite d'équation $y = \dfrac{1}{2}x - 2$, privée du point B.

---

14) Exercice de type « Vrai ou Faux »

Dans le plan complexe muni d'un repère orthonormal $(O ; \vec{u}, \vec{v})$, on place les points A, B, C, D et E d'affixes respectives : $z_A = 1, z_B = \frac{1}{2} + i\frac{\sqrt{3}}{2}$,

$z_C = \frac{3}{2} + + i\frac{\sqrt{3}}{2}, z_D = \frac{\sqrt{3}}{2} e^{-i\frac{\pi}{6}}$ et $z_E = \frac{\sqrt{3}}{2} e^{i\frac{\pi}{6}}$.

a) Les points D et E sont symétriques par rapport à O.

b) E est le milieu du segment $[AB]$.

c) $\dfrac{z_A}{z_B} = \overline{z_B}$.

d) $OACB$ est un carré.

SOLUTION

a) FAUX ;

Si les points D et E sont symétriques par rapport à O, alors O est le milieu de $[DE]$ et $z_E + z_D = 0 \iff z_E = -z_D$.

Or $e^{-\frac{i\pi}{6}} \neq -e^{\frac{i\pi}{6}}$, donc les points D et E ne sont pas symétriques par rapport à O.

b) **VRAI** ;

Calculons l'affixe du milieu de $[AB]$ donné par :

$\dfrac{z_A + z_B}{2} = \dfrac{\frac{3}{2} + i\frac{\sqrt{3}}{2}}{2} = \dfrac{\sqrt{3}}{2}\left(\dfrac{\sqrt{3}}{2} + \dfrac{1}{2}i\right) = \dfrac{\sqrt{3}}{2}e^{\frac{i\pi}{6}} = z_E$; donc le point E est bien le milieu de $[AB]$.

c) **VRAI** ;

$\dfrac{z_A}{z_B} = \dfrac{1}{\frac{1}{2} + i\frac{\sqrt{3}}{2}} = \dfrac{2}{1 + i\sqrt{3}} = \dfrac{2(1 - i\sqrt{3})}{4} = \dfrac{1}{2} - i\dfrac{\sqrt{3}}{2} = \overline{z_B}$.

d) FAUX ;

$\left(\overrightarrow{OA} ; \overrightarrow{OB}\right) = Arg\left(\dfrac{z_B}{z_A}\right) (2\pi) = \dfrac{\pi}{3} (2\pi)$ donc le quadrilatère $OACB$ n'est pas un carré.

Pour aller plus loin...

$\left|\dfrac{z_A}{z_B}\right| = \dfrac{|z_A|}{|z_B|} = \dfrac{OA}{OB} = \left|\dfrac{1}{2} - i\dfrac{\sqrt{3}}{2}\right| = 1$; de plus $z_C = 2z_E$, donc E à la fois milieu de $[AB]$ et de $[OC]$, et les diagonales de $OACB$ se coupent en leur milieu E. Donc $OACB$ est un parallélogramme qui a les longueurs OA et OB égales, mais (OA) n'est pas perpendiculaire à (OB), donc $OACB$ est un losange.

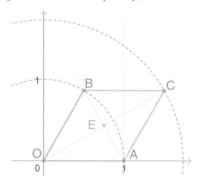

15) Exercice de type « Vrai ou Faux »

On se place dans le plan complexe $(O; \vec{u}, \vec{v})$. On considère A le point d'affixe $z_A = -2i$, B le point d'affixe $z_B = -2$ et E le point d'affixe $z_E = 2 + 2i\sqrt{3}$.

a) L'écriture trigonométrique de $2 + 2i\sqrt{3}$ est $4\left(\cos\dfrac{\pi}{3} + i\sin\dfrac{\pi}{3}\right)$.

b) E est situé sur le cercle de centre 0 et de rayon $R = 2$.

c) L'ensemble des points M d'affixe z tels que $|z + 2i| = |2 + z|$ est la médiatrice du segment AB.

d) L'ensemble des points M d'affixe z tels que $2z\overline{z} = 1$ est un cercle de rayon 2.

SOLUTION

a) **VRAI** ;

$|2 + 2i\sqrt{3}| = 2|1 + i\sqrt{3}| = 4$

et $Arg(2 + 2i\sqrt{3}) = Arg\left[4\left(\dfrac{1}{2} + i\dfrac{\sqrt{3}}{2}\right)\right]$

$= Arg\,4 + Arg\left(\dfrac{1}{2} + i\dfrac{\sqrt{3}}{2}\right)$

$= \dfrac{\pi}{3}\ (2\pi).$

On en déduit que $2 + 2i\sqrt{3} = 4\left(\cos\frac{\pi}{3} + i\sin\frac{\pi}{3}\right)$.

b) FAUX ;

$E \in \mathcal{C}$ (où $\mathcal{C}$ est le cercle de centre 0 et de rayon $R = 2$) si et seulement si $OE = |z_E| = 2$.

or $|z_E| = |2 + 2i\sqrt{3}| = 4$; d'après a). On en déduit que $E \notin \mathcal{C}$.

c) VRAI ;

$|z + 2i| = |2 + z|$ s'écrit aussi $|z - (-2i)| = |z - (-2)|$ et $|z - z_A| = |z - z_B|$; ce qui s'interprète géométriquement par $AM = BM$. Donc l'ensemble des points M est la médiatrice de $[AB]$.

d) FAUX ;

$2z\bar{z} = 1 \iff z\bar{z} = \dfrac{1}{2}$; soit $|z|^2 = \dfrac{1}{2}$ d'où, $|z| = OM = \dfrac{\sqrt{2}}{2}$. Donc l'ensemble des points M est le cercle de centre O et de rayon $R = \dfrac{\sqrt{2}}{2}$.

---

16) Exercice de type « Vrai ou Faux »

Le plan complexe est rapporté à un repère orthonormal direct $(O; \vec{u}, \vec{v})$.

Soit f la transformation du plan complexe qui, à tout point M d'affixe $z \neq 0$, associe le point M' d'affixe $z' = 1 + \dfrac{i}{z}$.

a) L'image par f du point A d'affixe $z_A = 1 + i$ est le point A' d'affixe $z_{A'} = \dfrac{3}{2} + \dfrac{1}{2}i$.

Dans toute la suite, on pose $z = x + yi$ avec $x \neq 0$ et $y \neq 0$ et $z' = x' + y'i$

avec $x', y' \in \mathbb{R}$.

b) $Re(z') = x' = \dfrac{x^2 + y^2 + y}{x^2 + y^2}$.

c) $Im(z') = y' = \dfrac{x}{x^2 + y^2}$.

d) L'ensemble des points M d'affixe $z \neq 0$ tel que z' soit imaginaire pur est le cercle $(\mathcal{C})$ de centre $A\left(0 ; -\dfrac{1}{2}\right)$ et de rayon $\dfrac{1}{2}$ privé du point 0.

SOLUTION

a) VRAI ;

$z_{A'} = 1 + \dfrac{i}{1+i} = \dfrac{1 + i + i}{1 + i} = \dfrac{1 + 2i}{1 + i} = \dfrac{(1 + 2i)(1 - i)}{2} = \dfrac{3}{2} + \dfrac{1}{2}i$.

b) VRAI ;

$z' = 1 + \dfrac{i}{x + yi} = \dfrac{x + i(y+1)}{x + yi} = \dfrac{[x + i(y+1)](x - yi)}{x^2 + y^2}$,

avec $(x; y) \neq (0; 0)$;

et $z' = \dfrac{x^2 + y(y+1)}{x^2 + y^2} + i\dfrac{[x(y+1) - yx]}{x^2 + y^2} = \dfrac{x^2 + y^2 + y}{x^2 + y^2} + i\dfrac{x}{x^2 + y^2}$;

on en déduit que $Re(z') = x' = \dfrac{x^2 + y^2 + y}{x^2 + y^2}$, avec $(x; y) \neq (0; 0)$.

c) VRAI ;

En procédant de même par identification, on en déduit que :

$Im(z') = y' = \dfrac{x}{x^2 + y^2}$, avec $(x; y) \neq (0; 0)$.

d) VRAI ;

z' est un imaginaire pur si et seulement si $Re(z') = x' = 0$,

soit $\dfrac{x^2 + y^2 + y}{x^2 + y^2} = 0 \implies x^2 + y^2 + y = 0$ avec $(x; y) \neq (0; 0)$

(puisque le dénominateur ne doit pas s'annuler).

Or, $x^2 + y^2 + y = 0 \iff x^2 + \left(y + \dfrac{1}{2}\right)^2 - \dfrac{1}{4} = 0$

$\iff x^2 + \left(y + \dfrac{1}{2}\right)^2 = \dfrac{1}{4} = \left(\dfrac{1}{2}\right)^2$

donc M appartient au cercle de centre $A\left(0; -\dfrac{1}{2}\right)$ et de rayon $R = \dfrac{1}{2}$ privé

du point O ; et réciproquement.

---

17) Exercice de type « Vrai ou Faux »

Le plan complexe est muni d'un repère orthonormé d'origine O. Pour tout point M du plan, l'affixe de M est noté Z_M. A, B et C désignent trois points du plan distincts de O.

A) Si $Z = \dfrac{1 + i}{\sqrt{2} - i\sqrt{6}}$ alors $|Z| = \dfrac{1}{2}$ et $Arg\, Z = \dfrac{7\pi}{12}$ (2π).

B) Si $Z = -2\left(\cos\dfrac{3\pi}{4} + i\sin\dfrac{3\pi}{4}\right)$ alors,

$$|Z| = 2 \text{ et } Arg\, Z = -\dfrac{3\pi}{4} \; (2\pi).$$

C) Si les points A et B sont symétriques par rapport à O alors $Z_A = \overline{Z_B}$.

D) Si $|Z_A| = |Z_B| = |Z_C|$ alors ABC est un triangle équilatéral.

E) Si $Arg\, Z_A = \pi + Arg\, Z_B \; (2\pi)$ alors O, A et B sont alignés.

SOLUTION

A) VRAI ;

Si $Z = \dfrac{1+i}{\sqrt{2}-i\sqrt{6}}$ alors $|Z| = \left|\dfrac{1+i}{\sqrt{2}-i\sqrt{6}}\right| = \dfrac{|1+i|}{|\sqrt{2}-i\sqrt{6}|}$

$$= \dfrac{|1+i|}{\sqrt{2}|1-i\sqrt{3}|} = \dfrac{\sqrt{2}}{2\sqrt{2}} = \dfrac{1}{2}$$

et $Arg\ Z = Arg(1+i) - Arg\left[2\sqrt{2}\left(\dfrac{1}{2} - i\dfrac{\sqrt{3}}{2}\right)\right]\ (2\pi)$

$$= \dfrac{\pi}{4} - \left[Arg\ 2\sqrt{2} + Arg\left(\dfrac{1}{2} - i\dfrac{\sqrt{3}}{2}\right)\right]\ (2\pi)$$

$$= \dfrac{\pi}{4} - \left(0 - \dfrac{\pi}{3}\right)\ (2\pi) = \dfrac{\pi}{4} + \dfrac{\pi}{3}\ (2\pi) = \dfrac{7\pi}{12}\ (2\pi)$$

B) FAUX ;

Si $Z = -2\left(\cos\dfrac{3\pi}{4} + i\sin\dfrac{3\pi}{4}\right)$ alors $|Z| = \left|-2\left(\cos\dfrac{3\pi}{4} + i\sin\dfrac{3\pi}{4}\right)\right|$

$$= |-2|\left|\cos\dfrac{3\pi}{4} + i\sin\dfrac{3\pi}{4}\right|$$

$$= 2 \times 1 = 2$$

D'autre part, $Z = -2\left(\cos\frac{3\pi}{4} + i\sin\frac{3\pi}{4}\right) = e^{-i\pi} \times 2 \times e^{\frac{3i\pi}{4}} = 2\,e^{-\frac{i\pi}{4}}$;

d'où, $Arg\ Z = -\dfrac{\pi}{4}\ (2\pi)$.

C) FAUX ;

Comme le montre la figure ci-contre, si A est le symétrique de B par rapport à O alors, $Z_A = -Z_B$.

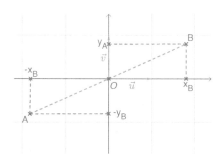

Remarque : $\overline{Z_B}$ est l'affixe du symétrique du point B d'affixe Z_B par rapport à l'axe des réels.

D) FAUX ;

Si $|Z_A| = |Z_B| = |Z_C|$ alors

$OA = OB = OC$; cela signifie que les points A, B et C sont cocycliques mais cela ne signifie pas forcément que le triangle ABC soit équilatéral ; (Cf illustration ci-contre).

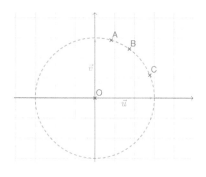

E) VRAI ;

Si $Arg\ Z_A = \pi + Arg\ Z_B\ (2\pi)$ alors $Arg\ Z_A - Arg\ Z_B = \pi\ (2\pi)$; c'est à dire, $Arg\left(\dfrac{Z_A}{Z_B}\right) = \left(\overrightarrow{OB}; \overrightarrow{OA}\right) = \pi\ (2\pi)$ et les points O, A et B sont alignés.

---

18) Exercice de type « Vrai ou Faux »

Dans le plan complexe muni d'un repère orthonormé d'origine O, on considère les points E et F d'affixes respectives $-2 + i$ et $2 + 4i$ et $\mathcal{E}$ l'ensemble des points M d'affixe des points M d'affixe z vérifiant $|z + 2 - i| = |z - 2 - 4i|$.

A) Le point G d'affixe $3 - \dfrac{3}{2}i$ appartient à $\mathcal{E}$.

B) $\mathcal{E}$ est le cercle de diamètre $[EF]$.

C) Le triangle OEF est rectangle.

D) Si $z_A = 2 - 3i$, $z_B = -26 + 18i$ et $z_C = -2$ alors A, B et C sont alignés.

E) Si $z_A = 3\,e^{\frac{2i\pi}{3}}$ et $z_B = 2\,e^{-\frac{5i\pi}{6}}$ alors le triangle OAB est rectangle.

SOLUTION

A) VRAI ;

Déterminons l'ensemble $\mathcal{E}$:

$|z + 2 - i| = |z - 2 - 4i| \iff EM = FM$; donc l'ensemble $\mathcal{E}$ des points M est la médiatrice de $[EF]$. Si $GE = GF$ alors $G \in \mathcal{E}$;

or, $GE = |z_G - z_E|$

$$= \left|3 - \frac{3}{2}i + 2 - i\right|$$

$$= \left|5 - \frac{5}{2}i\right| = 5\left|1 - \frac{1}{2}i\right| = 5\sqrt{\frac{5}{4}}$$

$$= \frac{5\sqrt{5}}{2}$$

et, $GF = |z_G - z_F|$

$$= \left|3 - \frac{3}{2}i - 2 - 4i\right|$$

$$= \left|1 - \frac{11}{2}i\right| = \sqrt{1 + \frac{121}{4}}$$

$$= \frac{\sqrt{125}}{2} = \frac{5\sqrt{5}}{2}$$

Ainsi, $GE = GF$ et $G \in \mathcal{E}$.

B) FAUX ;

D'après question A).

C) VRAI ;

Pour avoir une idée de la situation, commençons par tracer le triangle OEF. Il semble que ce triangle soit rectangle en O ; (Cf illustration ci-contre) ; démontrons le.

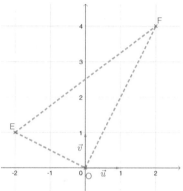

1ère *méthode* :

$$(\overrightarrow{OF}; \overrightarrow{OE}) = Arg\left(\frac{z_E}{z_F}\right) \ (2\pi) = Arg\left(\frac{-2+i}{2+4i}\right) \ (2\pi)$$

$$= Arg\,\frac{1}{2} + Arg\left(\frac{-2+i}{1+2i}\right) \ (2\pi)$$

$$= 0 + Arg\left[\frac{(-2+i)(1-2i)}{5}\right] \ (2\pi)$$

$$= Arg\,i\ (2\pi) = \frac{\pi}{2}\ (2\pi)$$

Donc le triangle OEF est bien rectangle en O.

2ème *méthode* :

Rappel : Si le triangle OEF est rectangle en O alors le point O appartient au cercle de diamètre $[EF]$.

Soit le point I milieu de $[EF]$ (donc I est le centre de ce cercle, et I a pour affixe $z_I = \dfrac{z_E + z_F}{2} = \dfrac{5}{2}i$, et son rayon R vaut $R = \dfrac{EF}{2} = \dfrac{|z_E - z_F|}{2} = \dfrac{\sqrt{4^2 + 3^2}}{2} = \dfrac{5}{2}$). De plus, $OI = |z_I| = \left|\dfrac{5}{2}i\right| = \dfrac{5}{2} = R$; donc le point O appartient au cercle de diamètre $[EF]$ et le triangle OEF est rectangle en O.

D) VRAI ;

Pour prouver l'alignement des points A, B et C, déterminons l'angle $(\overrightarrow{AB}; \overrightarrow{AC})$:

$$(\overrightarrow{AB}; \overrightarrow{AC}) = Arg\left(\frac{z_A - z_C}{z_A - z_B}\right) = Arg\left(\frac{4-3i}{28-21i}\right)$$

$$= Arg\left[\frac{4-3i}{7(4-3i)}\right] = Arg\left(\frac{1}{7}\right) = 0\ (2\pi);$$

ainsi les points A, B et C sont alignés.

E) VRAI ;

Pour avoir une idée de la situation, commençons par tracer le triangle **OAB**. Il semble que ce triangle soit rectangle en **O** ; (Cf illustration ci-contre) ; démontrons le.

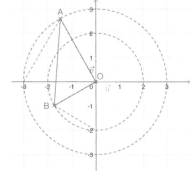

$$(\overrightarrow{OA};\overrightarrow{OB}) = Arg\left(\frac{z_B}{z_A}\right)\ (2\pi) = Arg\left(\frac{2\,\mathrm{e}^{-\frac{5i\pi}{6}}}{3\,\mathrm{e}^{\frac{2i\pi}{3}}}\right)$$

$$= Arg\,\frac{2}{3} + Arg\left[\mathrm{e}^{-\left(\frac{5}{6}+\frac{2}{3}\right)i\pi}\right]\ (2\pi) = -\frac{9\pi}{6}\ (2\pi) = \frac{\pi}{2}\ (2\pi)$$

Donc le triangle **OAB** est bien rectangle en **O**.

---

19) Exercice de type « Vrai ou Faux »

Soient z et z' les nombres complexes $z = \sqrt{3} - i$ et $z' = (1+i)z$

A) $z' = (\sqrt{3}+1) + i(\sqrt{3}-1)$

B) $z = \mathrm{e}^{\frac{5i\pi}{6}}$

C) $|z'| = \sqrt{2}|z|$

D) $z' = 2\sqrt{2}\left(\cos\frac{\pi}{12} + i\sin\frac{\pi}{12}\right)$

E) $\cos\dfrac{\pi}{12} = \dfrac{\sqrt{3}+1}{2\sqrt{2}}$

SOLUTION

A) VRAI ;

$z' = (1+i)z = (1+i)(\sqrt{3}-i) = \sqrt{3}+1+(\sqrt{3}-1)i$

B) FAUX ;

$z = \sqrt{3} - i = 2\left(\dfrac{\sqrt{3}}{2} - \dfrac{1}{2}i\right) = 2\left[\cos(-\frac{\pi}{6}) + i\sin(-\frac{\pi}{6})\right] = 2\,\mathrm{e}^{-\frac{i\pi}{6}}$

C) VRAI ;

$z' = (1+i)z$ et $|z'| = |1+i| \times |z| = \sqrt{2}|z|$

D) VRAI ;

$z = \sqrt{3} - i = 2\left(\dfrac{\sqrt{3}}{2} - \dfrac{1}{2}i\right) = 2\left[\cos\left(-\frac{\pi}{6}\right) + i\sin\left(-\frac{\pi}{6}\right)\right] = 2\,\mathrm{e}^{-\frac{i\pi}{6}}.$

De plus, $1 + i = \sqrt{2}\left(\frac{\sqrt{2}}{2} + i\frac{\sqrt{2}}{2}\right) = \sqrt{2}\left(\cos\frac{\pi}{4} + i\sin\frac{\pi}{4}\right) = \sqrt{2}\,e^{\frac{i\pi}{4}}$;

d'où, $z' = (1 + i)z = \sqrt{2}\,e^{\frac{i\pi}{4}} \times 2\,e^{-\frac{i\pi}{6}} = 2\sqrt{2}\,e^{i\left(\frac{\pi}{4} - \frac{\pi}{6}\right)} = 2\sqrt{2}\,e^{\frac{i\pi}{12}}$.

Ainsi, $z' = 2\sqrt{2}\left[\cos(\frac{\pi}{12}) + i\sin(\frac{\pi}{12})\right]$.

E) VRAI ;

$$z' = \sqrt{3} + 1 + i(\sqrt{3} - 1) = 2\sqrt{2}\left[\cos(\frac{\pi}{12}) + i\sin(\frac{\pi}{12})\right]$$

Par identification, on en déduit que : $\cos\dfrac{\pi}{12} = \dfrac{\sqrt{3} + 1}{2\sqrt{2}}$.

---

20) Exercice de type « Vrai ou Faux »

Soit le nombre complexe $z = 1 + i$, alors :

A) $\dfrac{z^3}{\overline{z}} = \frac{1}{2}z^4$

B) $\dfrac{\overline{z}}{z^3} \in \mathbb{R}$

C) $\dfrac{\overline{z}^4}{z^2}$ est imaginaire pur

D) Il existe $n \in \mathbb{N}$, z^n est un réel strictement négatif

E) Il existe $n \in \mathbb{N}$, $arg\,(z^n) = -\dfrac{\pi}{2}\;(2\pi)$

SOLUTION

A) VRAI ;

$$\frac{z^3}{\overline{z}} = \frac{(1 + i)^3}{1 - i} = \frac{(1 + i)^2(1 + i)}{1 - i} = \frac{2i(1 + i)}{1 - i} = \frac{2(i - 1)}{1 - i} = \frac{-2(1 - i)}{1 - i}$$

$$= -2$$

et, $\frac{1}{2}z^4 = \dfrac{\left[(1 + i)^2\right]^2}{2} = \dfrac{(2i)^2}{2} = \dfrac{-4}{2} = -2$.

On en déduit donc que $\dfrac{z^3}{\overline{z}} = \frac{1}{2}z^4$.

B) VRAI ;

On a vu que $\dfrac{z^3}{\overline{z}} = -2$; on en déduit que $\dfrac{\overline{z}}{z^3} = -\dfrac{1}{2}$ et donc que $\dfrac{\overline{z}}{z^3} \in \mathbb{R}$.

C) VRAI ;

$$\frac{\overline{z}^4}{z^2} = \frac{(1 - i)^4}{(1 + i)^2} = \frac{\left[(1 - i)^2\right]^2}{2i} = \frac{(-2i)^2}{2i} = \frac{-4}{2i} = \frac{-2}{i} = \frac{-2i}{i^2} = 2i$$

Donc $\dfrac{\overline{z}^4}{z^2}$ est un imaginaire pur.

D) VRAI ;

$$z = 1 + i = \sqrt{2}\left(\frac{\sqrt{2}}{2} + i\frac{\sqrt{2}}{2}\right) = \sqrt{2}\,\mathrm{e}^{\frac{i\pi}{4}} \text{ et } z^n = \left(\sqrt{2}\right)^n \left(\mathrm{e}^{\frac{i\pi}{4}}\right)^n$$

$$= \left(\sqrt{2}\right)^n \mathrm{e}^{\frac{in\pi}{4}}$$

Soit le point M d'affixe z ; si z^n est un réel strictement négatif, alors $\left(\vec{u}; \overrightarrow{OM}\right) = \pi\ (2\pi)$; c'est à dire $Arg\left(z^n\right) = \pi\ (2\pi)$ soit $\dfrac{n\pi}{4} = \pi + 2k\pi$; soit $n\pi = 4\pi + 8k\pi$, soit, $n = 8k + 4$ où $k \in \mathbb{N}$. Donc il existe bien un entier n tel que z^n soit un entier strictement négatif.

E) VRAI ;

Si $Arg\left(z^n\right) = -\dfrac{\pi}{2}\ (2\pi)$, alors $\dfrac{n\pi}{4} = -\dfrac{\pi}{2} + 2k\pi$ et $n\pi = -2\pi + 8k\pi$, soit $n = 8k - 2$ avec $k \in \mathbb{N}^*$. Et réciproquement, il existe bien un entier n tel que $arg\left(z^n\right) = -\dfrac{\pi}{2}\ (2\pi)$.

---

21) Exercice de type « Trouver la bonne réponse »

Soient z_1 et z_2 deux nombres complexes d'arguments respectifs :

$$arg(z_1) = \frac{5\pi}{8} \quad \text{et} \quad arg(z_2) = \frac{5\pi}{6} \quad \text{dans }]-\pi\ ;\ \pi].$$

On peut alors affirmer que la valeur dans $]-\pi\ ;\ \pi]$ de $arg\left(z_1 \times z_2^3\right)$ est :

$$\text{a}: \frac{\pi}{2} \qquad \text{b}: -\frac{7\pi}{8} \qquad \text{c}: \frac{7\pi}{8} \qquad \text{d}: -\frac{\pi}{2}$$

SOLUTION

Réponse b)

$$arg\left(z_1 \times z_2^3\right) = arg z_1 + 3 arg z_2\ (2\pi) = \frac{5\pi}{8} + 3 \times \frac{5\pi}{6}\ (2\pi)$$

$$= \left(\frac{15 + 60}{24}\right)\pi\ (2\pi) = \frac{75}{24}\pi\ (2\pi) = \frac{25}{8}\pi\ (2\pi)$$

$$= -\frac{7}{8}\pi\ (2\pi)$$

22) Exercice de type « Trouver la bonne réponse »

Dans le plan complexe, on considère trois points distincts A, B, C d'affixe respectives z_A, z_B, z_C d'affixes respectives z_A, z_B, z_c avec :

$$AB = 8 \text{ cm} \quad \text{et} \quad \frac{z_C - z_A}{z_B - z_A} = \frac{3}{4}i.$$

La longueur du segment $[BC]$ est égale à :

a : **6** cm   b : **8** cm   c : **9** cm   d : **10** cm

SOLUTION

Réponse d)

$\dfrac{z_C - z_A}{z_B - z_A} = \dfrac{3}{4}i$ d'où, $Arg\left(\dfrac{z_C - z_A}{z_B - z_A}\right) = Arg\left(\dfrac{3}{4}i\right)$ $(2\pi) = \dfrac{\pi}{2}$ (2π),

et $\left(\overrightarrow{AB} \; ; \; \overrightarrow{AC}\right) = \dfrac{\pi}{2}$ (2π), donc le triangle ABC est rectangle en A.

De plus, $\dfrac{AC}{AB} = \left|\dfrac{z_C - z_A}{z_B - z_A}\right| = \left|\dfrac{3}{4}i\right| = \dfrac{3}{4}$ d'où, $AC = \dfrac{3}{4}AB = 6$ cm, et d'après

le théorème de Pythagore, on en déduit que :

$$BC = \sqrt{6^2 + 8^2} = \sqrt{100} = 10 \text{ cm}.$$

23) Exercice de type « Trouver la bonne réponse »

Pour les questions 1 à 7, on se place dans le plan complexe muni d'un repère orthonormé $(O; \vec{u}, \vec{v})$.

On considère les points $A, B, C, D, E, F,$ et G d'affixes respectives $z_A, z_B, z_C, z_D, z_E, z_F,$ et z_G. Tous les points se trouvent exactement à l'intersection d'un cercle et d'un rayon. L'angle entre 2 rayons consécutifs est constant.

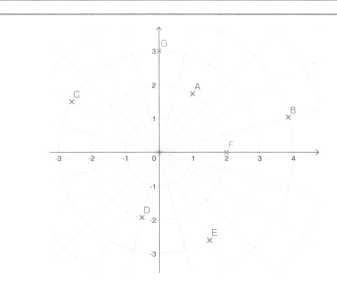

Question 1 : La valeur dans $]-\pi\;;\;\pi]$ de l'argument de z_A est :

a : $\dfrac{\pi}{6}$ b : $\dfrac{5\pi}{12}$ c : $\dfrac{\pi}{3}$ d : $\dfrac{3\pi}{12}$

SOLUTION

Réponse c)

Remarque : chaque secteur décrit un angle de $\dfrac{\pi}{12}$;

or $Arg\; z_A = \left(\vec{u};\overrightarrow{OA}\right)$

$$= 4 \times \frac{\pi}{12}\;(2\pi) = \frac{\pi}{3}\;(2\pi).$$

(Suite...) Question 2 : La valeur dans $]-\pi;\pi]$ de l'argument de $z_C \times z_D$ est :

a : π b : $\dfrac{3\pi}{12}$ c : $\dfrac{\pi}{2}$ d : $\dfrac{7\pi}{12}$

SOLUTION

Réponse b)

$Arg\; z_C z_D = Arg\; z_C + Arg\; z_D\;(2\pi)$ (Cf propriétés des arguments)

$$= 10 \times \frac{\pi}{12} - 7 \times \frac{\pi}{12}\;(2\pi)$$

$$= \frac{3\pi}{12}\;(2\pi) = \frac{\pi}{4}\;(2\pi)$$

(Suite...) Question 3 : Le nombre complexe z_E est une racine de :

a : $z^2 - 3z - 7$ c : $z^2 - 3z - 4$

b : $z^2 - 3z + 1$ d : $z^2 - 3z + 9$

SOLUTION

Réponse d)

On a : $z_E = 3\,\mathrm{e}^{-\frac{i\pi}{3}}$ d'où, $z_E^2 - 3z_E = 9\,\mathrm{e}^{-\frac{2i\pi}{3}} - 9\,\mathrm{e}^{-\frac{i\pi}{3}}$

$$= 9\,\mathrm{e}^{-\frac{i\pi}{3}}\left(\mathrm{e}^{-i\frac{i\pi}{3}} - 1\right)$$

$$= 9\left(\frac{1}{2} - i\frac{\sqrt{3}}{2}\right)\left(\frac{1}{2} - i\frac{\sqrt{3}}{2} - 1\right)$$

$$= -\frac{9}{4}\left(1 - i\sqrt{3}\right)\left(1 + i\sqrt{3}\right)$$

$$= -\frac{9}{4} \times 4 = -9.$$

(Suite...) Question 4 : Le nombre complexe z_B est une solution de :

a : $z^2 = 8 + 8\sqrt{3}i$ c : $z^2 = 8 - 8\sqrt{3}i$

b : $z^2 = 8\sqrt{3} + 8i$ d : $z^2 = 8\sqrt{3} - 8i$

SOLUTION

Réponse b)

On a : $z_B = 4\,\mathrm{e}^{\frac{i\pi}{12}}$ d'où, $z_B^2 = 16\left(\mathrm{e}^{\frac{i\pi}{12}}\right)^2$

$$= 16\,\mathrm{e}^{\frac{2\times i\pi}{12}} = 16\,\mathrm{e}^{\frac{i\pi}{6}}$$

$$= 16\left(\frac{\sqrt{3}}{2} + \frac{1}{2}i\right)$$

$$= 8\sqrt{3} + 8i.$$

(Suite...) Question 5 : Le nombre complexe $\dfrac{z_F}{z_G}$ est :

a : un nombre réel

b : un nombre imaginaire pur

c : un nombre complexe dont ni la partie réelle, ni la partie imaginaire ne sont nulles d : Aucune des réponses précédentes n'est juste.

SOLUTION

Réponse b)

$$\frac{z_F}{z_G} = \frac{2}{3\,e^{i\frac{\pi}{2}}} = \frac{2}{3}\,e^{-\frac{i\pi}{2}}$$

$$= \frac{2}{3}\left[\cos\left(-\frac{\pi}{2}\right) + i\sin\left(-\frac{\pi}{2}\right)\right]$$

$$= -\frac{2}{3}i$$

donc $\dfrac{z_F}{z_G}$ est un imaginaire pur.

(Suite...) Question 6 :

La valeur dans $]-\pi;\pi]$ de l'argument de $\dfrac{z_C - z_E}{z_G - z_E}$ est :

$\quad$ a : $\dfrac{\pi}{12}$ $\qquad\qquad$ b : $\dfrac{\pi}{4}$ $\qquad\qquad$ c : $\dfrac{\pi}{6}$ $\qquad\qquad$ d : $\dfrac{\pi}{3}$

SOLUTION

Réponse c)

$$Arg\left(\frac{z_C - z_E}{z_G - z_E}\right) = \left(\overrightarrow{EG};\overrightarrow{EC}\right) = \frac{1}{2}\left(\overrightarrow{OG};\overrightarrow{OC}\right)\ (2\pi)$$

(d'après le théorème de l'angle au centre),

d'où, $Arg\left(\dfrac{z_C - z_E}{z_G - z_E}\right) = \dfrac{1}{2} \times 4 \times \dfrac{\pi}{12} = \dfrac{\pi}{6}(2\pi)$.

(Suite...) Question 7 : Laquelle des égalités suivantes est vraie ?

$\quad$ a : $z_A = e^{\frac{i\pi}{4}} \times z_F$ $\qquad\qquad\qquad$ c : $z_A = \frac{1}{2}\,e^{\frac{i\pi}{6}} \times z_B$

$\quad$ b : $z_A = \frac{2}{3}\,e^{-\frac{i\pi}{6}} \times z_G$ $\qquad\qquad$ d : $z_A = e^{-\frac{11i\pi}{12}} \times z_D$

SOLUTION

Réponse b)

a) FAUX ;

On a $\left(\overrightarrow{OF};\overrightarrow{OA}\right) = \dfrac{\pi}{3}\ (2\pi)$ et les points A et F appartiennent au même cercle de rayon $R = 2$, d'où $|z_A| = |z_F| = 2$ et $\left|\dfrac{z_A}{z_F}\right| = 1$. On a donc

$\dfrac{z_A}{z_F} = \left|\dfrac{z_A}{z_F}\right| e^{\frac{i\pi}{3}} = e^{\frac{i\pi}{3}}$ et donc $z_A = e^{\frac{i\pi}{3}} \times z_F$.

b) VRAI ;

$$\begin{cases} \left|\dfrac{z_A}{z_G}\right| = \dfrac{OA}{OG} = \dfrac{2}{3} \\ Arg\left(\dfrac{z_A}{z_G}\right) = (\overrightarrow{OG}; \overrightarrow{OA}) = -\dfrac{\pi}{6} \ (2\pi) \end{cases}$$

d'où, $z_A = \dfrac{2}{3} e^{-\frac{i\pi}{6}} \times z_G$.

c) FAUX ;

$$\begin{cases} \left|\dfrac{z_A}{z_B}\right| = \dfrac{OA}{OB} = \dfrac{1}{2} \\ Arg\left(\dfrac{z_A}{z_B}\right) = (\overrightarrow{OB}; \overrightarrow{OA}) = 3 \times \dfrac{\pi}{12} = \dfrac{\pi}{4} \ (2\pi) \end{cases}$$

d'où, $z_A = \dfrac{1}{2} e^{\frac{i\pi}{4}} \times z_B$.

d) FAUX ;

$$\begin{cases} \left|\dfrac{z_A}{z_D}\right| = \dfrac{OA}{OD} = 1 \\ Arg\left(\dfrac{z_A}{z_D}\right) = (\overrightarrow{OD}; \overrightarrow{OA}) = \dfrac{11\pi}{12} \ (2\pi) \end{cases}$$

d'où, $z_A = e^{\frac{11i\pi}{12}} \times z_D$.

---

24) Exercice de type « Trouver la bonne réponse »

On se place dans le plan complexe muni d'un repère orthonormal $(O; \vec{u}, \vec{v})$, les images des solutions de l'équation $z^4 = 6$ sont

a : les sommets d'un triangle équilatéral

b : les sommets d'un carré

c : les sommets d'un pentagone régulier

d : les sommets d'un hexagone régulier

SOLUTION

Réponse b)

$z^4 = 6$ d'où $|z^4| = |z|^4 = 6$ et $|z| = \sqrt[4]{6}$;

et $Arg\ z^4 = 4\ Arg\ z\ (2\pi)$

$\qquad\qquad = Arg\ 6\ (2\pi)$

$\qquad\qquad = 0\ (2\pi);$

on en déduit que $4\ Arg\ z = 2k\pi$ (où $k \in \mathbb{Z}$)

et $Arg\ z = \dfrac{2k\pi}{4}\ (2\pi) = \dfrac{k\pi}{2}\ (2\pi).$

Il y a donc 4 points solutions (qui représentent les sommets d'un carré) que l'on peut représenter ci-contre dans le plan complexe :

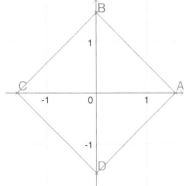

---

25) Exercice de type « Trouver la bonne réponse »

On considère le nombre complexe $z = 4 + 4i$, alors un argument de $-\overline{z}$, à 2π près, est :

    a : $\dfrac{\pi}{4}$ b : $-\dfrac{\pi}{4}$ c : $-\dfrac{3\pi}{4}$ d : $\dfrac{3\pi}{4}$

SOLUTION

Réponse d)

$Arg\ z = Arg(4 + 4i) = Arg\left(\dfrac{4}{4\sqrt{2}} + i\dfrac{4}{4\sqrt{2}}\right)$

$\qquad = Arg\left(\dfrac{\sqrt{2}}{2} + i\dfrac{\sqrt{2}}{2}\right)$

$\qquad = \dfrac{\pi}{4}\ (2\pi);$

on en déduit que $Arg\ \overline{z} = -\dfrac{\pi}{4}\ (2\pi),$

et $Arg\left(-\overline{z}\right) = Arg(-1) + Arg(\overline{z})\ (2\pi)$

$\qquad\qquad = \pi - \dfrac{\pi}{4}\ (2\pi)$

$\qquad\qquad = \dfrac{3\pi}{4}\ (2\pi).$

---

26) Exercice de type « Trouver la bonne réponse »

On considère le nombre complexe $z = -2\,e^{\frac{2i\pi}{3}}$, alors un argument de $(1 - i)\overline{z}$, à 2π près, est :

    a : $\dfrac{5\pi}{12}$ b : $-\dfrac{5\pi}{12}$ c : $\dfrac{7\pi}{12}$ d : $\dfrac{\pi}{12}$

SOLUTION

Réponse d)

Remarque : $-1 = e^{i\pi} = e^{-i\pi}$

d'où, $z = -2\,e^{\frac{2i\pi}{3}} = 2\,e^{-i\pi} \times e^{\frac{2i\pi}{3}} = 2\,e^{-\frac{i\pi}{3}}$; ainsi, $\boldsymbol{Arg\ z} = -\dfrac{\pi}{3}\ (2\pi)$, et

on en déduit que $\boldsymbol{Arg\ \overline{z}} = \dfrac{\pi}{3}\ (2\pi)$. De plus, $\boldsymbol{Arg(1-i)} = -\dfrac{\pi}{4}\ (2\pi)$ d'où,

$\boldsymbol{Arg\,[(1-i)\overline{z}]} = \boldsymbol{Arg(1-i)} + \boldsymbol{Arg\ \overline{z}} = -\dfrac{\pi}{4} + \dfrac{\pi}{3} = \dfrac{\pi}{12}\ (2\pi)$.

---

27) Exercice de type « Trouver la bonne réponse »

On se place dans le plan complexe muni d'un repère orthonormé et on considère l'ensemble $\mathcal{E}$ des points M d'affixe $z \in \mathbb{C}$ tels que

$$|z - 1 + 2i| = 1 \text{ et } |z - 5 + i| = 3.$$

a : $\mathcal{E}$ est la réunion de 2 droites

b : $\mathcal{E}$ est la réunion de 2 cercles

c : $\mathcal{E}$ est l'intersection non vide de 2 cercles

d : Aucune des 3 réponses précédentes n'est exacte

SOLUTION

Réponse d)

Soient les points M, A et B d'affixes respectives $z, z_A = 1 - 2i, z_B = 5 - i$; les équations :
$$\begin{cases} |z - 1 + 2i| = 1 \\ \text{et} \\ |z - 5 + i| = 3 \end{cases}$$
sont équivalentes, d'un point de vue géométrique, au système suivant :
$$\begin{cases} AM = 1 \\ \text{et} \\ BM = 3 \end{cases}.$$

Remarque : l'énoncé précise "et" entre les 2 égalités de modules ; ce qui signifie qu'on peut exclure les propositions de "réunion".

Donc l'ensemble $\mathcal{E}$ des points E du plan est l'intersection éventuelle des cercles :

— (C) de centre A et de rayon $R = 1$

— (C') de centre B et de rayon $R' = 3$

Or $AB = |z_B - z_A| = |4 + i| = \sqrt{17}$; on en déduit ainsi que $AB > R + R'$; donc l'ensemble $(\mathcal{E})$ est l'ensemble vide.

On peut d'ailleurs l'illustrer graphiquement comme ci-contre ; on observe bien que les deux cercles ne se touchent pas.

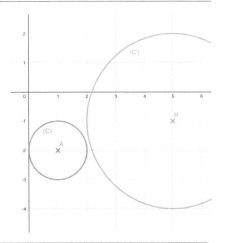

---

28) Exercice de type « Trouver la bonne réponse »

On se place dans le plan complexe muni d'un repère orthonormé et on considère les points A, B, C et D d'affixes respectives $1 + i, -1 - i, 2 + i$ et $2 - i$. On note $\mathcal{E}$ l'ensemble des points M d'affixe $z \in \mathbb{C}$ tels que

$$|z - (1 + i)| = |\overline{z} - 2 + i|.$$

a : $\mathcal{E}$ est la droite (AC) c : $\mathcal{E}$ est la droite (BC)

b : $\mathcal{E}$ est la médiatrice de $[AC]$ d : $\mathcal{E}$ est la médiatrice de $[AD]$

SOLUTION

Réponse b)

$$|z - (1 + i)| = |\overline{z} - 2 + i| \Longleftrightarrow |z - (1 + i)| = |\overline{z - 2 - i}|$$
$$\Longleftrightarrow |z - (1 + i)| = |z - (2 + i)| ;$$

cela s'interprète géométriquement par $AM = CM$ donc l'ensemble $\mathcal{E}$ des points

M est la médiatrice de $[AC]$.

---

29) Exercice de type « Trouver la bonne réponse »

On se place dans le plan complexe muni d'un repère orthonormé et on considère l'ensemble $\mathcal{E}$ des points M d'affixe $z \in \mathbb{C}$ tels que l'argument de $(z + 4i) = \dfrac{\pi}{4}$ à 2π près. Alors :

a : $\mathcal{E}$ est une droite

b : $\mathcal{E}$ est la réunion de 2 droites

c : $\mathcal{E}$ est une demi-droite

---

d : $\mathcal{E}$ est la réunion de 2 demi-droites non parallèles.

SOLUTION

Réponse c)

Soient les points M et A d'affixes respectives z et
$z_A = -4i$;

ainsi, $Arg(z + 4i) = Arg[z - (-4i)]$

$$= \left(\vec{u}; \overrightarrow{AM} \right) \ (2\pi)$$

$$= \frac{\pi}{4} \ (2\pi).$$

Donc M appartient à la demi-droite $[AB)$ où B
est le point d'affixe $z_B = 4$.

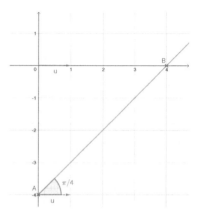

---

30) Exercice de type « Rédactionnel et QCM »

Dans tout l'exercice, a désigne un nombre réel strictement supérieur à 1.

Le plan complexe est rapporté à un repère orthonormé direct $(O; \vec{u}, \vec{v})$.
Soient A et B les points d'affixes respectives : $z_A = 2 + 2i\sqrt{a^2 - 1}$ et
$z_B = 4$.

On définit les points C, D, H par :

- C est le symétrique de A par rapport à l'axe $(O; \vec{u})$;
- D est le symétrique de A par rapport au point O ;
- H est le projeté orthogonal de B sur la droite (AD).

On note z_C, z_D et z_H les affixes respectives des points C, D et H.

Première partie

Dans cette partie, on suppose que $a = 2$.

1) Ecrire la forme algébrique de z_A. Donner son module $|z_A|$.
   Puis écrire la forme exponentielle de z_A.

2) Donner la valeur de z_C sous forme algébrique et exponentielle.

3) **QCM**
   Parmi les expressions suivantes, laquelle correspond à la forme
exponentielle de z_D ?

$$\text{A)} \quad z_D = 4\,\mathrm{e}^{-\frac{i\pi}{3}} \qquad\qquad \text{B)} \quad z_D = -4\,\mathrm{e}^{\frac{i\pi}{3}}$$

$$\text{C)} \quad z_D = 4\,\mathrm{e}^{-\frac{2i\pi}{3}} \qquad\qquad \text{D)} \quad z_D = -4\,\mathrm{e}^{-\frac{2i\pi}{3}}$$

4) Sur la figure, placer les points A, B, C, D.

Faire apparaître la construction qui vous permet de placer les points correctement.

5) Donner la nature précise du triangle OAB et du quadrilatère $ABCD$.

6) Justifier géométriquement que $z_H = \frac{1}{2} z_A$. En déduire la forme algébrique de z_H.

Placer le point H sur la figure de la question **IV-4**.

7) **QCM**

Soit $\mathcal{A}$ l'aire, en unités d'aire, du quadrilatère $ABCD$.

Quelle est la valeur exacte de $\mathcal{A}$?

$$\text{A)} \quad \mathcal{A} = 24\sqrt{3} \qquad\qquad \text{B)} \quad \mathcal{A} = 16\sqrt{3}$$

$$\text{C)} \quad \mathcal{A} = 12\sqrt{3} \qquad\qquad \text{D)} \quad \mathcal{A} = 8\sqrt{3}$$

Dans la suite, a est quelconque

Deuxième partie

8) Notons l_1 et l_2 les longueurs respectives des diagonales $[OB]$ et $[AC]$ du losange $OABC$.

Donner la valeur exacte de l_1. Donner une expression de l_2 en fonction de a.

9) Pour quelle(s) valeur(s) de a le quadrilatère $OABC$ est-il un carré ? Justifier la réponse.

Troisième partie

Soient (E) et (E') les équations d'inconnues complexe z :

$$(E): \quad z^2 - 4z + 4a^2 = 0 \quad (E'): \quad z^3 - 4z^2 + 4a^2 z = 0$$

10) Justifier que l'équation (E) admet deux racines complexes non réelles.

11) On note z_1 et z_2 les deux solutions de l'équation (E).

Donner les expressions de z_1 et z_2 en fonction de a.

12) En déduire l'ensemble $\mathcal{E}'$ des solutions de l'équation (E').

SOLUTION

Première partie

1)   Si $a = 2$, alors $z_A = 2 + 2i\sqrt{3}$ et on calcule le module et l'argument de z_A :

$$\begin{cases} |z_A| = \sqrt{2^2 + (2\sqrt{3})^2} = 4 \\ Arg\,z_A = Arg\left[4\left(\frac{1}{2} + \frac{\sqrt{3}}{2}i\right)\right]\,(2\pi) = \frac{\pi}{3}\,(2\pi) \end{cases}$$

On en déduit la forme exponentielle de z_A : $z_A = 4\,e^{\frac{i\pi}{3}}$.

2)   Si C est le symétrique de A par rapport à l'axe $(O; \vec{u})$, alors les formes algébriques et exponentielles sont respectivement : $z_C = \overline{z_A} = 2 - 2i\sqrt{3}$ et $z_C = 4\,e^{-\frac{i\pi}{3}}$.

3)   Si D est le symétrique de A par rapport au point O, alors $z_D = -z_A$; on en déduit que $|z_D| = |z_A| = 4$ et

$$Arg\,z_D = Arg(-z_A)\,(2\pi) = Arg(-1) + Arg\,z_A\,(2\pi) = -\pi + \frac{\pi}{3}\,(2\pi)$$

$$= -\frac{2\pi}{3}\,(2\pi).$$

Forme exponentielle de z_D : $z_D = 4\,e^{-\frac{2i\pi}{3}}$; **Réponse C)**.

4)

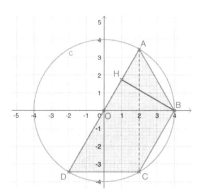

5) $OA = OB = 4$ et $(\overrightarrow{OB}; \overrightarrow{OA}) = Arg\,z_A\,(2\pi) = \frac{\pi}{3}\,(2\pi)$; donc le triangle OAB est équilatéral.

Nature du quadrilatère $ABCD$:

on a $(\overrightarrow{AD}; \overrightarrow{BC}) = Arg\left(\frac{z_B - z_C}{z_A - z_D}\right)\,(2\pi) = Arg\left[\frac{4 - (2 - 2i\sqrt{3})}{2z_A}\right]\,(2\pi)$

d'où, $(\overrightarrow{AD}; \overrightarrow{BC}) = Arg\left[\dfrac{2 + 2i\sqrt{3}}{2(2 + 2i\sqrt{3})}\right]\ (2\pi) = 0\ (2\pi)$

Donc les vecteurs $\overrightarrow{AD}$ et $\overrightarrow{BC}$ sont colinéaires. De plus, les points A, B, C et D ne sont pas alignés (car C est le symétrique de A par rapport à l'axe $(O; \vec{u})$ et D est le symétrique de A par rapport au point O).

On peut donc conclure que le quadrilatère $ABCD$ est un trapèze.

6) le triangle OAB est équilatéral, et H est le projeté orthogonal de B sur (AD), donc sur (OA) (puisque les points O, A et D sont alignés) ; donc (BH) est à la fois, hauteur, médiane et médiatrice du triangle OAB issue du point B. Ainsi, H milieu de $[OA]$ et $z_H = \frac{1}{2}z_A$.

On peut en déduire la forme algébrique de $z_H : z_H = 1 + i\sqrt{3}$.

7) *Rappel* — L'aire d'un trapèze est donnée par la formule :

$$\mathcal{A} = \dfrac{(base + Basc) \times hauteur}{2}$$

où "*base*" représente la petite base du trapèze (ici, BC), "*Base*" la grande base (ici AD) et la "*hauteur*" est BH.

Ainsi, $\mathcal{A} = \dfrac{(BC + AD) \times BH}{2}$ avec $BC = |z_B - z_C| = 2|1 + i\sqrt{3}| = 4$, et $AD = |z_A - z_D| = 2|z_A| = 8$, et $BH = |z_B - z_H| = |3 - i\sqrt{3}| = 2\sqrt{3}$.

On en déduit que $\mathcal{A} = \dfrac{(4 + 8) \times 2\sqrt{3}}{2} = 12\sqrt{3}$; Réponse C).

Deuxième partie

8) $l_1 = OB = 4$; $l_2 = AC = 2 \times Im\ z_A = 4\sqrt{a^2 - 1}$.

9) $OABC$ est un carré si le losange a ses diagonales l_1 et l_2 de même longueur. Soit, $4\sqrt{a^2 - 1} = 4 \iff a^2 = 2$; or $a > 1$ donc $a = \sqrt{2}$.

10) On calcule le discriminant $\Delta = 16(1 - a^2)$; or $a > 1$ d'où, $\Delta < 0$ et donc l'équation (E) admet 2 racines complexes non réelles.

11) Solutions de l'équation (E) :
$$\begin{cases} z_1 = 2 + 2i\sqrt{a^2 - 1} \\ z_2 = 2 - 2i\sqrt{a^2 - 1} \end{cases}$$

12) Solutions de l'équation (E') :

$z^3 - 4z^2 + 4a^2z = 0 \iff z(z^2 - 4z + 4a^2) = 0$ d'où,

$$\begin{cases} z = 0 \\ \text{ou} \\ z^2 - 4z + 4a^2 = 0 \end{cases}$$

On en déduit l'ensemble des solutions $\mathcal{E}'$:

$$\mathcal{E}' = \left\{ 0; 2 + 2i\sqrt{a^2 - 1}; 2 - 2i\sqrt{a^2 - 1} \right\}$$

---

31) Exercice de type « Rédactionnel »

Les cinq parties de cet exercice sont indépendantes.

Le plan complexe est muni d'un repère orthonormé $(O; \vec{u}, \vec{v})$.

Partie A

a désigne un nombre réel. On considère les nombres complexes :

$$z_1 = (-4a + i)(a - i) - (1 + 2ai)^2$$
$$z_2 = \frac{2 + 2ai}{1 - i}$$
$$z_3 = 2\sqrt{3} - 2i$$
$$z_4 = -\,\mathrm{e}^{\frac{i\pi}{5}}$$

A-1 Déterminer la forme algébrique de z_1. Détailler le calcul.

A-2 Déterminer la forme algébrique de z_2. Détailler le calcul.

A-3 Déterminer le module $|z_3|$ et un argument $Arg\ z_3$ de z_3.
Justifier la réponse.

A-4 Déterminer la forme exponentielle de z_4. Justifier la réponse.

Partie B

Soit x un réel strictement positif.

On considère les points A, B et C d'affixes respectives :

$$z_A = 1 - xi \qquad z_B = 2i \qquad z_C = -2.$$

B-1 Donner les distances AB et AC en fonction de x.

B-2 Pour quelle valeur de x le triangle ABC est-il isocèle en A ? Justifier
la réponse.

B-3 Le triangle ABC peut-il être équilatéral ? Justifier la réponse.

B-4 Soit D le point tel que $ABCD$ soit un parallélogramme.

Déterminer en fonction de x, l'affixe z_D du point D. Justifier la réponse.

Partie C

Déterminer l'ensemble F_1 des solutions dans $\mathbb{C} \backslash \{-4\}$ de l'équation :

$$(E_1) \qquad \frac{z+2}{z+4} = z + 3. \quad \text{Justifier la réponse.}$$

Partie D

Déterminer l'ensemble F_2 des nombres complexes $z = x + yi$ solutions dans $\mathbb{C}$ de l'équation :

$$(E_2) \qquad 2iz - 1 = \overline{z} + i. \text{ Justifier la réponse.}$$

Partie E

On considère les points E, F et G d'affixes respectives :

$$z_E = i \qquad z_F = -2 \qquad z_G = 4i.$$

E-1 Donner, sans justification, l'ensemble F_3 des points M d'affixe z tels que : $\qquad |z - i| = 2.$

E-2 Donner, sans justification, l'ensemble F_4 des points M d'affixe z tels que : $\qquad |z + 2| = |z - 4i|.$

SOLUTION

Partie A

A-1 $z_1 = (-4a + i)(a - i) - (1 + 2ai)^2$

soit, $z_1 = -4a^2 + 4ai + ai + 1 - (1 - 4a^2 + 4ai) = ai.$

A-2 $z_2 = \dfrac{2 + 2ai}{1 - i} = \dfrac{(2 + 2ai)(1 + i)}{(1 - i(1 + i)}$

soit, $z_2 = \dfrac{2 + 2ai + 2i - 2a}{2} = 1 + ai + i - a = 1 - a + (1 + a)i.$

A-3 Calcul du module de z_3 :

$$|z_3| = \sqrt{(2\sqrt{3})^2 + (-2)^2} = \sqrt{16} = 4 \,;$$

calcul de l'argument de z_3 :

$$Arg\ z_3 = Arg(2\sqrt{3} - 2i)\ (2\pi) = Arg\left[4\left(\frac{\sqrt{3}}{2} - \frac{1}{2}i\right)\right]\ (2\pi)$$

$$= Arg\ 4 + Arg\left(\frac{\sqrt{3}}{2} - \frac{1}{2}i\right)\ (2\pi)$$

$$= -\frac{\pi}{6}\ (2\pi)$$

A-4 Forme exponentielle de z_4 : $z_4 = -\,e^{\frac{i\pi}{5}} = e^{-i\pi}\,e^{\frac{i\pi}{5}} = e^{-\frac{4i\pi}{5}}$.

Partie B

IV-B-1 $\quad AB = |z_A - z_B| = |1 - xi - 2i| = |1 - (x+2)i|$

$$= \sqrt{1^2 + (x+2)^2}$$

$$= \sqrt{x^2 + 4x + 5}$$

et $AC = |z_A - z_C| = |1 - xi + 2| = |3 - xi| = \sqrt{x^2 + 9}$.

IV-B-2 $\quad$ Le triangle ABC est isocèle en A si $AB = AC$; ce qui équivaut à $\sqrt{x^2 + 4x + 5} = \sqrt{x^2 + 9}$.

Et $AB = AC \implies x^2 + 4x + 5 = x^2 + 9$

$$\implies x = 1.$$

Par rapport à l'ensemble de définition de l'équation, on peut vérifier que la solution $x = 1$ convient dans l'expression de départ. Ainsi, l'ensemble de solution est donné par $S = \{1\}$.

B-3 $\quad$ Pour que le triangle ABC soit équilatéral, il faut déjà qu'il soit isocèle en A (donc pour $x = 1$), mais aussi que $BC = AB = \sqrt{1 + 3^2} = \sqrt{10}$. Or , pour $x = 1$, $BC = |z_B - z_C| = |2i + 2| = 2|1 + i| = 2\sqrt{2} \neq \sqrt{10}$. Donc le triangle ABC ne peut pas être équilatéral.

B-4 $\quad$ Si le quadrilatère $ABCD$ est un parallélogramme, alors $\overrightarrow{AD} = \overrightarrow{BC} \implies z_D - z_A = z_C - z_B$

$$\implies z_D = z_A + z_C - z_B = -1 - (x+2)i$$

Partie C

Pour tout $z \in \mathbb{C}\backslash\{-4\}$, $\dfrac{z+2}{z+4} = z + 3 \implies z + 2 = (z+3)(z+4)$,

soit $z^2 + 6z + 10 = 0$ (avec $z \neq -4$).

Calcul du discriminant : $\Delta = 36 - 40 = -4 = (2i)^2$;

on en déduit les 2 solutions complexes :

$$z_1 = \frac{-6 + 2i}{2} = -3 + i \ \text{ et } \ z_2 = \overline{z_1} = -3 - i$$

d'où, $F_1 = \{-3 + i; -3 - i\}$.

Partie D

Posons $z = x + yi$, l'équation (E_2) s'écrit alors $2i(x + yi) - 1 = x - yi + i$, soit $-2y - 1 + 2xi = x + (1 - y)i$; or 2 nombres complexes sont égaux si et seulement si leurs parties réelle et imaginaire sont égales ; soit :

$$\begin{cases} -2y - 1 = x \\ 2x = 1 - y \end{cases} \iff \begin{cases} x = -1 - 2y \\ 2(-1 - 2y) + y = 1 \end{cases} \iff \begin{cases} x = -1 - 2y \\ -3y = 3 \end{cases}$$

$$\iff \begin{cases} x = 1 \\ y = -1 \end{cases}.$$

ainsi, $F_2 = \{1 - i\}$.

Partie E

E-1 $\quad |z - i| = 2 \iff EM = 2$;

donc l'ensemble F_3 est le cercle de centre E et de rayon $R = 2$.

E-2 $\quad |z + 2| = |z - 4i| \iff FM = GM$;

donc l'ensemble F_4 est la médiatrice du segment $[FG]$.

---

32) Exercice de type « Rédactionnel »

Le plan complexe est muni d'un repère orthonormé $(O; \vec{u}, \vec{v})$.

Soient A, B et C les points d'affixes respectives $z_A = 1$, $z_B = 1 + i$ et $z_C = i$.

Soit x un réel appartenant à $]0; 1[$.

On nomme :

- M le point du segment $[AB]$ d'affixe $z_M = 1 + xi$;
- N le point du segment $[BC]$ d'affixe $z_N = x + i$;

Posons $Z = \dfrac{z_N}{z_M}$.

Partie A

A-1 Sur la figure, le point M a été placé pour une certaine valeur du réel x.

Tracer le carré $OABC$ et le triangle OMN.

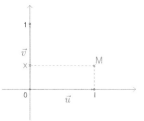

A-2 Exprimer, en fonction de x, les modules $|z_M|$ et $|z_N|$.

A-3 Le triangle OMN est isocèle. Donner son sommet principal. Justifier la réponse.

A-4-a   Montrer que la droite (OB) est perpendiculaire à la droite (MN).

A-4-b   En déduire que la droite (OB) est la bissectrice de l'angle $\widehat{MON}$.

A-5   Justifier que $|Z| = 1$.

A-6   Montrer que la forme algébrique de Z est :

$$Z = \frac{2x}{1 + x^2} + i\frac{1 - x^2}{1 + x^2}.$$

A-7 $Im(Z)$ désigne la partie imaginaire de Z.

Montrer que $Im(Z) > 0$.

Partie B

Dans cette partie $x = 2 - \sqrt{3}$.

B-1   Donner la valeur exacte de $1 + x^2$.

B-2-a $Re(Z)$ désigne la partie réelle de Z.

Montrer que $Re(Z) = \frac{1}{2}$.

B-2-b   On nomme θ un argument de Z.

En déduire, en utilisant certains résultats de la **Partie A**, la valeur exacte de θ. On admet que $(\overrightarrow{OM}; \overrightarrow{ON}) = \theta \ (2\pi)$.

B-3-a   En utilisant la question **III-A-4-b**, donner une mesure de l'angle $(\overrightarrow{OM}; \overrightarrow{OB})$.

B-3-b   Montrer que $(\vec{u}; \overrightarrow{OM}) = \dfrac{\pi}{12} \ (2\pi)$.

B-4-a   Justifier que $1 + x^2 = (\sqrt{6} - \sqrt{2})^2$.

B-4-b   En déduire la valeur exacte de $|z_M|$.

B-5   Ecrire la forme trigonométrique de z_M.

B-6   On en déduit que $\cos\frac{\pi}{12} = \frac{a}{\sqrt{6}-\sqrt{2}}$ et $\sin\frac{\pi}{12} = \frac{b}{\sqrt{6}-\sqrt{2}}$, où a et b sont des réels. Donner les valeurs exactes de a et b.

SOLUTION

A-1

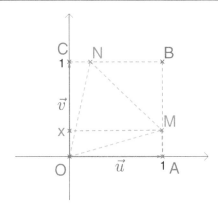

A-2 $|z_M| = |z_N| = \sqrt{1 + x^2}$.

A-3 D'après la question précédente, on en déduit que $OM = ON$ donc le triangle OMN est isocèle de sommet O.

III-A-4-a
$$(\overrightarrow{OB}; \overrightarrow{MN}) = Arg\left(\frac{z_N - z_M}{z_B}\right) \; (2\pi)$$
$$= Arg\left(\frac{x - 1 + (1 - x)i}{1 + i}\right) \; (2\pi)$$
$$= Arg\left[\frac{(1 - x)(-1 + i)}{1 + i}\right] \; (2\pi)$$
$$= Arg(1 - x) + Arg(-1 + i) - Arg(1 + i) \; (2\pi)$$

Or $x \in]0; 1[$, d'où $Arg(1 - x) = 0 \; (2\pi)$; de plus, $Arg(-1 + i) = \dfrac{3\pi}{4} \; (2\pi)$ et $Arg(1 + i) = \dfrac{\pi}{4} \; (2\pi)$.

Ainsi, $(\overrightarrow{OB}; \overrightarrow{MN}) = \dfrac{3\pi}{4} - \dfrac{\pi}{4} \; (2\pi) = \dfrac{\pi}{2} \; (2\pi)$ et les droites (OB) et (MN) sont perpendiculaires.

A-4-b Le triangle OMN est isocèle en O (d'après A-3), et (OB) est perpendiculaire à (MN) ; donc (OB) est à la fois "hauteur", "médiatrice", "médiane" et... bissectrice du triangle OMN issues du point O.

A-5 $|Z| = \left|\dfrac{z_N}{z_M}\right| = \dfrac{|z_N|}{|z_M|} = \dfrac{\sqrt{1 + x^2}}{\sqrt{1 + x^2}} = 1$.

A-6 Forme algébrique de Z :
$$Z = \frac{z_N}{z_M} = \frac{x + i}{1 + xi} = \frac{(x + i)(1 - xi)}{1 + x^2} = \frac{2x}{1 + x^2} + i\frac{1 - x^2}{1 + x^2}.$$

A-7 $Im\, Z = \dfrac{1 - x^2}{1 + x^2}$, or $x \in]0; 1[$, d'où, $1 - x^2 > 0$ et $1 + x^2 > 0$, et donc, $Im\, Z > 0$.

III-B-1   Si $x = 2 - \sqrt{3}$ alors $1 + x^2 = 1 + (2 - \sqrt{3})^2$

$$= 1 + 4 - 4\sqrt{3} + 3$$

$$= 8 - 4\sqrt{3}.$$

B-2-a $Re\ Z = \dfrac{2x}{1 + x^2} = \dfrac{2(2 - \sqrt{3})}{8 - 4\sqrt{3}} = \dfrac{1}{2}.$

B-2-b $Z = Re\ Z + i\ Im\ Z,$

Détermination de l'argument de Z :

D'après les questions B-2-a et A-7, on en déduit que :

$$\begin{cases} \cos\theta = \dfrac{Re\ Z}{|Z|} = Re\ Z = \dfrac{1}{2} \\[2mm] \sin\theta = \dfrac{Im\ Z}{|Z|} = Im\ Z > 0 \end{cases}$$

Ainsi, $\theta = \dfrac{\pi}{3}\ (2\pi)$.

B-3-a   Puisque (OB) est la bissectrice de l'angle $\widehat{MON}$ alors,

$$(\overrightarrow{OM}; \overrightarrow{OB}) = \frac{1}{2}(\overrightarrow{OM}; \overrightarrow{ON})$$

$$= \frac{1}{2}\theta\ (2\pi)$$

$$= \frac{\pi}{6}\ (2\pi)$$

B-3-b $(\vec{u}; \overrightarrow{OM}) = (\vec{u}; \overrightarrow{OB}) + (\overrightarrow{OB}; \overrightarrow{OM})\ (2\pi)$ (d'après la relation de Chasles appliquée aux angles) ;

d'où, $(\vec{u}; \overrightarrow{OM}) = (\vec{u}; \overrightarrow{OB}) - (\overrightarrow{OM}; \overrightarrow{OB})\ (2\pi) = \dfrac{\pi}{4} - \dfrac{\pi}{6}\ (2\pi) = \dfrac{\pi}{12}\ (2\pi).$

B-4-a $1 + x^2 = 8 - 4\sqrt{3}$

et $(\sqrt{6} - \sqrt{2})^2 = 6 - 2 \times \sqrt{6} \times \sqrt{2} + 2 = 8 - 2\sqrt{12} = 8 - 4\sqrt{3}$;

d'où, $1 + x^2 = (\sqrt{6} - \sqrt{2})^2.$

B-4-b $|z_M| = \sqrt{1 + x^2} = \sqrt{(\sqrt{6} - \sqrt{2})^2} = \sqrt{6} - \sqrt{2}.$

B-5   Forme trigonométrique de z_M :

$z_M = |z_M|\ (\cos\theta_M + i\sin\theta_M)$, avec $\theta_M = (\vec{u}; \overrightarrow{OM}) = \dfrac{\pi}{12}\ (2\pi).$

Ainsi, $z_M = \left(\sqrt{6} - \sqrt{2}\right)\left(\cos\frac{\pi}{12} + i\sin\frac{\pi}{12}\right).$

33) Exercice de type « Rédactionnel »

Le plan complexe est muni d'un repère orthonormé $(O; \vec{u}, \vec{v})$.

On considère les points A, B d'affixes respectives :
$$z_A = 1 \ \text{ et } \ z_B = -\frac{1}{2} + \frac{\sqrt{3}}{2}i$$

Soit C le symétrique de B par rapport à l'axe des abscisses.

Partie A

A-1   Tracer le triangle ABC sur la figure.

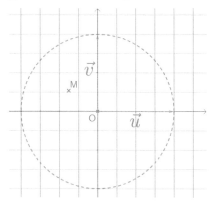

A-2   Donner l'affixe z_C du point C.

A-3-a   Calculer le module $|z_B - z_A|$. Détailler le calcul.

A-3-b   Calculer les modules $|z_C - z_A|$ et $|z_C - z_B|$.

A-3-c   En déduire la nature du triangle ABC.

Partie B

On considère les points suivants :

I : projeté orthogonal du point O sur (BC),

J : projeté orthogonal du point O sur (AC),

K : projeté orthogonal du point O sur (AB).

On désigne par z_I, z_J et z_K leurs affixes respectives.

B-1   Placer les points I, J et K sur la figure de la question **III-A-1**.

B-2-a   Justifier que J est le milieu du segment $[AC]$.

B-2-b   Calculer alors l'affixe z_J de J. Donner son module $|z_J|$.

B-2-c   Donner les affixes z_I et z_K ainsi que leur module $|z_I|$ et $|z_K|$.

B-3   En déduire la valeur de la somme des distances :
$$L_O = OI + OJ + OK. \text{ Justifier la réponse.}$$

Partie C

Soit M un point quelconque situé à l'intérieur du triangle ABC.

On considère les points suivants :

E : projeté orthogonal de M sur (BC),

F : projeté orthogonal de M sur (AC),

G : projeté orthogonal de M sur (AB).

On note $\mathcal{A}_1, \mathcal{A}_2, \mathcal{A}_3$ et $\mathcal{A}$ les aires respectives des triangles MBC, MAC, MAB et ABC.

On pose $L_M = ME + MF + MG$.

C-1   Avec le point M déjà placé sur la figure de la question **III-A-1**, placer les points E, F et G.

C-2-a   Exprimer $\mathcal{A}_1$ en fonction de la distance ME.

C-2-b   Ecrire une relation liant $\mathcal{A}_1, \mathcal{A}_2, \mathcal{A}_3$ et $\mathcal{A}$.

C-2-c   Déduire des questions précédentes que : $\mathcal{A} = \dfrac{\sqrt{3}}{2} L_M$.

C-3   L'égalité précédente montre que la valeur de L_M ne dépend pas de la position du point M à l'intérieur du triangle ABC.

Donner la valeur de L_M. Justifier la réponse.

SOLUTION

A-1

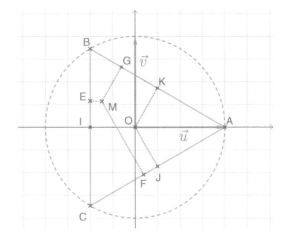

A-2 $z_C = \overline{z_B} = -\dfrac{1}{2} - \dfrac{\sqrt{3}}{2} i$

A-3-a $\quad |z_B - z_A| = \sqrt{\left(-\dfrac{1}{2} - 1\right)^2 + \left(\dfrac{\sqrt{3}}{2}\right)^2} = \sqrt{\dfrac{9}{4} + \dfrac{3}{4}} = \sqrt{3}.$

A-3-b $\quad |z_C - z_A| = \sqrt{\left(-\dfrac{1}{2} - 1\right)^2 + \left(\dfrac{-\sqrt{3}}{2}\right)^2} = \sqrt{\dfrac{9}{4} + \dfrac{3}{4}} = \sqrt{3}$

et $|z_C - z_B| = |-\sqrt{3}i| = \sqrt{3}.$

A-3-c En utilisant les questions précédentes, on en déduit que :

$AB = AC = BC$ donc le triangle ABC est équilatéral.

B-1 Cf question III-A-1.

B-2-a $\quad OA = 1$ et $OB = |z_B| = \left|-\dfrac{1}{2} - \dfrac{\sqrt{3}}{2}i\right| = |z_C| = 1$, et le triangle ABC est équilatéral ; donc le point O est le centre du cercle circonscrit au triangle ABC. De plus, J est le projeté orthogonal du point O sur (AC), donc le point J appartient à la médiatrice de $[AC]$, et J est le milieu de $[AC]$.

B-2-b Si J est le milieu de $[AC]$ alors,

$$z_J = \frac{z_A + z_C}{2}$$

$$= \frac{1 - \dfrac{1}{2} - \dfrac{\sqrt{3}}{2}i}{2}$$

$$= \frac{1}{4} - \frac{\sqrt{3}}{4}i,$$

et $|z_J| = \dfrac{1}{4}\left|1 - \sqrt{3}i\right| = \dfrac{1}{4} \times 2 = \dfrac{1}{2}.$

III-B-2-b En raisonnant de manière analogue, les points I et K sont les milieux respectifs de $[BC]$ et $[AB]$, d'où $z_I = \dfrac{z_B + z_C}{2} = -\dfrac{1}{2}$ et $|z_I| = \dfrac{1}{2}$, de même, $z_K = \dfrac{z_A + z_B}{2} = \dfrac{1}{4} + \dfrac{\sqrt{3}}{4}i$ d'où, $|z_K| = \dfrac{1}{4} \times \sqrt{1 + 3} = \dfrac{1}{2}.$

III-B-3 $\quad L_O = OI + OJ + OK = |z_I| + |z_J| + |z_K| = 3 \times \dfrac{1}{2} = \dfrac{3}{2}$

Partie C

C-1 Cf question III-A-1.

C-2-a *Rappel :* L'aire d'un triangle est donnée par la formule :

$$\mathcal{A} = \frac{Base \times Hauteur}{2}.$$

D'où, $\mathcal{A}_1 = \dfrac{BC \times ME}{2} = \dfrac{\sqrt{3}}{2}ME$.

C-2-b   A l'aide de la question III-A-1, on a :

$$\mathcal{A}_1 + \mathcal{A}_2 + \mathcal{A}_3 = \mathcal{A}$$

.

C-2-b   En procédant de manière analogue à la question C-2-a, on obtient :
$$\mathcal{A}_2 = \dfrac{AC \times MF}{2} = \dfrac{\sqrt{3}}{2}MF \quad \text{et} \quad \mathcal{A}_3 = \dfrac{\sqrt{3}}{2}MG.$$

Ainsi, $\mathcal{A} = \mathcal{A}_1 + \mathcal{A}_2 + \mathcal{A}_3 = \dfrac{\sqrt{3}}{2}ME + \dfrac{\sqrt{3}}{2}MF + \dfrac{\sqrt{3}}{2}MG$

$$= \dfrac{\sqrt{3}}{2}\left(ME + MF + MG\right)$$

$$= \dfrac{\sqrt{3}}{2}L_M.$$

C-3   Puisque L_M est une constante indépendante de la position du point M à l'intérieur du triangle ABC, il suffit de placer le point M en O, et ainsi, $L_M = L_O = \dfrac{3}{2}.$

---

34) Exercice de type « Rédactionnel »

On se place dans le plan complexe rapporté au repère $(O; \vec{u}, \vec{v})$ ortho-normé, direct.

On considère la fonction polynomiale P définie par :

Pour tout complexe $z \in \mathbb{C}, \quad P(z) = z^4 - 6z^3 + 14z^2 - 6z + 13.$

1-a)   Calculer $P(i)$ et $P(-i)$.

1-b)   Pour tout complexe z, on a l'égalité : $P(z) = (z^2 + 1)Q(z)$
où $Q(z)$ s'écrit sous la forme $Q(z) = z^2 + cz + d$.
Donner les valeurs des réels c et d.

1-c)   Déterminer l'ensemble S_1 des solutions, dans $\mathbb{C}$, de l'équation
$Q(z) = 0$. Justifier le résultat.

1-d)   En déduire l'ensemble S_2 des solutions, dans $\mathbb{C}$, de l'équation
$P(z) = 0$.

2)   Placer sur la figure les points A, C et Ω d'affixes respectives :
$$z_A = i, \qquad z_C = 3 + 2i, \qquad z_\Omega = 2.$$

3-a) On note Z_1, Z_2 et Z_3 les affixes respectives des vecteurs $\overrightarrow{AC}$, $\overrightarrow{\Omega A}$ et $\overrightarrow{\Omega C}$.

Donner les valeurs de Z_1, Z_2 et Z_3.

3-b) Donner alors les modules $|Z_1|$, $|Z_2|$, $|Z_3|$ de Z_1, Z_2, Z_3.

3-c) Déterminer alors les valeurs exactes des distances AC, ΩA et ΩC. Justifier les réponses.

3-d) Déterminer une mesure, en radians, de l'angle géométrique $\widehat{A\Omega C}$. Justifier le résultat.

3-e) Quelle est la nature précise du triangle $A\Omega C$?

4) On considère les points B et D d'affixes respectives : $z_B = \overline{z_A}$ et $z_D = \overline{z_C}$ où $\overline{z_A}$ et $\overline{z_C}$ désignent respectivement les complexes conjugués de z_A et z_C.

4-a) Placer les points B et D sur la figure de **III-2**.

4-b) Justifier que les points A, B, C et D sont sur un même cercle. Préciser son centre I et son rayon r.

4-c) Tracer ce cercle sur la figure de **III-2**.

5) Donner l'aire $\mathcal{A}$, en unités d'aires, du trapèze $ABDC$.

SOLUTION

1-a) $P(i) = i^4 - 6i^3 + 14i^2 - 6i + 13$

$$= (i^2)^2 - 6i \times (i^2) + 14 \times (-1) - 6i + 13$$

$$= (-1)^2 - 6i \times (-1) - 14 - 6i + 13$$

$$= 1 - 14 + 13 = 0$$

de même, $P(-i) = (-i)^4 - 6(-i)^3 + 14(-i)^2 - 6 \times (-i) + 13$

$$= 1 - 14 - 6i + 6i + 13 = 0$$

1-b)

Pour tout $z \in \mathbb{C}$, $(z^2 + 1)(z^2 + cz + d) = z^4 + cz^3 + (d+1)z^2 + cz + d$

$$= z^4 - 6z^3 + 14z^2 - 6z + 13$$

et par identification, on trouve : $c = -6$ et $d = 13$.

1-c) $Q(z) = 0 \iff z^2 - 6z + 13 = 0$;

on calcule le discriminant $\boldsymbol{\Delta = -16 = (4i)^2 < 0}$; il y a 2 solutions complexes :

$$\left\{ \begin{array}{l} z_1 = \dfrac{6-4i}{2} = 3-2i \\[2mm] z_2 = \overline{z_1} = 3+2i \end{array} \right.$$

L'ensemble $\boldsymbol{S_1}$ des solutions est donc : $\boldsymbol{S_1 = \{3-2i\,; 3+2i\}}$.

1-d) $\quad \boldsymbol{P(z) = 0 \Longleftrightarrow} \left\{ \begin{array}{l} \boldsymbol{z^2 + 1 = 0} \\ \text{ou} \\ \boldsymbol{Q(z) = 0} \end{array} \right. \Longleftrightarrow \left\{ \begin{array}{l} \boldsymbol{z = i} \\ \text{ou} \\ \boldsymbol{z = -i} \\ \text{ou} \\ \boldsymbol{Q(z) = 0} \end{array} \right.$

L'ensemble $\boldsymbol{S_2}$ des solutions est donc : $\boldsymbol{S_2 = \{-i\,; i\,; 3-2i\,; 3+2i\}}$.

2)

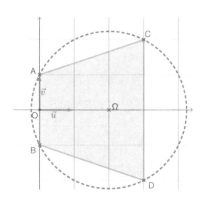

3-a) $\quad \boldsymbol{Z_1 = \mathrm{Aff}_{\overrightarrow{AC}} = z_C - z_A = 3 + i}$;

$\quad\quad \boldsymbol{Z_2 = \mathrm{Aff}_{\overrightarrow{\Omega A}} = z_A - z_\Omega = -2 + i}$;

$\quad\quad$ et $\boldsymbol{Z_3 = \mathrm{Aff}_{\overrightarrow{\Omega C}} = z_C - z_\Omega = 1 + 2i}$.

3-b) $\quad \boldsymbol{|Z_1| = |3+i| = \sqrt{10}}$;

$\quad\quad \boldsymbol{|Z_2| = |-2+i| = \sqrt{5}}$

$\quad\quad$ et $\boldsymbol{|Z_3| = |1+2i| = \sqrt{5}}$.

3-c) $\quad \boldsymbol{AC = |Z_1| = \sqrt{10}}$; $\boldsymbol{\Omega A = |Z_2| = \sqrt{5}}$ et $\boldsymbol{\Omega C = |Z_3| = \sqrt{5}}$.

3-d) On a $\boldsymbol{\Omega A^2 + \Omega C^2 = 5 + 5 = AC^2}$; donc d'après la réciproque du théorème de Pythagore, le triangle $\boldsymbol{A\Omega C}$ est rectangle en $\boldsymbol{\Omega}$ et $\boldsymbol{\widehat{A\Omega C} = \dfrac{\pi}{2}}$.

3-e) D'après les questions III-3-c et III-3-d, le triangle $\boldsymbol{A\Omega C}$ est isocèle et rectangle en $\boldsymbol{\Omega}$.

4-a) Cf III-2.

4-b) $\Omega A = \Omega B = \sqrt{5}$ (par symétrie puisque B est le symétrique de A par rapport à l'axe des réels et que Ω appartient à cet axe ;

de même, $\Omega C = \Omega D = \sqrt{5}$.

De plus, les points A, B, C et D ne sont pas alignés ; ils appartiennent donc au cercle de centre $I = \Omega$ et de rayon $r = \sqrt{5}$.

4-c) Cf III-2.

5) L'aire du trapèze $ABDC$ est donnée par :

$$\mathcal{A} = \frac{(AB + CD) \times AH}{2},$$

où H est le projeté orthogonal du point O sur (CD) ;

ainsi, $\mathcal{A} = \dfrac{(2 + 4) \times 3}{2} = 9 \ u.a.$

---

35) Exercice de type « Rédactionnel »

Les questions 1) et 2), puis 1) et 3) sont liées entre elles.

1) Calculer les racines carrées de $-2i$.
2) Résoudre dans $\mathbb{C}$ l'équation : $z^2 + (1 + i)z + i = 0$.
3) Résoudre dans $\mathbb{C}$ l'équation : $z^2 + z(1 - 5i) - 6 - 2i = 0$.

SOLUTION

1) Chercher les racines carrées du nombre complexe $Z = -2i$ revient à résoudre l'équation $z^2 = -2i$.

Comme expliqué dans la partie « cours », on commence par déterminer le module et l'argument de $-2i$

$$\begin{cases} |-2i| = 2 \\ Arg(-2i) = -\frac{\pi}{2} \ (2\pi) \end{cases}$$

Si on pose respectivement r et θ, le module et l'argument de z, on obtient alors

$$\begin{cases} r^2 = 2 \\ 2\theta = -\frac{\pi}{2} + 2k\pi \ (k \in \mathbb{Z}) \end{cases} \iff \begin{cases} r = \sqrt{2} \\ \theta = -\frac{\pi}{4} + k\pi \end{cases}$$

Ainsi, les solutions complexes sous forme exponentielle sont données par :

$$z_k = \sqrt{2} \, e^{i\left(-\frac{\pi}{4} + k\pi\right)} \ ; \ \text{avec } k \in \{0 \ ; \ 1\}$$

Donc les 2 solutions sous forme exponentielle puis trigonométrique puis algébrique sont :

$$z_0 = \sqrt{2}\,e^{-i\frac{\pi}{4}}$$

$$= \sqrt{2}\left[\cos\left(-\frac{\pi}{4}\right) + i\sin\left(-\frac{\pi}{4}\right)\right]$$

$$= \sqrt{2}\left(\frac{\sqrt{2}}{2} - i\frac{\sqrt{2}}{2}\right)$$

$$= 1 - i$$

$$z_1 = \sqrt{2}\,e^{i\left(-\frac{\pi}{4}+\pi\right)} = \sqrt{2}\,e^{\frac{3i\pi}{4}}$$

$$= \sqrt{2}\left[\cos\left(\frac{3\pi}{4}\right) + i\sin\left(\frac{3\pi}{4}\right)\right]$$

$$= \sqrt{2}\left(-\frac{\sqrt{2}}{2} + i\frac{\sqrt{2}}{2}\right)$$

$$= -1 + i$$

Remarque : $z_1 = -z_0$

2) Pour résoudre l'équation $z^2 + (1+i)z + i = 0$, on commence par calculer le discriminant Δ :

$$\Delta = (1+i)^2 - 4i = -2i$$

$$= z_0^2 = z_1^2$$

On obtient ainsi les 2 solutions complexes z_1' et z_2' :

$$\left|\begin{array}{l} z_1' = \dfrac{-(1+i) + z_0}{2} = \dfrac{-1-i+1-i}{2} = -i \\[3mm] z_2' = \dfrac{-(1+i) + z_1}{2} = \dfrac{-1-i-1+i}{2} = -1 \end{array}\right.$$

Donc l'ensemble des solutions est donné par : $S = \{-1 \ ; \ -i\}$.

3) Pour résoudre l'équation $z^2 + z(1 - 5i) - 6 - 2i = 0$, on commence par calculer le discriminant Δ :

$$\Delta = (1 - 5i)^2 - 4(-6 - 2i)$$

$$= 1 - 25 - 10i + 24 + 8i = -2i$$

$$= z_0^2 = z_1^2$$

On obtient ainsi les 2 solutions complexes z_1'' et z_2'' :

$$\left|\begin{array}{l} z_1'' = \dfrac{-(1-5i)+z_0}{2} = \dfrac{-1+5i+1-i}{2} = 2i \\[3mm] z_2'' = \dfrac{-(1-5i)+z_1}{2} = \dfrac{-1+5i-1+i}{2} = -1+3i \end{array}\right.$$

Donc l'ensemble des solutions est donné par : $S = \{2i \; ; \; -1+3i\}$.

---

36) Exercice de type « Rédactionnel »

1) a) Calculer les racines cubiques de l'équation $z^3 = 1$, sous formes exponentielle, trigonométrique et algébrique.

   b) Calculer alors la somme de toutes les racines.

2) Mêmes questions pour les racines $n^{ème}$ de l'unité ; c'est-à-dire, on cherchera à résoudre l'équation $z^n = 1$, puis on exprimera la somme de toutes les racines de cette équation.

SOLUTION

1) a) Comme expliqué dans la partie « cours », on commence par déterminer le module et l'argument de 1 :
$$\left\{\begin{array}{l} |1| = 1 \\[2mm] Arg(1) = 0 \; (2\pi) \text{ (ou encore } 2k\pi) \end{array}\right.$$
Si on pose respectivement r et θ, le module et l'argument de z, on obtient alors :
$$\left\{\begin{array}{l} r^3 = 1 \\[2mm] 3\theta = 2k\pi \; (k \in \mathbb{Z}) \end{array}\right. \Longleftrightarrow \left\{\begin{array}{l} r = \sqrt[3]{1} = 1 \\[2mm] \theta = \frac{2k\pi}{3} \; (k \in \mathbb{Z}) \end{array}\right.$$

Remarque : Pour obtenir des valeurs d'angles distinctes et aussi valeurs principales, il suffit de donner à k les valeurs $\{0 \; ; \; 1 \; ; \; -1\}$.

Ainsi, les solutions complexes sous forme exponentielle sont données par :
$$z_k = e^{\frac{2ik\pi}{3}} \; ; \text{ avec } k \in \{0 \; ; \; 1 \; ; \; -1\}$$

Donc les 3 solutions sous forme exponentielle puis trigonométrique puis algébrique sont :
$$z_0 = e^{i \times 0} \text{ (forme exponenielle)}$$
$$= \cos 0 + i \sin 0 \text{ (forme trigonométrique)}$$
$$= 1 \text{ (forme algébrique)}$$

$$z_1 = \mathrm{e}^{\frac{2i\pi}{3}} \quad \text{(forme exponenielle)}$$

$$= \cos\left(\frac{2\pi}{3}\right) + i\sin\left(\frac{2\pi}{3}\right) \quad \text{(forme trigonométrique)}$$

$$= -\frac{1}{2} + i\frac{\sqrt{3}}{2} \quad \text{(forme algébrique)}$$

$$z_2 = \mathrm{e}^{-\frac{2i\pi}{3}} \quad \text{(forme exponenielle)}$$

$$= \cos\left(-\frac{2\pi}{3}\right) + i\sin\left(-\frac{2\pi}{3}\right) \quad \text{(forme trigonométrique)}$$

$$= -\frac{1}{2} - i\frac{\sqrt{3}}{2} \quad \text{(forme algébrique)}$$

b) $z_0 + z_1 + z_2 = 1 + \left(-\frac{1}{2} + i\frac{\sqrt{3}}{2}\right) + \left(-\frac{1}{2} - i\frac{\sqrt{3}}{2}\right)$

$$= 0$$

2) Si on pose respectivement r et θ, le module et l'argument de z, en reprenant le début de la question 1)a), on obtient alors :

$$\begin{cases} r^n = 1 \\ n\theta = 2k\pi \ (k \in \mathbb{Z}) \end{cases} \iff \begin{cases} r = \sqrt[n]{1} = 1 \\ \theta = \frac{2k\pi}{n} \ \text{avec } k \in \{0,\ 1,\dots,\ n-1\} \end{cases}$$

Ainsi, les solutions complexes sous forme exponentielle sont données par :

$$z_k = \mathrm{e}^{\frac{2ik\pi}{n}} \ ; \ \text{avec } k \in \{0,\ 1,\dots,\ n-1\}$$

Calculons maintenant la somme de ces n racines :

Posons $S = \displaystyle\sum_{k=0}^{n-1} z_k$

$$= z_0 + z_1 + \dots + z_{n-1}$$

$$= 1 + \mathrm{e}^{\frac{2i\pi}{n}} + \mathrm{e}^{\frac{4i\pi}{n}} + \dots + \mathrm{e}^{\frac{2i(n-1)\pi}{n}}$$

On constate donc que S correspond à la somme de termes d'une suite géométrique de 1er terme $u_0 = 1$ et de raison $q = \mathrm{e}^{\frac{2i\pi}{n}}$. On peut alors appliquer la formule relative à la somme :

$$S = u_0\left(\frac{1 - q^n}{1 - q}\right) = \frac{1 - \left(\mathrm{e}^{\frac{2i\pi}{n}}\right)^n}{1 - \mathrm{e}^{\frac{2i\pi}{n}}}$$

$$= \frac{1 - \mathrm{e}^{2i\pi}}{1 - \mathrm{e}^{\frac{2i\pi}{n}}} = \frac{1 - 1}{1 - \mathrm{e}^{\frac{2i\pi}{n}}} = 0$$

37) Exercice de type « Rédactionnel »

Soit P le polynôme défini dans $\mathbb{C}$ par :
$$P(z) = z^4 - \sqrt{2}z^3 - 4\sqrt{2}z - 16$$

1) Déterminer les réels a et b tels que l'on ait :
$$P(z) = (z^2 + 4)(z^2 + az + b)$$

2) En déduire l'ensemble des solutions dans $\mathbb{C}$ de l'équation $P(z) = 0$.

   On donnera les solutions sous forme algébrique.

SOLUTION

1) $(z^2 + 4)(z^2 + az + b) = z^4 + az^3 + (b+4)z^2 + 4az + 4b$
$$= z^4 - \sqrt{2}z^3 - 4\sqrt{2}z - 16$$

Et par identification, on en déduit le système suivant :

$$\begin{cases} a & = -\sqrt{2} \\ b + 4 & = 0 \\ 4a & = -4\sqrt{2} \\ 4b & = -16 \end{cases} \iff \begin{cases} a & = -\sqrt{2} \\ b & = -4 \end{cases}$$

On en déduit donc $P(z)$ sous la forme d'un produit de **2** facteurs :
$$P(z) = (z^2 + 4)(z^2 - \sqrt{2}z - 4)$$

2) $P(z) = 0 \iff (z^2 + 4)(z^2 - \sqrt{2}z - 4) = 0$

$$\iff \begin{cases} z^2 + 4 = 0 \\ z^2 - \sqrt{2}z - 4 = 0 \end{cases}$$

$$\iff \begin{cases} (z + 2i)(z - 2i) = 0 \\ z^2 - \sqrt{2}z - 4 = 0 \end{cases}$$

Résolution de l'équation du 2nd degré : $z^2 - \sqrt{2}z - 4 = 0$

$\Delta = (-\sqrt{2})^2 - 4 \times (-4) = 18 = (3\sqrt{2})^2$; les 2 racines réelles sont donc :

$$\begin{cases} z_1 = \dfrac{\sqrt{2} - 3\sqrt{2}}{2} \\ z_2 = \dfrac{\sqrt{2} + 3\sqrt{2}}{2} \end{cases}$$

On en déduit ainsi toutes les solutions de l'équation $P(z) = 0$:
$$S = \left\{ -2i \ ; \ 2i \ ; \ \frac{\sqrt{2} - 3\sqrt{2}}{2} \ ; \ \frac{\sqrt{2} + 3\sqrt{2}}{2} \right\}$$

ARITHMETIQUE

Arithmétique
— Partie cours

1 Divisibilité dans $\mathbb{Z}$

1.1 Définitions

> Soient a et b deux entiers relatifs. On dit que a **divise** b (qui peut s'écrire sous forme de symboles $a|b$), s'il existe un entier relatif k tel que $b = ka$.

Remarque — On peut aussi dire :

- a est un diviseur de b ;
- b est un multiple de a ;
- b est divisible par a.

Exemple :

-8 divise 72 car il existe l'entier relatif -9 tel que $72 = -9 \times (-8)$; ainsi,

- -8 cst un diviseur de 72 ;
- ou 72 est un multiple de -8 ;
- ou encore 72 est divisible par -8.

1.2 Propriétés

a) De transitivité

> Soient a, b et c, trois entiers relatifs. Si a divise b et b divise c alors a divise c.

Démonstration :

Si a divise b, il existe un entier relatif k tel que $b = ka$. Si b divise c, alors il existe un entier relatif k' tel que $c = k'b$. On en déduit alors $c = kk'a$ où kk' est encore un entier relatif. Donc c est de la forme $c = k''a$; et cela signifie bien que a divise c.

b)   De combinaison linéaire

Soient a, b et c, trois entiers relatifs. Si a divise b et c, alors a divise $mb+nc$; où m et n sont des entiers relatifs.

Démonstration :   Si a divise b et c, alors il existe 2 entiers relatifs k et k' tels que : $b = ka$ et $c = k'a$. On peut alors dire que

$$mb + nc = mka + nk'a$$

$$= (mk + nk')a = k''a$$

(où k'' est un entier relatif) ; donc a divise $mb + nc$.

Exercice : Soient les nombres entiers b et c tels que :
$$b = 5n + 31 \text{ et } c = 3n + 12 \, ;$$
où n est un entier naturel non nul.

On suppose que l'entier naturel a (non nul) divise à la fois b et c.

1) Montrer que a divise 33.

2) En déduire alors les valeurs possibles de l'entier a.

SOLUTION

1) D'après la partie cours, si a divise b et c, alors a divise une combinaison linéaire de b et c.

   Cherchons la combinaison linéaire qui élimine n :

   Remarque : $3b - 5c = 3(5n + 31) - 5(3n + 12) = 33$; on en déduit donc que a divise 33.

2) Dans $\mathbb{N}$, l'ensemble des diviseurs de 33 est : $\{1, \ 3, \ 11, \ 33\}$; donc a peut prendre une de ces 4 valeurs.

1.3   Critères de divisibilité

Un nombre entier N est **divisible par**

- **2** s'il se termine par un nombre pair ;
- **3** si la somme de ses chiffres qui le composent est divisible par **3** ;
- **4** si le nombre formé par les deux derniers chiffres de N est divisible par **4** ;
- **5** si le nombre se termine par **0** ou **5** ;
- **9** si la somme de ses chiffres qui le composent est divisible par **9** ;
- **10** s'il se termine par **0**.

Exercice : Soit N le nombre entier écrit sous la forme : $N = \overline{6a9b}$; où a et b représentent respectivement les chiffres des centaines et des unités de N.

Déterminer les entiers a et b pour que N soit divisible par 45.

SOLUTION

Remarque : Si N est divisible par 45 alors N est à la fois divisible par 5 et 9.

D'après le critère de divisibilité par 5, on en déduit donc 2 valeurs possibles pour l'entier b : 0 ou 5.

Et d'après le critère de divisibilité par 9, il faut que la somme des chiffres qui composent N soit multiple de 9.

1er cas : $b = 0$; on a ainsi $6 + a + 9 = 15 + a = 18$ (la seule valeur possible multiple de 9 puisque a est un chiffre compris entre 0 et 9). On en déduit alors $a = 3$.

2e cas : $b = 5$; on a ainsi $6 + a + 9 + 5 = 27$; on en déduit alors $a = 7$.

On a donc 2 nombres possibles : $N = 6795$ ou $N = 6390$.

1.4   Détermination du nombre de diviseurs d'un nombre

Si on cherche le nombre de diviseurs d'un nombre N dans ℕ, on commence par le décomposer sous forme de facteurs premiers $(a, b, c, \dots)$ munis d'exposants $(\alpha, \beta, \gamma, \dots)$. Ainsi, on aura N sous la forme : $n = a^{\alpha}.b^{\beta}.c^{\gamma} \dots$

Le nombre de diviseurs de N dans ℕ est : $(\alpha + 1) \times (\beta + 1) \times (\gamma + 1) \times \dots$

Exercice : Quel est le nombre de diviseurs de 84 dans ℕ ? Et donner l'ensemble des diviseurs de 84 dans ℕ, et dans ℤ.

SOLUTION

$84 = 2^2 \times 3^1 \times 7^1$; ainsi, 84 possède $(2 + 1) \times (1 + 1) \times (1 + 1) = 12$ diviseurs.

L'ensemble de ces diviseurs dans $\mathbb{N}$ est :

$$\mathcal{D} = \{1, 2, 3, 4, 6, 7, 12, 14, 21, 28, 42, 84\}.$$

L'ensemble de ces diviseurs dans $\mathbb{Z}$ est :

$$\mathcal{D}' = \{-84, -42, \ldots, -1, 1, 2, 3, 4, 6, 7, 12, 14, 21, 28, 42, 84\}.$$

2   Division Euclidienne dans $\mathbb{Z}$

2.1   Définition

Soient a et b deux entiers relatifs (et b non nul).
Il existe un unique couple $(q\ ;\ r)$ d'entiers naturels
tel que : $a = bq + r$ avec $0 \leqslant r < |b|$.
On dit que le couple unique $(q; r)$ est le résultat de
la division euclidienne de a par b.

Exemple :   Calculer le reste et le quotient de la division euclidienne de -257 par 15.

A la calculatrice, on trouve $\frac{-257}{15} \approx -17,13$; le quotient correspond à la partie entière de $-17,13$. C'est à dire l'entier relatif inférieur à $-17,13$; soit $q = -18$. On obtient alors $-257 = 15 \times (-18) + r$ et ainsi $r = 13$.

Exercice : Dans la division euclidienne de 524 par un nombre entier naturel non nul, noté b, le quotient est 15 et le reste r.
Déterminer toutes les valeurs possibles de b et r.

SOLUTION

On peut écrire $524 = 15b + r$; avec $0 \leqslant r < b$. On en déduit alors :

$0 \leqslant 524 - 15b < b$; ce qui conduit au système suivant :

$$\begin{cases} b \leqslant \frac{524}{15} \\ b > \frac{524}{16} \end{cases} \iff \begin{cases} b \leqslant 34 \\ b > 32 \end{cases} \text{ ; puisque } b \text{ est un entier.}$$

On a ainsi : $\begin{cases} b = 33 \\ r = 29 \end{cases}$ ou $\begin{cases} b = 34 \\ r = 14 \end{cases}$

3 Congruence dans $\mathbb{Z}$

3.1 Définition

> Soit n un entier naturel (avec $n \geqslant 2$) et a et b deux entiers relatifs.
>
> On dit que deux entiers relatifs a et b sont **congrus modulo n** (noté mathématiquement $a \equiv b \ (\mathbf{mod} \ n)$ ou $a \equiv b \ (n)$ encore $a \equiv b \ [n]$) si a et b ont **le même reste dans la division euclidienne par n**.

Exemple : Effectuons la division euclidienne de **43** par **7**.

On a alors $\mathbf{43 = 6 \times 7 + 1}$; on peut alors écrire : $\mathbf{43 \equiv 1[7]}$.

Mais on peut aussi écrire : $\mathbf{43 = 7 \times 7 - 6}$; on en déduit alors $\mathbf{43 \equiv -6[7]}$.

3.2 Propriétés

a) Relations d'équivalence

- $a \equiv 0 \ [n]$ si a est divisible par n ;
- $a \equiv b \ [n] \iff a - b$ **multiple de** n ;
- Si $a \equiv b \ [n]$ alors $b \equiv a \ [n]$ (« symétrie ») ;
- Si $a \equiv b \ [n]$ et $b \equiv c \ [n]$ alors $a \equiv c \ [n]$ (« transitivité »)

b) Relations avec les opérations

Si n est un entier naturel (tel que $n \geqslant 2$) et a, b, c, d, quatre entiers relatifs tels que : $a \equiv b \ [n]$ et $c \equiv d \ [n]$ alors

- $a + c \equiv b + d \ [n]$ *(compatibilité avec l'addition)*
- $ac \equiv bd \ [n]$ *(compatibilité avec la multiplication)*
- $a^k \equiv b^k \ [n]$, avec $k \in \mathbb{N}$ *(compatibilité avec les puissances)*

3.3 Tableau de congruences

Il peut être très pratique dans certains exercices d'établir un « tableau de congruences » pour déterminer les valeurs de n tel qu'un nombre en n soit divisible par un entier. Illustrons cela par un exercice « type » :

> Étudier les valeurs de l'entier naturel n pour lesquelles $n^2 - 3n + 1$ soit divisible par 5.

En termes de congruence, cela revient à chercher les entiers n tels que :

$$n^2 - 3n + 1 \equiv 0 \ [5]$$

Puisqu'on s'intéresse à la division par 5, il est judicieux d'écrire n sous la forme $n = 5k$ ou $n = 5k + 1$ ou $n = 5k + 2$ ou $n = 5k + 3$ ou $n = 5k + 4$; où $k \in \mathbb{N}$. Avec des congruences, on peut donc envisager les 5 restes possibles de l'entier n dans la division euclidienne par 5 et ainsi,

$n \equiv 0 \ [5]$ ou $n \equiv 1 \ [5]$ ou $n \equiv 2 \ [5]$ ou $n \equiv 3 \ [5]$ ou $n \equiv 4 \ [5]$; ainsi on en déduit, d'après les propriétés vues sur la congruence, que :

- Si $n \equiv 0 \ [5]$ alors $n^2 - 3n + 1 \equiv 0^2 - 3 \times 0 + 1 \ [5]$ soit, $n^2 - 3n + 1 \equiv 1 \ [5]$;
- si $n \equiv 1 \ [5]$ alors $n^2 - 3n + 1 \equiv 1^2 - 3 \times 1 + 1 \ [5]$ ou encore, $n^2 - 3n + 1 \equiv -1 \ [5]$ soit, $n^2 - 3n + 1 \equiv -1 + 5 \ [5]$ et ainsi, $n^2 - 3n + 1 \equiv 4 \ [5]$;
- etc...

On peut alors établir le tableau de congruences suivant pour les 5 restes possibles de n par 5 :

$n \equiv \dots [5]$	0	1	2	3	4
$n^2 - 3n + 1 \equiv \dots [5]$	1	4	4	1	0

D'après ce tableau, on voit que si $n \equiv 4 \ [5]$ alors le nombre $n^2 - 3n + 1$ est bien divisible par 5.

Ainsi, pour que le nombre $n^2 - 3n + 1$ soit divisible par 5, il faut que l'entier n soit de la forme : $n = 5k + 4$; où $k \in \mathbb{N}$.

4   PGCD de deux entiers

4.1   Définition

> Soient a et b deux entiers non nuls simultanément.
> Le plus grand élément de l'ensemble des diviseurs communs à a et b s'appelle le « Plus Grand Commun Diviseur » de a et b ; il est noté $PGCD(a \ ; \ b)$.

Remarque : $PGCD(a \ ; \ b) \geqslant 1$

4.2 Propriétés

Soient a, b et k des entiers naturels non nuls.

- $PGCD(a \ ; \ b) = PGCD(b \ ; \ a)$;
- $PGCD(a \ ; \ a) = a$;
- $PGCD(a \ ; \ 1) = 1$;
- $PGCD(ka \ ; \ kb) = k \times PGCD(a \ ; \ b)$ on parle « d'homogénéité » du pgcd ;
- $PGCD(a - kb \ ; \ b) = PGCD(a \ ; \ b)$ (cette relation très importante est appelée le « lemme d'Euclide »)
- $PGCD(a \ ; \ b) = PGCD(r \ ; \ b)$ où r est le reste de la division euclidienne de a par b (on utilisera cette propriété dans l'algorithme d'Euclide).
- Si a et b sont premiers entre eux (aucun diviseur en commun) alors :
$$PGCD(a \ ; \ b) = 1$$

4.3 Méthodes pour calculer le PGCD de deux entiers

A l'aide de différents exemples, nous allons voir comment déterminer le $PGCD$ de deux entiers a et b.

a) Ensembles des diviseurs de a et b

Remarque : On utilisera cette méthode lorsque les entiers a et b ne sont pas trop grands (généralement inférieurs à **100**).

— On commence par décomposer a et b en facteurs premiers ;

— on détermine dans $\mathbb{N}$, les ensembles des diviseurs de a et de b ;

— on fait l'intersection de ces 2 ensembles pour avoir les diviseurs communs de a et b ;

— on détermine alors le $PGCD$ qui est le plus grand nombre de cet ensemble d'intersection.

Exercice : En appliquant cette méthode, déterminer le $PGCD$ des nombres **84** et **90**.

SOLUTION

On détermine l'ensemble des diviseurs de chacun de ces nombres :

- $\mathcal{D}_{84} = \{1 \; ; \; 2 \; ; \; 3 \; ; \; 4 \; ; \; 6 \; ; \; 7 \; ; \; 12 \; ; \; 14 \; ; \; 21 \; ; \; 28; \; ; \; 42 \; ; \; 84\}$
- $\mathcal{D}_{90} = \{1 \; ; \; 2 \; ; \; 3 \; ; \; 5 \; ; 6 \; ; \; 9; \; 10 \; ; \; 15 \; ; \; 18 \; ; \; 30 \; ; \; 45 \; ; \; 90\}$

On trouve alors l'ensemble des diviseurs communs de ces deux ensembles :

$$\mathcal{D}_{84} \cap \mathcal{D}_{90} = \{1 \; ; \; 2 \; ; \; 3 \; ; \; 6 \; \}$$

Pour finir, on trouve alors le $PGCD$ des nombres **84** et **90**, qui correspond au plus grand des éléments de cet ensemble $\mathcal{D}_{84} \cap \mathcal{D}_{90}$:
$$PGCD(84 \; ; \; 90) = 6$$

b)   Par décomposition en facteur premier et par factorisation

Reprenons l'exercice précédent, mais en décomposant chaque nombre sous forme de facteurs premiers :
$$84 = 2^2 \times 3 \times 7 \text{ et } 90 = 2 \times 3^2 \times 5$$

Rappel : $PGCD(ka \; ; \; kb) = k \times PGCD(a \; ; \; b)$ (où a, b et k sont des entiers naturels).

Ainsi, $PGCD(84 \; ; \; 90) = PGCD(2 \times 3(2 \times 7) \; ; \; 2 \times 3(3 \times 5))$
$$= 6 \times PGCD(2 \times 7 \; ; \; 3 \times 5)$$

Rappel : Le $PGCD$ de deux nombres premiers entre eux vaut **1**.

Or **14** et **15** sont premiers entre eux ; d'où $PGCD(14 \; ; 15) = 1$ et on en déduit :
$$PGCD(84 \; ; \; 90) = 6$$

c)   Algorithme d'Euclide

Remarque : Cette méthode est très pratique quand on cherche le $PGCD$ de 2 nombres très grands.

Méthode : Pour rechercher le PGCD de a et de b, on effectue les divisions euclidiennes successives :
Comme illustré sur la figure ci-contre, on voit que le diviseur b devient le dividende, et le reste r_1 devient le diviseur de la division suivante ; etc... jusqu'à ce que le reste soit nul. Alors le $PGCD$ de a et de b est le dernier reste non nul.

Pour que cela reste moins théorique, nous allons appliquer cette méthode sur des exemples :

Calcul du PGCD de **225** et **60**

$225 = 3 \times 60 + 45$

$60 = 1 \times 45 + \boxed{15}$

$45 = 3 \times 15 + 0$

Le dernier reste non nul est **15**, d'où $pgcd(225, 60) = 15$

Calcul du PGCD de **125** et **55**

$125 = 2 \times 55 + 15$

$55 = 3 \times 15 + 10$

$15 = 1 \times 10 + \boxed{5}$

$10 = 2 \times 5 + 0$

Le dernier reste non nul est **5**, d'où $pgcd(125, 55) = 5$

Calcul du PGCD de **455** et **312**

$455 = 1 \times 312 + 143$

$312 = 2 \times 143 + 26$

$143 = 5 \times 26 + \boxed{13}$

$26 = 2 \times 13 + 0$

Le dernier reste non nul est **13**, d'où $pgcd(455, 312) = 13$

4.4   Exercice type sur le *PGCD*

Soit n un entier relatif.

Déterminer, suivant les valeurs de n, le $PGCD$ de $5n + 4$ et $3n - 7$.

Solution

À l'aide du lemme d'Euclide ($PGCD(a; b) = PGCD(a - kb; b)$), on va chercher à faire disparaître, en plusieurs étapes, le terme en n :

$$PGCD(5n + 4 \; ; \; 3n - 7) = PGCD(3n - 7 \; ; \; 5n + 4)$$
$$= PGCD(3n - 7 \; ; \; 5n + 4 - (3n - 7))$$
$$= PGCD(3n - 7 \; ; \; 2n + 11)$$
$$= PGCD[2n + 11 \; ; \; 3n - 7 - (2n + 11)]$$
$$- PGCD(2n + 11 \; ; \; n \quad 18)$$
$$= PGCD[n - 18 \; ; \; 2n + 11 - 2(n - 18)]$$
$$= PGCD(n - 18 \; ; \; 47)$$

On en déduit donc que $PGCD(5n + 4; 3n - 7) = PGCD(n - 18; 47)$. Puisque **47** est un nombre premier, il y a seulement deux cas possibles :

— soit $n - 18 = 47k \iff n = 18 + 47k$ (avec $k \in \mathbb{Z}$) et alors on a :
$PGCD(5n + 4 ; 3n - 7) = 47$;

— soit $n \neq 18 + 47k$ et $PGCD(5n + 4 ; 3n - 7) = 1$.

5   Les théorèmes fondamentaux de l'arithmétique

5.1   Théorème de Bézout

a)   Énoncé du théorème

Soient a et b deux entiers relatifs non simultanément nuls.

a et b sont premiers entre eux, si et seulement si, il existe un couple $(u \ ; \ v)$ d'entiers relatifs tels que : $au + bv = 1$.

Remarque : En pratique, pour montrer que deux entiers relatifs a et b sont premiers entre eux, il suffit de trouver une combinaison linéaire entre a et b égale à 1.

b)   Exercice « type »

En utilisant le théorème de Bézout,

1) Montrer que les nombres 23 et 45 sont premiers entre eux.

2) Montrer que, pour tout entier naturel n,

    a) les nombres $n + 1$ et n^2 sont premiers entre eux.

    b) Les nombres $3n + 2$ et $5n + 3$ sont premiers entre eux.

Solution

1) Cherchons une combinaison linéaire entre 23 et 45 qui donne pour résultat $1 : 2 \times 23 - 1 \times 45 = 1$; d'après le théorème de Bézout, on en déduit que 23 et 45 sont premiers entre eux.

   Remarque : On pourra constater que 45 n'est pas un nombre premier (puisque divisible par 1, 3, 5, 9, 15, 45) ; mais 45 est premier avec 23.

2) a) Cherchons une combinaison linéaire entre $n + 1$ et n^2 qui donne pour résultat $1 : 1 \times n^2 - (n - 1) \times (n + 1) = n^2 - (n^2 - 1) = 1$; d'après le théorème de Bézout, on en déduit que n^2 et $n + 1$ sont premiers entre eux.

b) Cherchons une combinaison linéaire entre $3n + 2$ et $5n + 3$ qui donne pour résultat $1 : 5 \times (3n + 2) - 3 \times (5n + 3) = 1$; d'après le théorème de Bézout, on en déduit que $3n + 2$ et $5n + 3$ sont premiers entre eux.

5.2 Théorème de Gauss

a) Énoncé du théorème

> Soient a, b et c, trois entiers relatifs ; avec a et b non nuls.
>
> Si a divise le produit bc et a et b sont premiers entre eux, alors a divise c.

Démonstration :

Si a et b sont premiers entre eux, d'après le théorème de Bézout, il existe deux entiers relatifs u et v tels que $au + bv = 1$. Si on multiplie cette égalité par c, on obtient alors : $cau + cbv = c$.

- Or, a divise ac ;
- si de plus, a divise bc,

alors a divise une combinaison linéaire de ac et de bc ; ainsi, a divise $cau + cbv$; donc a divise c.

Remarque : On rencontre fréquemment ce théorème dans la résolution d'équations diophantienne : ce sont les équations de la forme $ax + by = c$ (où a, b et c sont des entiers relatifs) et le but est de trouver l'ensemble de tous les points de la droite d'équation $ax + by = c$ dont les coordonnées $(x \; ; \; y)$ sont entières. Illustrons cela sur un exercice très type où toute la méthodologie sera développée.

b) Exercice « type »

> On considère l'équation suivante d'inconnues x et y entiers relatifs :
> $$23x - 40y = 3 \qquad (E)$$
>
> 1) Un algorithme incomplet est donné ci-dessous. Le recopier et le compléter, en écrivant les lignes (1) et (2) manquantes de manière à ce qu'il donne les solutions entières de l'équation (E) vérifiant :
> $$\begin{cases} -100 \leqslant x \leqslant 100 \\ -100 \leqslant y \leqslant 100 \end{cases}$$

```
Variables :    X est un nombre entier
               Y est un nombre entier
Début :        Pour X variant de −100 à 100
                   (1).................
                      (2)................
                   Alors afficher X et Y
                   Fin si
                 Fin Pour
               Fin Pour
Fin
```

2) a) Donner une solution particulière de l'équation **(E)**.

   b) Déterminer l'ensemble des couples d'entiers relatifs solutions de l'équation **(E)**.

   c) Déterminer l'ensemble des couples **(x ; y)** d'entiers relatifs solutions de l'équation **(E)** tels que

$$\begin{cases} -100 \leqslant x \leqslant 100 \\ -100 \leqslant y \leqslant 100 \end{cases}$$

Solution

1) Algorithme

```
Variables :    X est un nombre entier
               Y est un nombre entier
Début :        Pour X variant de −100 à 100
                 Pour Y variant de −100 à 100
                   Si 23X − 40Y = 3
                   Alors afficher X et Y
                   Fin si
                 Fin Pour
               Fin Pour
Fin
```

2) a) Pour déterminer une solution particulière de l'équation **(E)**, définie par :

$$(E) : \qquad 23x - 40y = 3$$

on commence par déterminer une solution particulière de l'équation **(E′)** :

$$23x - 40y = 1$$

Pour ce faire, on va écrire le système suivant :

$$\begin{cases} 23x - 40y = 1 \\ Ax + By = 1 \end{cases}$$

Par identification, on trouve $A = 23$ et $B = -40$; on utilise alors l'algorithme d'Euclide. Sur la colonne de gauche ci-dessous, l'algorithme s'effectue avec les nombres 23 et 40 (sans se soucier des signes) ; et sur la colonne de droite, on exprime les restes de la division euclidienne en fonction de A et B (mais cette fois-ci en tenant compte des signes placés devant 23 et 40) :

$$40 = 23 + \boxed{17}$$
$$23 = 17 + \boxed{6}$$
$$17 = 2 \times 6 + \boxed{5}$$
$$6 = 5 + \boxed{1}$$

$$\boxed{17} = -B - A$$
$$\boxed{6} = A - (-A - B) = 2A + B$$
$$\boxed{5} = -B - A - 2(2A + B)$$
$$= -5A - 3B$$
$$\boxed{1} = 2A + B - (-5A - 3B)$$
$$= 7A + 4B$$

On en déduit l'équation particulière de l'équation (E') :
$$(x'_0 \; ; \; y'_0) = (7 \; ; \; 4)$$

Remarque : On peut vérifier que la solution particulière
$$(x'_0 \; ; \; y'_0) = (7 \; ; \; 4)$$
est bien solution de (E') : $23 \times 7 - 40 \times 4 = 1$.

Et en multipliant ces valeurs par 3 (en raison de la valeur qui joue le rôle de c dans l'équation (E)), on obtient une solution particulière de l'équation (E) ;

soit $(x_0 \; ; \; y_0) = (21 \; ; \; 12)$.

b) On a donc la double égalité :
$$23x - 40y = 3$$
$$\underline{23 \times 21 - 40 \times 12 = 3}$$
$$23(x - 21) = 40(y - 12)$$

Remarque : On obtient cette dernière égalité par différence des deux premières égalités.

Remarque : L'algorithme d'Euclide développé dans la question 2)a), montre que le dernier reste des divisions euclidiennes successives de 40 par 23 donne un dernier reste égal à 1 ; ce qui confirme que 40 et 23 sont premiers entre eux.

Appliquons alors le théorème de Gauss : Puisque 40 et 23 sont premiers entre eux, alors $x - 21$ divise 40 et $y - 12$ divise 23 ; on peut donc écrire le système suivant :

$$\begin{cases} x - 21 & = 40k\,; \text{ avec } k \in \mathbb{Z} \\ y - 12 & = 23k'\,; \text{ avec } k' \in \mathbb{Z} \end{cases}$$

Et en remplaçant $x - 21$ par $40k$ et $y - 12$ par $23k'$ dans l'équation $23(x - 21) = 40(y - 12)$, on obtient : $23 \times 40k = 40 \times 23k'$; on en déduit $k = k'$.

On trouve alors l'ensemble des points à valeurs entières (dans $\mathbb{Z}$) :

$$\begin{cases} x & = 21 + 40k\,; \text{ avec } k \in \mathbb{Z} \\ y & = 12 + 23k \end{cases}$$

c) On cherche les valeurs entières de la droite telles que :

$$\begin{cases} -100 \leqslant x \leqslant 100 \\ -100 \leqslant y \leqslant 100 \end{cases}$$

D'après la question précédente, cela revient à chercher les valeurs de l'entier relatif k telles que :

$$\begin{cases} -100 \leqslant 21 + 40k \leqslant 100 \\ -100 \leqslant 12 + 23k \leqslant 100 \end{cases} \iff \begin{cases} -121 \leqslant 40k \leqslant 79 \\ -112 \leqslant 23k \leqslant 88 \end{cases}$$

$$\iff \begin{cases} -3 \leqslant k \leqslant 1 \\ -4 \leqslant k \leqslant 3 \end{cases}$$

On en déduit donc l'encadrement sur k : $-3 \leqslant k \leqslant 1$.

- si $k = -3$, alors $x = -99$ et $y = -57$;
- si $k = -2$, alors $x = -59$ et $y = -34$;
- si $k = -1$, alors $x = -19$ et $y = -11$;
- si $k = 0$, alors $x = 21$ et $y = 12$;
- si $k = 1$, alors $x = 61$ et $y = 35$.

Et l'ensemble des points à valeurs entières est donné par :

$$\mathcal{S} = \{(-99, -57); (-59, -34); (-19, -11); (21, 12); (61, 35)\}$$

6 Nombres premiers

6.1 Définition

> Soit n un entier naturel supérieur ou égal à 2 ; on dit que n est un nombre premier si et seulement si n admet pour uniques diviseurs : 1 et lui même.

Remarque : Un nombre qui n'est pas premier, s'appelle un **nombre composé** ; par exemple, $6 = 2 \times 3$ est un nombre composé.

Autre remarque : Il peut-être pratique de connaître la liste de l'ensemble $\mathcal{P}$ des nombres premiers compris entre 1 et 100 :

$$\mathcal{P} = \{2,3,5,7,11,13,17,19,23,29,31,37,41,43,47,53,59,61,67,71,79,83,89,97\}$$

À noter... L'ensemble des nombres premiers est infini.

6.2 Méthode pour savoir si un nombre est premier

> Pour savoir si un nombre n est premier, il suffit de voir s'il existe un nombre premier p inférieur à $\sqrt{n}$ qui le divise. Si tel est le cas, alors n n'est pas un nombre premier.

Exemple : Le nombre 353 est-il un nombre premier ?

- On donne une approximation de $\sqrt{353}$: $\sqrt{353} \approx 18,9$
- On liste tous les nombres premiers inférieurs à $18,9$:
$$\mathcal{P} = \{2,3,5,7,11,13,17\}$$
- On teste la divisibilité de 353 par tous ces nombres premiers.
  $353 = 176 \times 2 + 1$; $353 = 117 \times 3 + 2$; $353 = 70 \times 5 + 3$; $353 = 50 \times 7 + 3$; $353 = 32 \times 11 + 1$; $353 = 27 \times 13 + 2$; $353 = 20 \times 17 + 13$.
- On voit qu'aucun nombre premier de la liste ne divise 353.
- On en conclut que 353 est un nombre premier.

6.3   Petit Théorème de Fermat

> Soit p un nombre premier et a un entier relatif.
>
> Si p ne divise pas a (ou encore, a et p sont premiers entre eux) alors :
> $$a^{p-1} \equiv 1 \ [p]$$

Remarque — Ce même théorème peut-être énoncé d'une autre façon : Soit p un nombre premier et a un entier relatif. On a aussi $a^p \equiv a \ [p]$.

> **Exercice type**
>
> Montre que, pour tout entier naturel a non nul, $a^{13} - a$ est divisible par **26**.

Solution

Remarque : **26** n'est pas un nombre premier, mais il peut-être décomposé en $26 = 2 \times 13$; où **2** et **13** sont deux nombres premiers.

Ainsi, pour montrer que $a^{13} - a$ est divisible par **26**, il suffit de prouver que $a^{13} - a$ est à la fois divisible par **2** et par **13**.

D'après le petit théorème de Fermat, puisque **2** est un nombre premier, alors $a^2 \equiv a \ [2]$; ainsi, d'après la propriété de compatibilité des puissances sur la congruence, on a : $(a^2)^2 \equiv a^2 \ [2]$; on en déduit alors $a^4 \equiv a \ [2]$.

De plus, $a^{13} = (a^4)^3 \times a$; et d'après les propriétés de compatibilité des puissances et de la multiplication de la congruence, on en déduit :

$(a^4)^3 \times a \equiv a^3 \times a \ [2]$ et ainsi, $a^4 \equiv a \ [2]$.

D'où, $a^{13} \equiv a \ [2]$; soit $a^{13} - a \equiv 0 \ [2]$ et $a^{13} - a$ est divisible par **2**.

Pour montrer la divisibilité de $a^{13} - a$ par **13**, le calcul est direct en appliquant le petit théorème de Fermat : $a^{13} \equiv a \ [13]$ et ainsi, $a^{13} - a \equiv 0 \ [13]$.

Conclusion : $a^{13} - a$ est divisible par **26**.

Arithmétique
Exercices "types"

1 Divisibilité dans $\mathbb{Z}$

---

1) Exercice de type « Rédactionnel »

1) Déterminer l'ensemble des entiers relatifs n tels que $2n+5$ divise $n+9$.

2) Déterminer l'ensemble des entiers relatifs n pour lesquels $n-1$ divise $n^2 + 3n + 1$.

SOLUTION

1) Cherchons une combinaison linéaire qui fasse disparaître l'entier n :

Remarque : $2(n + 9) - (2n + 5) = 13$; or $2n + 5$ divise lui même et si $2n + 5$ divise $n + 9$ alors $2n + 5$ divise une combinaison linéaire de $2n + 5$ et de $n + 9$; soit $2n + 5$ divise 13.

L'ensemble des diviseurs de 13 dans l'ensemble des entiers relatifs est :

$\mathcal{D} = \{-13, -1, 1, 13\}$; ainsi l'entier n vérifie le système :

$$\left\{ \begin{array}{l} 2n + 5 = -13 \\ 2n + 5 = -1 \\ 2n + 5 = 1 \\ 2n + 5 = 13 \end{array} \right. \iff \left\{ \begin{array}{l} n = -9 \\ n = -3 \\ n = -2 \\ n = 4 \end{array} \right.$$

Réciproquement,

— si $n = -9$, $2n + 5 = -13$ et -13 divise $-9 + 9 = 0$;

— si $n = -3$, $2n + 5 = -1$ et -1 divise $-3 + 9 = 6$;

— si $n = -2$, $2n + 5 = 1$ et 1 divise $-2 + 9 = 7$;

— si $n = 4$, $2n + 5 = 13$ et 13 divise $4 + 9 = 13$.

Conclusion : $\mathcal{S} = \{-9, -3, -2, 4\}$

2) 1re *méthode :* Cherchons dans un premier temps à faire disparaître n^2, en utilisant une combinaison linéaire entre $n - 1$ et $n^2 + 3n + 1$:

$$n^2 + 3n + 1 - n(n - 1) = 4n + 1$$

De plus, $n - 1$ divise $n - 1$, donc si $n - 1$ divise $n^2 + 3n + 1$, alors $n - 1$ divise $4n + 1$.

Établissons alors une nouvelle combinaison linéaire entre $4n + 1$ et $n - 1$ pour éliminer les termes en n : $4n + 1 - 4(n - 1) = 5$.

De plus, De plus, $n - 1$ divise $n - 1$, donc si $n - 1$ divise $4n + 1$, alors $n - 1$ divise 5.

2e *méthode :* On peut remarquer que : $n^2 + 3n + 1 = (n - 1)(n + 4) + 5$.

En effet, si on développe $(n - 1)(n + 4)$, on obtient $n^2 + 3n + \ldots$

Or, $n - 1$ divise $(n - 1)(n + 4)$; donc $n - 1$ divise $n^2 + 3n + 1$ si $n - 1$ divise 5.

L'ensemble des diviseurs de 5 dans l'ensemble des entiers relatifs est :
$\mathcal{D} = \{-5, -1, 1, 5\}$.

$$\begin{cases} n - 1 = -5 \\ n - 1 = -1 \\ n - 1 = 1 \\ n - 1 = 5 \end{cases} \iff \begin{cases} n = -4 \\ n = 0 \\ n = 2 \\ n = 6 \end{cases}$$

Réciproquement,

— si $n = -4$, $n - 1 = -5$ et -5 divise $(-4)^2 + 3(-4) + 1 = 5$;

— si $n = 0$, $n - 1 = -1$ et -1 divise $(-1)^2 + 3(-1) + 1 = -1$;

— si $n = 2$, $n - 1 = 1$ et 1 divise $2^2 + 3(2) + 1 = 11$;

— si $n = 6$, $n - 1 = 5$ et 5 divise $6^2 + 3(6) + 1 = 55$.

Conclusion : $\mathcal{S} = \{-4, 0, 2, 6\}$

---

2) Exercice de type « Vrai ou Faux »

a) Si un entier est divisible par 35 et 49 alors cet entier est divisible par $35 \times 49 = 1715$.

b) Si un nombre est divisible par 3 alors il est divisible par 9.

c) Si a divise b et c alors a divise $b - c$.

d) La somme de deux diviseurs d'un entier est encore un diviseur de cet entier.

e) Le produit de deux entiers relatifs impairs est impair.

SOLUTION

a) FAUX ;

$35 = 7 \times 5$ et $49 = 7 \times 7$ et le **PPCM** de **35** et **49** est $5 \times 7^2 = 245$. Donc **245** est à la fois divisible par **35** et par **49** ; pourtant **245** n'est pas divisible par **1715**.

b) FAUX ;

Il suffit de trouver un contre exemple : **6** est divisible par **3**, mais **6** n'est pas divisible par **9**.

c) **VRAI** ;

Si a divise b et c alors, il existe des entiers relatifs k et k' tels que : $b = ka$ et $c = k'a$. Or $b - c = (k - k')a$; d'où, $b - c$ est multiple de a et ainsi a divise $b - c$.

d) FAUX ;

Trouvons un contre exemple simple. **3** admet pour diviseurs dans $\mathbb{N}$, les nombres **1** et **3**, mais **3** n'est pas divisible par $3 + 1 = 4$.

e) **VRAI** ;

Soient n est n' deux entiers relatifs ; ils sont donc de la forme générale : $n = 2k + 1$ ct $n' = 2k' + 1$ (où k et k' sont des entiers relatifs).

Ainsi, $n \times n' - (2k + 1)(2k' + 1) - 4kk' + 2(k + k') + 1 = 2K + 1$ (avec $K = 2kk' + k + k'$) ; donc le produit de **2** nombres impairs est impair.

---

3) Exercice de type « Rédactionnel »

En utilisant un raisonnement par récurrence, démontrer que, pour tout entier naturel n, $7^n - 2^n$ est divisible par **5**.

SOLUTION

Soit $P(n)$, la propriété à démontrer par récurrence, définie par :

$$\text{"Pour tout } n \in \mathbb{N}, \ 7^n - 2^n = 5k \text{ ; où } k \in \mathbb{N}\text{"}$$

- 1re étape : *Initialisation*

  On vérifie la propriété à l'ordre 1er ($n = 0$) : $7^0 - 2^0 = 1 - 1 = 0 = 5 \times 0$; d'où $P(0)$ est vraie.

- 2e étape : *Transmission*

  On suppose la propriété vraie à l'ordre n ; c'est à dire, on suppose que : $7^n - 2^n = 5k$; démontrons là à l'ordre $n + 1$.

> But à obtenir : $7^{n+1} - 2^{n+1} = 5k'$

En multipliant les termes de l'hypothèse de récurrence par **7**, on obtient :

$$7^{n+1} - 7 \times 2^n = 7 \times 5k \iff 7^{n+1} - 2^{n+1} + 2^{n+1} - 7 \times 2^n = 7 \times 5k$$

$$\iff 7^{n+1} - 2^{n+1} + 2^n(2 - 7) = 7 \times 5k$$

$$\iff 7^{n+1} - 2^{n+1} = 5 \times 2^n + 7 \times 5k$$

$$\iff 7^{n+1} - 2^{n+1} = 5(2^n + 7k)$$

$$\iff 7^{n+1} - 2^{n+1} = 5k'$$

- **3e** étape : *Conclusion*

  On a vérifié la propriété à l'ordre **1er** ; on a démontré que $P(n)$ implique $P(n+1)$; donc, pour tout entier n, $7^n - 2^n$ est divisible par **5**.

---

4) Exercice de type « Rédactionnel »

Soit n un entier naturel.

1) Démontrer que $n + 1$ divise $n^2 + 5n + 4$ et $n^2 + 3n + 2$.
2) Déterminer l'ensemble des valeurs de n pour lesquelles $3n^2 + 15n + 19$ est divisible par $n + 1$.
3) En déduire que, quelque soit n, $3n^2 + 15n + 19$ n'est pas divisible par $n^2 + 3n + 2$.

SOLUTION

1) $n^2 + 5n + 4 = (n+1)(n+4)$; ainsi $n + 1$ divise $n^2 + 5n + 4$. De même, $n^2 + 3n + 2 = (n+1)(n+2)$; ainsi $n + 1$ divise $n^2 + 3n + 2$.

2) Déterminons une combinaison linéaire entre $3n^2 + 15n + 19$ et $n + 1$ afin d'éliminer les termes en n : $3n^2 + 15n + 19 - (n+1)(3n+12) = 7$.

   Or $n + 1$ divise lui même et donc aussi $(n+1)(3n+12)$; ainsi $n + 1$ divise $3n^2 + 15n + 19$ s'il divise aussi **7**.

   L'ensemble des diviseurs de **7** est : $\mathcal{D} = \{-7, -1, 1, 7\}$.

$$\begin{cases} n + 1 = -7 \\ n + 1 = -1 \\ n + 1 = 1 \\ n + 1 = 7 \end{cases} \iff \begin{cases} n = -8 \quad \text{impossible car } n \in \mathbb{N} \\ n = -2 \quad \text{impossible car } n \in \mathbb{N} \\ n = 0 \\ n = 6 \end{cases}$$

Réciproquement,

— si $n = 0$, $n + 1 = 1$ et 1 divise $3 \times 0^2 + 15 \times 0 + 19 = 19$;

— si $n = 6$, $n + 1 = 7$ et 7 divise $3 \times 6^2 + 15 \times 6 + 19 = 217$.

Conclusion : $S = \{0, 6\}$

3) Si $3n^2 + 15n + 19$ est divisible par $n^2 + 3n + 2$ alors il est divisible par $n + 1$ et $n + 2$ (qui sont 2 entiers consécutifs).

Or les 2 seules solutions qui conviennent sont 0 et 6 ;

reste à voir si $(n + 1)(n + 2)$ divise aussi $3n^2 + 15n + 19$ lorsque n prend respectivement les valeurs 0 et 6.

- Si $n = 0$, $3n^2 + 15n + 19 = 19$ (nombre impair) et $(0 + 1)(0 + 2) = 2$ (nombre pair) ; donc 2 ne divise pas 19.
- Si $n = 6$, $3n^2 + 15n + 19 = 217$ (nombre impair) et $(6 + 1)(6 + 2) = 56$ (nombre pair) ; donc 56 ne divise pas 217.

On en déduit donc que $n^2 + 3n + 2$ ne divise pas $3n^2 + 15n + 19$.

---

5) Exercice de type « Rédactionnel »

Déterminer tous les couples d'entiers naturels $(a ; b)$ tels que :
$$(a + 4)(b - 1) = 14$$

SOLUTION

Déterminons l'ensemble des diviseurs de 14 dans $\mathbb{Z}$, en remarque que $14 = 2 \times 7$:
$\mathcal{D} = \{-14, -7, -2, -1, 1, 2, 7, 14\}$.

Remarque : Puisque a et b sont des entiers naturels, on a : $\begin{cases} a + 4 \geqslant 4 \\ b - 1 \geqslant -1 \end{cases}$

On en déduit donc :
$$(a + 4)(b - 1) = 14 \Longleftrightarrow \begin{cases} a + 4 = 14 \\ b - 1 = 1 \end{cases} \text{ ou } \begin{cases} a + 4 = 7 \\ b - 1 = 2 \end{cases}$$
$$\Longleftrightarrow \begin{cases} a = 10 \\ b = 2 \end{cases} \text{ ou } \begin{cases} a = 3 \\ b = 3 \end{cases}$$

L'ensemble des solutions est donc : $\mathcal{S}_{(a,b)} = \{(10, 2) ; (3, 3)\}$.

---

6) Exercice de type « Rédactionnel »

Démontrer que pour tout entier naturel n,

1) $5n^3 + n$ est divisible par 6.
2) $n^5 - 5n^3 + 4n$ est divisible par 120.

SOLUTION

1) Si $5n^3 + n$ est divisible par **6** alors $5n^3 + n$ est à la fois divisible par **2** et par **3**.

   Remarque : $5n^3 + n = n(5n^2 + 1)$. Si l'entier n est pair, alors $n = 2k$ (où k est aussi un entier naturel) ; et ainsi $n(5n^2 + 1) = 2k\left[5(2k)^2 + 1\right]$

$$= 2K$$

   On en déduit alors que $5n^3 + n$ est multiple de **2**. Reste à démontrer qu'il est aussi multiple de **3**.

   Remarque —- N'importe quel nombre n peut-être mis sous la forme :
$$n = 3k \text{ ou } n = 3k + 1 \text{ ou } n = 3k + 2.$$

   - Si $n = 3k$ (où $k \in \mathbb{N}$), alors $n(5n^2 + 1) = 3k\left[5(3k)^2 + 1\right]$
$$= 3K$$
     d'où $5n^3 + n$ est aussi multiple de **3**.
   - Si $n = 3k+1$, alors $n(5n^2 + 1) = (3k + 1)\left[5(3k + 1)^2 + 1\right]$
$$= (3k + 1)\left[5(9k^2 + 6k + 1) + 1\right]$$
$$= (3k + 1)(45k^2 + 30k + 6)$$
$$= 3(3k + 1)(15k^2 + 10k + 2) = 3K'$$
     d'où $5n^3 + n$ est aussi multiple de **3**.
   - Si $n = 3k+2$, alors $n(5n^2 + 1) = (3k + 2)\left[5(3k + 2)^2 + 1\right]$
$$= (3k + 2)\left[5(9k^2 + 12k + 4) + 1\right]$$
$$= (3k + 2)(45k^2 + 60k + 21)$$
$$= 3(3k + 2)(15k^2 + 20k + 7) = 3K''$$
     d'où $5n^3 + n$ est aussi multiple de **3**.

   Conclusion : $5n^3 + n$ est à la fois multiple de **2** et de **3**, donc $5n^3 + n$ est divisible par **6**.

2) *Remarque :* lorsque **2** entiers sont consécutifs, alors l'un des deux est pair. Lorsque **3** entiers sont consécutifs, l'un des trois est multiple de **3** ; etc.

   Autre remarque : $X^2 - 5X + 4 = (X - 1)(X - 4)$; et en remplaçant X par n^2, on obtient alors :
$$n^5 - 5n^3 + 4n = n(n^4 - 5n^2 + 4) = n(n^2 - 1)(n^2 - 4)$$
$$= n(n - 1)(n + 1)(n - 2)(n + 2)$$

   - $n - 1$, n et $n + 1$ sont trois entiers consécutifs, donc l'un des trois est divisible par **3**.

- $n-2$, $n-1$, n et $n+1$ sont quatre entiers consécutifs, donc l'un des quatre est divisible par 4. Ils sont forcément de la forme : $4k$, $4k+1$, $4k+2$, $4k+3$. Ainsi, $4k$ est multiple de 4 et $4k+2$, multiple de 2. Ainsi, $4k(4k+2)$ est forcément multiple de 8.

- Pour finir, $n-2$, $n-1$, n, $n+1$ et $n+2$ sont cinq entiers consécutifs, donc l'un d'eux est forcément divisible par 5.

Ainsi, $n^5 - 5n^3 + 4n$ est divisible par $3 \times 8 \times 5$; c'est à dire $n^5 - 5n^3 + 4n$ est divisible par 120.

---

7) Exercice de type « Rédactionnel »

n désigne un nombre entier relatif.

1) Démontrer que si un entier relatif a divise $3n - 5$ et $2n + 3$, alors a divise 19.

2) La réciproque est-elle vraie ?

SOLUTION

1) Si a divise $3n - 5$ et $2n + 3$, alors a divise une combinaison linéaire de $3n - 5$ et $2n + 3$. Cherchons une combinaison linéaire qui élimine les termes en n : $3(2n + 3) - 2(3n - 5) = 19$. On en déduit que si a divise $3n - 5$ et $2n + 3$ alors a divise 19.

2) Il suffit de trouver un contre-exemple :

Si $a = 19$, et si $n = 0$ alors $3n - 5 = -5$ et 19 ne divise pas -5 ; donc la réciproque est fausse.

---

8) Exercice de type « Rédactionnel »

n désigne un nombre entier naturel.

1) Vérifier que $3n^2 + 7n = (n + 4)(3n - 5) + 20$.

2) En déduire les valeurs de n pour lesquelles $\dfrac{3n^2 + 7n}{n + 4}$ est un nombre entier.

SOLUTION

1) *Remarque :* Dans un énoncé, quand il est écrit « vérifier que », on peut aussi partir du résultat.

Et, $(n + 4)(3n - 5) + 20 = (3n^2 - 5n + 12n - 20) + 20 = 3n^2 + 7n$.

2) Si $\frac{3n^2+7n}{n+4}$ est un nombre entier, alors $n+4$ divise $3n^2+7n$. Et d'après la question précédente, puisque $n+4$ divise lui même, alors $n+4$ divise **20**.

Remarque : $20 = 2^2 \times 5^1$

Nombre de diviseurs de **20** dans $\mathbb{N}$: $(2+1) \times (1+1) = 6$.

Déterminons l'ensemble des diviseurs de **20** dans $\mathbb{N}$: $\mathcal{D} = \{1, 2, 4, 5, 10, 20\}$;

puis dans $\mathbb{Z}$: $\mathcal{D} = \{-20, -10, -5, -4, -2, -1, 1, 2, 4, 5, 10, 20\}$.

De plus, n est un entier naturel, d'où, $n+4 \geqslant 4$. Les seules valeurs qui divisent **20** et qui sont supérieures à 4 sont : **4, 5, 10, 20**.

$$\begin{cases} n+4 = 4 \\ n+4 = 5 \\ n+4 = 10 \\ n+4 = 20 \end{cases} \iff \begin{cases} n = 0 \\ n = 1 \\ n = 6 \\ n = 16 \end{cases}$$

Réciproquement,

— si $n = 0$, $\frac{3n^2+7n}{n+4} = 0$ et $0 \in \mathbb{N}$;

— si $n = 1$, $\frac{3n^2+7n}{n+4} = 2$ et $2 \in \mathbb{N}$;

— si $n = 6$, $\frac{3n^2+7n}{n+4} = 15$ et $15 \in \mathbb{N}$;

— si $n = 16$, $\frac{3n^2+7n}{n+4} = 44$ et $44 \in \mathbb{N}$.

L'ensemble des valeurs de n est donc : $\mathcal{S} = \{0, 1, 6, 16\}$.

---

9) Exercice de type « Rédactionnel »

Déterminer tous les entiers naturels n, tels que $n+2$ divise $3n^2+13n+23$.

SOLUTION

1re *méthode :* Cherchons dans un premier temps à faire disparaître les termes en n^2, en utilisant une combinaison linéaire entre $n+2$ et $3n^2+13n+23$:

$$3n^2 + 13n + 23 - 3n(n+2) = 7n + 23$$

De plus, $n+2$ divise $n+2$, donc si $n+2$ divise $3n^2+13n+23$, alors $n+2$ divise $7n+23$.

Établissons alors une nouvelle combinaison linéaire entre $7n+23$ et $n+2$ pour éliminer les termes en n : $7n + 23 - 7(n+2) = 9$.

De plus, $n+2$ divise $n+2$, donc si $n+2$ divise $7n+23$, alors $n+2$ divise **9**.

2e *méthode :* On peut remarquer que : $3n^2 + 13n + 23 = (n+2)(3n+7) + 9$.

En effet, si on développe $(n+2)(3n+7)$, on obtient $3n^2 + 13n + \ldots$

Or, $n+2$ divise $(n+2)(3n+7)$; donc $n+2$ divise $3n^2 + 13n + 23$ si $n+2$ divise 9.

L'ensemble des diviseurs de 9 dans l'ensemble des entiers relatifs est :

$\mathcal{D} = \{-9, -3, , -1, 1, 3, 9\}$.

$$
\left\{
\begin{array}{l}
n + 2 = -9 \\
n + 2 = -3 \\
n + 2 = -1 \\
n + 2 = 1 \\
n + 2 = 3 \\
n + 2 = 9
\end{array}
\right.
\iff
\left\{
\begin{array}{l}
n = -11 \notin \mathbb{N} \\
n = -5 \notin \mathbb{N} \\
n = -3 \notin \mathbb{N} \\
n = -1 \notin \mathbb{N} \\
n = 1 \\
n = 7
\end{array}
\right.
$$

Réciproquement,

— si $n = 1$, alors $n + 2 = 3$ et 3 divise $3 \times 1^2 + 13 \times 1 + 23 = 39$;

— si $n = 7$, alors $n + 2 = 9$ et 9 divise $3 \times 7^2 + 13 \times 7 + 23 = 261$.

Conclusion : $\mathcal{S} = \{1, 7\}$

---

10) Exercice de type « Rédactionnel »

On désigne par n et a deux entiers naturels supérieurs à 2.

1) Démontrer que si a divise $3n + 1$ et $4n - 5$ alors a divise 19. Quelles sont alors les valeurs possibles pour a ?

2) Déterminer alors toutes les valeurs possibles de n inférieures à 100 telles que a divise $3n + 1$ et $4n - 5$.

SOLUTION

1) Si a divise $3n + 1$ et $4n - 5$ alors a divise une combinaison linéaire de $3n + 1$ et $4n - 5$.

Remarque : $4(3n + 1) - 3(4n - 5) = 19$; donc a divise 19.

Ensemble des diviseurs de 19 : $\mathcal{D} = \{-19, -1, 1, 19\}$.

De plus, $a \geqslant 2$; on en déduit que $a = 19$.

2) 19 divise $3n + 1$ et $4n - 5$ donc 19 divise $4n - 5 - (3n + 1) = n - 6$; donc n est de la forme $n = 19k + 6$ (où $k \in \mathbb{Z}$). De plus, $n \leqslant 100$ (car n est un entier compris entre 2 et 100) ; on en déduit les valeurs possibles pour n : $\mathcal{S} = \{6, 25, 44, 63, 82\}$.

2   Division euclidienne dans $\mathbb{Z}$

---

1) Exercice de type « Rédactionnel »

1) Soit a un entier naturel tel que $100 \leqslant a \leqslant 120$ et tel que la division euclidienne de a par 11 donne pour reste 3.

   Donner les valeurs possibles pour a.

2) Déterminer les entiers naturels n non nuls, dont la division euclidienne par 17 donne un reste égal au carré du quotient.

SOLUTION

1) a peut s'écrire sous la forme : $a = 11q + 3$ (où q représente le quotient de la division euclidienne) ; on a ainsi la double inégalité :

$$100 \leqslant 11q + 3 \leqslant 120 \Longleftrightarrow 97 \leqslant 11q \leqslant 117$$

Remarque : $\dfrac{117}{11} \approx 10,6$ et $\dfrac{97}{11} \approx 8,8$.

On en déduit alors : $9 \leqslant q \leqslant 10$; et il y a 2 valeurs possibles pour q :

$$q \in \{9 \ ; \ 10\}$$

Ainsi, $a = 11 \times 9 + 3 = 102$ ou $a = 11 \times 10 + 3 = 113$. L'ensemble des solutions est donc : $\mathcal{S} = \{102 \ ; \ 113\}$

2) On peut écrire n sous la forme : $n = 17q + q^2 = q(17 + q)$ avec $0 \leqslant q^2 < 17$ et $q \geqslant 0$, d'où $0 \leqslant q \leqslant 4$. On a alors :

- si $q = 0$ alors $n = 0$;
- si $q = 1$ alors $n = 18$;
- si $q = 2$ alors $n = 38$;
- si $q = 3$ alors $n = 60$;
- si $q = 4$ alors $n = 84$;

L'ensemble des valeurs de n est donc : $\mathcal{S} = \{0 \ ; \ 18 \ ; \ 38 \ ; \ 60 \ ; \ 84\}$.

---

2) Exercice de type « Rédactionnel »

Le reste de la division euclidienne de a par 11 est 8, celui de b par 11 est 2. Quel est le reste de la division euclidienne des nombres suivant par 11 ? :

1) $a + b$;   2) ab ;   3) a^2

SOLUTION

Remarque — On peut écrire a et b sous les formes suivantes :

$$a = 11q + 8$$
$$b = 11q' + 2$$

où q et q' sont les quotients respectifs de chaque division.

1) $a + b = 11(q + q') + 10$; or $0 \leqslant 10 < 11$ donc 10 est le reste de la division euclidienne de $a + b$ par 11.

2) $ab = (11q + 8)(11q' + 2)$

$$= 11^2 qq' + 11(2q + 8q') + 16$$
$$= 11(11qq' + 2q + 8q' + 1) + 5$$

De plus, $0 \leqslant 5 < 11$ donc le reste de la division euclidienne de ab par 11 est 5.

3) $a^2 = (11q + 8)^2$

$$= 11^2 q^2 + 2 \times 11 \times 8q + 64$$
$$= 11(11q^2 + 16q + 5) + 9$$

De plus, $0 \leqslant 9 < 11$ donc le reste de la division euclidienne de a^2 par 11 est 9.

---

3) Exercice de type « Rédactionnel »

Soit n un entier naturel non nul. Quel est le reste de la division euclidienne de :

1) $(n + 2)^2$ par $n + 4$?
2) $2n^2 + n$ par $n + 1$?

SOLUTION

1) $(n+2)^2 = n^2 + 4n + 4 = n(n+4) + 4$; de plus, $0 \leqslant 4 < n+4$, pour tout entier n non nul. On en déduit que 4 est le reste de la division euclidienne de $(n + 2)^2$ par $n + 4$.

2) $2n^2 + n = 2n(n+1) - n = 2n(n+1) - (n+1) + 1 = (n+1)(2n-1) + 1$; et pour tout entier n non nul, on a $0 \leqslant 1 < n + 1$ donc 1 est le reste de la division euclidienne de $2n^2 + n$ par $n + 1$.

---

4) Exercice de type « Rédactionnel »

Soit n un entier naturel.

1) Montrer que $(n+2)^3$ peut s'écrire sous la forme : $n^2(n+6)+12n+8$ pour tout entier n.

2) Pour quelles valeurs de l'entier naturel n, le reste de la division euclidienne de $(n+2)^3$ par n^2 prend-il la valeur $12n+8$?

SOLUTION

1) En utilisant le triangle de Pascal pour le développement de $(n+2)^3$, on obtient : $(n+2)^3 = n^3 + 6n^2 + 12n + 8 = n^2(n+6) + 12n + 8$.

2) Pour que le reste de la division euclidienne de $(n+2)^3$ par n^2 prenne la valeur $12n+8$, il faut que : $0 \leqslant 12n+8 < n^2$. De plus, si $n \in \mathbb{N}$, alors la condition $0 \leqslant 12n+8$ est toujours vérifiée. Reste à étudier les valeurs de n pour lesquelles $12n+8 < n^2 \iff n^2 - 12n - 8 > 0$. Cela revient donc à chercher les racines : solutions de l'équation $x^2 - 12x - 8 = 0$. Et à l'aide du discriminant, on trouve 2 racines réelles :

$$\begin{cases} x_1 = 6 - 2\sqrt{11} \approx -0,6 < 0 \\ x_2 = 6 + 2\sqrt{11} \approx 12,6 \end{cases}$$

Établissons alors les signes du trinôme à l'aide du tableau suivant :

x	$-\infty$	x_1	0	x_2	$+\infty$
$x^2-12x-8$		$+$ $\quad$ 0	$-$	0 $\quad$ $+$	

De plus, n est en entier naturel ; on en déduit ainsi que $n^2 - 12n - 8 > 0$ si $n \geqslant 13$.

L'ensemble des solutions est donc : $\mathbb{S} = \{13, 14, 15, \dots\}$.

---

5) Exercice de type « Rédactionnel »

Soit n un entier naturel.

Déterminer, selon les valeurs de n, le reste de la division euclidienne de :

1) $3n + 17$ par $n + 4$.

2) $5n + 21$ par $n + 3$.

SOLUTION

1) Pour tout $n \in \mathbb{N}$, $3n + 17 = 3(n + 4) + 5$:

- 1er cas : $n + 4 > 5 \iff n > 1$

  Le reste de la division euclidienne vaut alors $r = 5$.

- 2e cas : $n \in \{0; 1\}$.

  — 1re *méthode :* On calcule le reste pour les 2 valeurs de n :

    Si $n = 0$ alors $3n + 17 = 17$ et $n + 4 = 4$; d'où $17 = 4 \times 4 + 1$ donc le reste vaut 1.

    Si $n = 1$ alors $3n + 17 = 20$ et $n + 4 = 5$; d'où $20 = 4 \times 5 + 0$ donc le reste vaut 0.

  — 2e *méthode :* « cas général »

    Pour diminuer la valeur du reste ; il faut écrire $3n + 17$ sous la forme :

    $3n + 17 = 4(n + 4) + \ldots = 4(n + 4) + 1 - n$ (et non plus de la forme $3n + 17 = 3(n + 4) + 5$) ; il est alors facile de prouver que le reste est $1 - n$.

    En effet, on a $0 \leqslant n \leqslant 1$ d'où $4 \leqslant n + 4 \leqslant 5$ et $-1 \leqslant -n \leqslant 0$;

    d'où $0 \leqslant 1 - n \leqslant 1$ et ainsi, on a . $0 \leqslant 1 - n < n + 4$; on en déduit alors que le reste est $r = 1 - n$.

2) Pour tout $n \in \mathbb{N}$, $5n + 21 = 5(n + 3) + 6$

- 1er cas : $n + 3 > 6 \iff n > 3$

  Le reste de la division euclidienne vaut alors $r = 6$.

- 2e cas : $n \in \{0; 1; 2; 3\}$.

  On calcule le reste pour les 4 valeurs de n :

  Si $n = 0$ alors $5n + 21 = 21$ et $n + 3 = 3$; d'où $21 = 7 \times 3$ donc le reste vaut 0.

  Si $n = 1$ alors $5n + 21 = 26$ et $n + 3 = 4$; d'où $26 = 4 \times 6 + 2$ donc le reste vaut 2.

  Si $n = 2$ alors $5n + 21 = 31$ et $n + 3 = 5$; d'où $31 = 5 \times 6 + 1$ donc le reste vaut 1.

  Si $n = 3$ alors $5n + 21 = 36$ et $n + 3 = 6$; d'où $36 = 6 \times 6$ donc le reste vaut 0.

---

6) Exercice de type « Rédactionnel »

La division euclidienne d'un entier n par 64 donne le quotient q et le reste q^3. Trouver les entiers naturels qui vérifient cette propriété.

SOLUTION

n est de la forme : $n = 64q + q^3$ avec $0 \leqslant q^3 < 64$; c'est à dire $0 \leqslant q < 4$.

Ainsi, il y a 4 valeurs possibles pour q :

- si $q = 0$, alors $n = 0$;
- si $q = 1$, alors $n = 65$;
- si $q = 2$, alors $n = 136$;
- si $q = 3$, alors $n = 219$.

L'ensemble des solutions pour n est : $\mathcal{S} = \{0, 65, 136, 216\}$.

---

7) Exercice de type « Rédactionnel »

Déterminer les restes de la division euclidienne de $2n^2 - n + 2$ par $2n$ selon les valeurs de l'entier naturel n, non nul.

SOLUTION

Si on note respectivement q et r le quotient et le reste de la division euclidienne de $2n^2 - n + 2$ par $2n$ alors $2n^2 - n + 2 = 2nq + r$ avec $0 \leqslant r < 2n$.

Remarque : $2n^2 - n + 2 = 2n \times n - n + 2$; donc pour avoir $-n + 2$ qui correspond au reste, il faut donc que :

$$\left\{ \begin{array}{l} -n + 2 \geqslant 0 \\ -n + 2 < 2n \end{array} \right. \iff \left\{ \begin{array}{l} n \leqslant 2 \\ \frac{2}{3} < n \text{ ; toujours vrai car } n \in \mathbb{N}^*. \end{array} \right.$$

Il y a donc deux cas à envisager :

(où k'' est un entier relatif) ; donc a divise $mb + nc$.

- Si $n \leqslant 2$ alors $2n^2 - n + 2 = 2n \times n - n + 2$ et le reste r vaut $r = -n + 2$.
- Si $n > 2$ l'écriture $2n^2 - n + 2 = 2n \times n - n + 2$, puisque $-n + 2 < 0$ et le reste r ne peut pas être strictement négatif.
  On écrit alors : $2n^2 - n + 2 = 2n(n - 1) + n + 2$ et ainsi, $r = n + 2$ et on a bien $0 \leqslant n + 2 < 2n$.

---

8) Exercice de type « Rédactionnel »

Soit b, l'entier naturel non nul. Si on divise 250 par b, on obtient un reste égal à 7. Si on divise 500 par b, le reste est alors 5. Quelle doit être la valeur de b ?

SOLUTION

Si on note q et q' les quotients des deux divisions euclidienne, l'entier b vérifie le système suivant :

$$\begin{cases} 250 = bq + 7 \\ 500 = bq' + 5 \end{cases} \text{, avec } \begin{cases} 7 < b \\ 5 < b \end{cases} \text{ d'où } b > 7$$

De plus, on a aussi : $\begin{cases} bq = 243 = 3^5 \\ bq' = 495 = 3^2 \times 5 \times 11 \end{cases}$

On en déduit alors que b est un diviseur de 9 et l'ensemble des diviseurs de 9 dans $\mathbb{N}$ est : $\mathcal{D} = \{1, 3, 9\}$.

Et on sait aussi que $b > 7$; on en déduit que la seule valeur possible de b est 9.

---

9) Exercice de type « Rédactionnel »

Soit n un entier naturel.

1) a) Vérifier que pour tout entier naturel n,
$$(n + 1)^3 = n^2(n + 3) + 3n + 1$$

  b) Pour quels entiers naturels n, le reste de la division euclidienne de $(n + 1)^3$ par n^2 est-il $3n + 1$?

2) a et b désignent deux entiers naturels avec $a > b$.

  Dans la division euclidienne de a par b, le quotient est q et le reste est r. On sait de plus que $a + b = 86$ et que $r = 9$. Déterminer tous les couples $(a; b)$ possibles.

SOLUTION

1) a) Pour tout $n \in \mathbb{N}$, $n^2(n+3) + 3n + 1 = n^3 + 3n^2 + 3n + 1 = (n+1)^3$.

  b) $3n + 1$ est le reste de la division euclidienne de $(n + 1)^3$ par n^2 si et seulement si : $0 \leqslant 3n + 1 < n^2$; soit $n^2 - 3n - 1 > 0$ (puisque la condition $3n + 1 \geqslant 0$ est vérifiée pour tout entier n).

  Cela revient donc à chercher les racines :

  solutions de l'équation $x^2 - 3x - 1 = 0$. Et à l'aide du discriminant, on trouve 2 racines réelles :

$$\begin{cases} x_1 = \dfrac{3 - \sqrt{13}}{2} \approx -0,3 < 0 \\ x_2 = \dfrac{3 + \sqrt{13}}{2} \approx 3,3 \end{cases}$$

Établissons alors les signes du trinômes à l'aide du tableau suivant :

x	$-\infty$	x_1		0		x_2	$+\infty$
$x^2 - 3x - 1$		$+$	0	$-$		0	$+$

De plus, n est en entier naturel ; on en déduit ainsi que $n^2 - 3n - 1 > 0$ si $n \geqslant 4$.

L'ensemble des solutions est donc : $\mathbb{S} = \{4, 5, 6, \ldots\}$.

2) La division euclidienne de a par b peut s'écrire : $a = bq + r$ avec $0 \leqslant r < b$. De plus, $a + b = 86 \iff a = 86 - b$ et $r = 9$. On a alors : $86 - b = bq + 9$ avec $b > 9$. On en déduit alors $(1 + q)b = 77$ et ainsi b est un diviseur de 77.

L'ensemble des diviseurs de 77 dans $\mathbb{N}$ est : $\mathcal{D} = \{1, 7, 11, 77\}$. On a, à priori, 4 solutions qui conviennent :

- $b = 1$; impossible car $b > 9$;
- $b = 7$; impossible car $b > 9$;
- $b = 11$ d'où $a = 75$
- $b = 77$ alors $a = 9$; impossible car on doit avoir $a > b$.

L'unique couple $(a \; ; \; b)$ est $(75 \; ; 11)$.

---

10) Exercice de type « Rédactionnel »

Soit n un entier naturel.

1) Vérifier que pour tout entier naturel n,
$$5n^2 + 3n - 2 = (5n + 2)(n - 1) + 6n \qquad (E)$$

2) Trouver l'ensemble des valeurs de n pour lequel (E) traduit la division euclidienne de $5n^2 + 3n - 2$ par $5n + 2$.

3) Trouver l'ensemble des valeurs de n pour lequel (E) traduit la division euclidienne de $5n^2 + 3n - 2$ par $n - 1$.

SOLUTION

1) $(5n + 2)(n - 1) + 6n = 5n^2 + 2n - 5n - 2 + 6n$
$$= 5n^2 + 3n - 2$$

2) Si (E) traduit la division euclidienne de $5n^2 + 3n - 2$ par $5n + 2$ alors :
$0 \leqslant 6n < 5n + 2 \iff 0 \leqslant n < 2$; l'ensemble des valeurs de n est donc :
$$\mathcal{S} = \{0 \; ; 1\}$$

3) Si (E) traduit la division euclidienne de $5n^2 + 3n - 2$ par $n - 1$ alors :

$0 \leqslant 6n < n - 1 \Longrightarrow 5n < -1 \Longrightarrow n \leqslant -\dfrac{1}{5}$; impossible puisque n est un entier naturel (donc positif) ; l'ensemble des valeurs de n est donc : $\mathcal{S} = \varnothing$.

3   Congruence dans $\mathbb{Z}$

---

1) Exercice de type « Rédactionnel »

1) Compléter le tableau ci-dessous, où l'on donnera les restes dans la congruence modulo **4**.

$x \equiv \ldots [4]$	0	1	2	3
$x^2 \equiv \ldots [4]$				

2) En déduire dans $\mathbb{Z}$, l'ensemble des solutions $(x \; ; \; y)$ de l'équation suivante : $7x^2 - 4y^2 = 1$.

3) De même, résoudre dans $\mathbb{Z}$ l'équation $(x + 3)^2 \equiv 1 \; [4]$.

SOLUTION

1) Tableau de congruences

$x \equiv \ldots [4]$	0	1	2	3
$x^2 \equiv \ldots [4]$	0	1	0	1

2) D'après les propriétés vues en cours sur la congruence, on peut établir que : puisque $7 \equiv 3 \; [4]$, alors $7x^2 \equiv 3x^2 \; [4]$; de plus, $-4y^2 \equiv 0 \; [4]$. On en déduit que $7x^2 - 4y^2 \equiv 3x^2 \; [4]$; et on a aussi : $7x^2 - 4y^2 = 1$. Cela revient donc à chercher les valeurs de x dans $\mathbb{Z}$ telles que : $3x^2 \equiv 1 \; [4]$.

Calculons alors tous les restes possibles du nombre $3x^2$ dans la congruence modulo **4** :

$x \equiv \ldots [4]$	0	1	2	3
$x^2 \equiv \ldots [4]$	0	1	0	1
$3x^2 \equiv \ldots [4]$	0	3	0	3

On voit ainsi que l'équation en congruence $3x^2 \equiv 1 \; [4]$ n'admet aucune solution, puisque les 2 seuls restes possibles sont **0** ou **3**.

On en déduit l'ensemble de solution : $\mathcal{S} = \varnothing$.

3) Cherchons à établir le tableau de congruence pour l'entier relatif x qui vérifie l'équation : $(x+3)^2 \equiv \ldots [4]$.

$x \equiv \ldots [4]$	0	1	2	3
$x + 3 \equiv \ldots [4]$	3	0	1	2
$(x+3)^2 \equiv \ldots [4]$	1	0	1	0

Pour mieux comprendre comment ce tableau a été rempli, prenons un exemple : Si $x \equiv 2\ [4]$ alors $x + 3 \equiv 5\ [4]$ et $5 = 4 + 1$ ainsi, $5 \equiv 1\ [4]$ et on en déduit que $x + 3 \equiv 1\ [4]$. On a alors $(x+3)^2 \equiv 1^2\ (4)$; c'est à dire $(x+3)^2 \equiv 1\ (4)$.

On en conclut donc que l'équation $(x+3)^2 \equiv 1\ [4]$ est vérifiée lorsque $x \equiv 0\ [4]$ ou $x \equiv 2\ [4]$; c'est à dire lorsque x est **pair** : $x = 2k$, avec $k \in \mathbb{Z}$.

---

2) Exercice de type « Vrai ou Faux »

1) On considère le système suivant : $\begin{cases} n \equiv 1\ [5] \\ n \equiv 3\ [4] \end{cases}$; où n est un entier relatif.

   a) Si n est solution de ce système alors $n - 11$ est divisible par **4** et par **5**.

   b) Pour tout entier relatif k, l'entier $11 + 20k$ est solution du système.

   c) Si un entier relatif n est solution du système alors il existe un entier relatif k tel que $n = 11 + 20k$.

2) Si un entier relatif x est solution de l'équation $x^2 + x \equiv 0\ [6]$ alors $x \equiv 0\ [3]$.

SOLUTION

1) a) **VRAI** ;

$$\begin{cases} n \equiv 1\ [5] \\ n \equiv 3\ [4] \end{cases} \iff \begin{cases} n - 11 \equiv -10\ [5] \\ n - 11 \equiv -8\ [4] \end{cases} \iff \begin{cases} n - 11 \equiv 0\ [5] \\ n - 11 \equiv 0\ [4] \end{cases}$$

On en déduit donc que $n - 11$ est divisible par 4 et par **5**.

   b) **VRAI** ;

Il suffit de voir si $n = 11 + 20k$ (avec $k \in \mathbb{Z}$) est solution du système.

$$\begin{cases} 11 \equiv 1\ (5) \\ 20k \equiv 0\ [5] \end{cases} \implies 11 + 20k \equiv 1\ [5]$$

On en déduit que $n = 11 + 20k$ est solution de la première équation du système.

De même, vérifions cette valeur de n pour la **2e** équation du système.

$$\begin{cases} 11 \equiv 3 \ [4] \\ 20k \equiv 0 \ [4] \end{cases} \iff 11 + 20k \equiv 3 \ [5]$$

On en déduit que $n = 11 + 20k$ est aussi solution de la seconde équation du système.

Conclusion : $11 + 20k$ est bien solution du système.

c) **VRAI** ;

D'après la question 1)a), $n - 11$ est à la fois divisible par **4** et par **5**, d'où $n - 11$ est multiple de **4** et de **5** ; donc $n - 11$ est multiple de **20** et $n - 11 = 20k$ (avec $k \in \mathbb{Z}$), soit $n = 11 + 20k$.

2) FAUX ;

Il suffit de trouver un contre-exemple : si $x \equiv 2 \ [6]$ alors $x^2 \equiv 4 \ [6]$ et d'après les propriétés sur la congruence ;

on a ainsi $x^2 + x \equiv 6 \ [6]$ soit, $x^2 + x \equiv 0 \ [6]$; pourtant $x \equiv 2 \ [3]$. On en déduit donc que l'affirmation est fausse.

---

3) Exercice de type « Vrai ou Faux »

1) a) Justifier que $10^3 \equiv -1 \ [13]$.

   b) En déduire les congruences de 10^6, 10^9 et 10^{12} modulo **13**.

2) Soit $N = 1\ 124\ 058\ 096\ 418$.

   a) Décomposer N à l'aide de puissance de **10** de la forme 10^{3n}, avec n entier naturel.

   b) Montrer que $N \equiv 257 \ [13]$.

   c) N est-il divisible par **13** ?

3) Exprimer le critère de divisibilité par **13**.

4) Calculer le reste dans la division euclidienne par **13** du nombre entier : $N' = 25\ 136\ 428$. Ce nombre est-il divisible par **13** ?

SOLUTION

1) a) $1000 + 1 = 1001 = 77 \times 13 \iff 1000 + 1 \equiv 0 \ [13]$

$$\iff 1000 \equiv -1 \ [13].$$

  b) *Rappel :* Si $a \equiv b \ [c]$ alors $a^k \equiv b^k \ [c]$; avec $k \in \mathbb{N}$.

On peut alors successivement écrire les équivalences suivantes :

$10^6 = (10^3)^2$ d'où $10^6 \equiv (-1)^2 \ [13] \Longleftrightarrow 10^6 \equiv 1 \ [13]$;

$10^9 = (10^3)^3$ d'où $10^9 \equiv (-1)^3 \ [13] \Longleftrightarrow 10^9 \equiv -1 \ [13]$;

$10^{12} = (10^6)^2$ d'où $10^{12} \equiv (-1)^2 \ [13] \Longleftrightarrow 10^{12} \equiv 1 \ [13]$.

2) a) $N = 1.10^{12} + 124.10^9 + 058.10^6 + 96.10^3 + 418.10^0$.

   b) Calculons les congruences modulo **13** de chaque terme en puissances de 10^{3n} :

   $1.10^{12} \equiv 1 \ [13]$; $124.10^9 \equiv -124 \ [13]$; $58.10^6 \equiv 58 \ [13]$

   et $96.10^3 \equiv -96 \ [13]$. D'après la propriété de « compatibilité avec l'addition » de la congruence, on peut alors écrire :

   $N \equiv 1 - 124 + 58 - 96 + 418 \ [13] \Longleftrightarrow N \equiv 257 \ [13]$.

   c) $257 = 19 \times 13 + 10$; on en déduit que $N \equiv 10 \ [13]$ et N n'est pas divisible par **13**.

3) *Critère de divisibilité par* **13** : On écrit le nombre sous forme de somme de terme en 10^{3n} (où n est un entier).

   — Si n est pair, on met un « + »devant le reste de la congruence du nombre placé devant 10^{3n} ;

   — et on place un signe « − » si n est impair.

   On calcule ensuite la congruence modulo **13** de la somme algébrique des nombres placés devant 10^{3n} ; comme on a pu le faire dans la question 2)b). Si cette somme est congrue à **0** modulo **13** alors le nombre de départ est divisible par **13**.

4) $N' = 25 - 136 + 428 \ [13] \Longleftrightarrow N' \equiv 317 \ [13]$; de plus, $317 = 24 \times 13 + 5$; on en déduit $N' \equiv 5 \ [13]$ donc le reste de la division euclidienne de N' par **13** est **5**. Puisque ce reste est non nul, alors N' n'est pas divisible par **13**.

---

4) Exercice de type « Vrai ou Faux »

a) L'entier naturel N a pour écriture décimale : $\overline{aba7}$.
   Si N est divisible par **7**, alors $a + b$ est divisible par **7**.

b) x est un entier naturel non nul. Si $x^3 \equiv 0 \ [9]$, alors $x \equiv 0 \ [3]$

c) Soient a et b deux entiers et n un entier naturel tel que $n \geqslant 2$.
   Si $ab \equiv 0 \ [n]$, alors $a \equiv 0 \ [n]$ ou $b \equiv 0 \ [n]$.

d) Pour tout entier naturel n non nul, $31^{4n+1} + 18^{4n-1}$ est divisible par **13**.

SOLUTION

a) **VRAI** ;

N peut s'écrire, en le décomposant en base **10** :

$$N = a.10^3 + b.10^2 + 10a + 7$$
$$= 1010a + 100b + 7$$

De plus, $1010 = 144 \times 7 + 2$ d'où $1010 \equiv 2\ [7]$ et $100 = 14 \times 7 + 2$ d'où $100 \equiv 2\ [7]$. On en déduit, d'après les propriétés de compatibilité d'addition et de multiplication que : $1010a + 100b \equiv 2(a+b)\ [7]$.

Si N est divisible par **7**, puisque **2** et **7** sont premiers entre eux, alors $a+b \equiv 0\ [7]$; c'est à dire $a+b$ doit être divisible par **7**.

b) **VRAI** ;

Établissons le tableau des congruences de x modulo **9**, puis de x^3 modulo **9** :

$x \equiv \dots [9]$	0	1	2	3	4	5	6	7	8
$x^3 \equiv \dots [9]$	0	1	8	0	1	8	0	1	8

D'après le tableau ci-dessus, on voit que x^3 est divisible par **9** (ou encore $x^3 \equiv 0\ [9]$), lorsqu'on a :

$x \equiv 0\ [9]$ ou $x \equiv 3\ [9]$ ou $x \equiv 6\ [9]$, c'est à dire lorsque $x = 9k = 3 \times 3k$ ou $x = 9k + 3 = 3(3k+1)$ ou $x = 9k + 6 = 3(3k+2)$; donc lorsque x est multiple de **3**, soit pour $x \equiv 0\ [3]$.

c) FAUX ;

Il suffit de trouver un contre exemple et prenons $a = 2$, $b = 3$ et $n = 6$.

On a ainsi, $ab = 2 \times 3$ d'où $ab \equiv 0\ [6]$; en revanche $a \equiv 2\ [6]$ et $b \equiv 3\ [6]$.

d) **VRAI** ;

- $31 \equiv 5\ [13]$ d'où, pour tout entier naturel n non nul, $31^{4n+1} \equiv 5^{4n+1}\ [13]$; de plus, on peut aussi écrire $5^{4n+1} = (5^4)^n \times 5$. Or, $5^4 = 625 = 48 \times 13 + 1$ d'où $5^4 \equiv 1\ [13]$ et d'après la propriété sur les puissances appliquées aux congruences, on a : $(5^4)^n \equiv 1^n\ [13]$ et ainsi, $\boxed{5^{4n+1} \equiv 5\ [13]}$

- $18 \equiv 5\ [13]$ et $5^{4n-1} = 5^{4n-4+3} = (5^4)^{n-1} \times 5^3$.
  Or, $5^4 \equiv 1\ [13]$ d'où $(5^4)^{n-1} \equiv 1\ [13]$ et ainsi, $5^{4n-1} \equiv 5^3\ [13]$.
  De plus, $5^3 = 125 = 9 \times 13 + 8$ d'où $\boxed{5^{4n-1} \equiv 8\ [13]}$

On a ainsi, en reprenant les résultats précédents encadrés, on peut écrire :
$31^{4n+1} + 18^{4n-1} \equiv 5 + 8 \; [13] \Longleftrightarrow 31^{4n+1} + 18^{4n-1} \equiv 0 \; [13]$
et $31^{4n+1} + 18^{4n-1}$ est bien divisible par **13**.

---

5) Exercice de type « Rédactionnel »

1) *Restitution organisée de connaissances*

  Soit un entier naturel $m \geqslant 2$.

  Démontrer que, pour tous entiers a, b, c et d,

  si $a \equiv b \; [m]$ et $c \equiv d \; [m]$, alors $ac \equiv bd \; [m]$.

2) On considère l'équation dans $\mathbb{Z}$: $7x^2 + 2y^3 = 3$ **(E)**

  a) Montrer que, si un couple d'entiers relatifs est solution de l'équation **(E)** alors $2y^3 \equiv 3 \; [7]$.

  b) Recopier et compléter le tableau de congruence modulo **7** suivant :

$y \equiv \dots [7]$	0	1	2	3	4	5	6
$y^3 \equiv \dots [7]$							
$2y^3 \equiv \dots [7]$							

  c) L'équation **(E)** a-t-elle des solutions dans $\mathbb{Z}$?

SOLUTION

1) *Restitution organisée de connaissances* : « propriété de compatibilité avec la multiplication »

  si $a \equiv b \; [m]$ alors $a - b \equiv 0 \; [m]$ et m divise $a - b$;

  si $c \equiv d \; [m]$ alors $c - d \equiv 0 \; [m]$ et m divise $c - d$.

  Alors m divise une combinaison linéaire de $a - b$ et $c - d$; c'est à dire, m divise $d(a - b) + a(c - d) = ad - bd + ac - ad = ac - bd$.

  On en déduit ainsi que $ac - bd \equiv 0 \; [m]$ et $ac \equiv bd \; [m]$.

2) a) $7 \equiv 0 \; [7]$ et $x^2 \equiv x^2 \; [7]$; et en utilisant la propriété de compatibilité avec la multiplication, on a : $7x^2 \equiv 0 \; [7]$, d'où **(E)** $\Longrightarrow 3 - 2y^3 \equiv 0 \; [7] \Longrightarrow 2y^3 \equiv 3 \; [7]$

  b) Avant de compléter le tableau, prenons un exemple pour comprendre le remplissage de ce dernier :

  Par exemple, si $y \equiv 4 \; [7]$ alors $y^3 \equiv 4^3 \; [7]$ soit $y^3 \equiv 64 \; [7]$ et $64 = 7 \times 9 + 1$ d'où, $y^3 \equiv 1 \; [7]$ et ainsi, $2y^3 \equiv 2 \; [7]$.

On peut alors compléter le tableau en procédant de même pour toutes les valeurs de congruences de y :

$y \equiv \ldots [7]$	0	1	2	3	4	5	6
$y^3 \equiv \ldots [7]$	0	1	1	6	1	6	6
$2y^3 \equiv \ldots [7]$	0	2	2	5	2	5	5

c) D'après le tableau précédent, on voit que dans aucun cas on a :
$2y^3 \equiv 3 \; [7]$; donc l'équation E n'admet aucune solution dans $\mathbb{Z}$.

---

6) Exercice de type « Rédactionnel »

1) Déterminer, suivant les valeurs de l'entier naturel n, le reste dans la division euclidienne par 5 de 2^n et 3^n.

2) En déduire pour quelles valeurs de l'entier naturel n, le nombre $1188^n + 2257^n$ est divisible par 5.

SOLUTION

1) Établissons le tableau de congruence de 2^n et 3^n modulo 5 et on s'arrête lorsque le reste, pour $n \neq 0$, vaut 1 :

n	0	1	2	3	4
$2^n \equiv \ldots [5]$	1	2	4	3	1
$3^n \equiv \ldots [5]$	1	3	4	2	1

On constate que $2^4 \equiv 1 \; [5]$ et d'après la propriété de compatibilité de la multiplication, on a : $2^n \times 2^4 \equiv 2^n \times 1 \; [5] \iff 2^{n+4} \equiv 2^n \; [5]$; donc les restes de la division euclidienne de 2^n par 5 sont périodiques de période 4.
On peut alors déterminer le reste pour toutes les valeurs possibles de l'entier n :

- si $n = 4k$ (avec $k \in \mathbb{N}$), $2^n \equiv 1 \; [5]$;
- si $n = 4k + 1$, $2^n \equiv 2 \; [5]$;
- si $n = 4k + 2$, $2^n \equiv 4 \; [5]$;
- si $n = 4k + 3$, $2^n \equiv 3 \; [5]$;

Selon le même raisonnement, on obtient de même, compte tenu du fait que $3^{4+n} \equiv 3^n \; [5]$ que les restes de la division euclidienne de 3^n par 5 sont périodiques de période 4 ; ainsi,

- si $n = 4k$ (avec $k \in \mathbb{N}$), $3^n \equiv 1 \ [5]$;
- si $n = 4k + 1$, $3^n \equiv 3 \ [5]$;
- si $n = 4k + 2$, $3^n \equiv 4 \ [5]$;
- si $n = 4k + 3$, $3^n \equiv 2 \ [5]$;

2)   *Remarque :* $1188 = 237 \times 5 + 3$, d'où $1188^n \equiv 3^n \ [5]$;

de même, $2257 = 451 \times 5 + 2$, d'où $2257 \equiv 2^n \ [5]$.

On en déduit que si $1188^n + 2257^n$ est divisible par 5 alors :

$$1188^n + 2257^n \equiv 0 \ [5] \Longleftrightarrow 3^n + 2^n \equiv 0 \ [5]$$

Déterminons alors les valeurs de n, pour lesquels $3^n + 2^n \equiv 0 \ [5]$

n	0	1	2	3	4
$2^n \equiv \ldots [5]$	1	2	4	3	1
$3^n \equiv \ldots [5]$	1	3	4	2	1
$3^n + 2^n \equiv \ldots [5]$	2	0	3	0	2

Compte tenu de la périodicité du reste de la division euclidienne par 5 de 3^n et de 2^n, on a alors :

- si $n = 4k$ (avec $k \in \mathbb{N}$), $3^n + 2^n \equiv 2 \ [5]$;
- si $n = 4k + 1$, $3^n + 2^n \equiv 0 \ [5]$;
- si $n = 4k + 2$, $3^n + 2^n \equiv 3 \ [5]$;
- si $n = 4k + 3$, $3^n + 2^n \equiv 0 \ [5]$;

Donc $1188^n + 2257^n$ est divisible par 5 pour $n = 4k + 1$ ou $n = 4k + 3$ (avec $k \in \mathbb{N}$) ; c'est à dire lorsque l'entier n est impair.

---

7) Exercice de type « Rédactionnel »

1) Déterminer, suivant les valeurs de l'entier naturel n, le reste dans la division euclidienne par 11 de 3^n.

2) En déduire pour quelles valeurs de l'entier naturel n, le nombre $3^n + 7$ est divisible par 11.

SOLUTION

1) Établissons le tableau de congruence de 3^n modulo 11 et on s'arrête lorsque le reste, pour $n \neq 0$, vaut 1 :

n	0	1	2	3	4	5
$3^n \equiv \dots [11]$	1	3	9	5	4	1

On constate que $3^5 \equiv 1\ [11]$ et d'après la propriété de compatibilité de la multiplication, on a : $3^n \times 3^5 \equiv 3^n \times 1\ [11] \Longleftrightarrow 3^{n+5} \equiv 3^n\ [11]$; donc les restes de la division euclidienne de 3^n par 11 sont périodiques de période 5.

On peut alors déterminer le reste pour toutes les valeurs possibles de l'entier n :

- si $n = 5k$ (avec $k \in \mathbb{N}$), $3^n \equiv 1\ [11]$;
- si $n = 5k + 1$, $3^n \equiv 3\ [11]$;
- si $n = 5k + 2$, $3^n \equiv 9\ [11]$;
- si $n = 5k + 3$, $3^n \equiv 5\ [11]$;
- si $n = 5k + 4$, $3^n \equiv 4\ [11]$;

2) $3^n + 7$ est divisible par 11 si et seulement si $3^n + 7 \equiv 0\ [11]$ soit $3^n \equiv -7\ [11]$; ce qui équivaut à : $3^n \equiv -7 + 11\ [11]$ et $3^n \equiv 4\ [11]$

Donc $3^n + 7$ est divisible par 11 si et seulement si $n = 5k + 4$ où k est un entier naturel.

---

8) Exercice de type « Rédactionnel »

On considère un polynôme P à coefficients entiers relatifs :
$$P(x) = a_n x^n + a_{n-1} x^{n-1} + \dots + a_1 x + a_0$$

1) Montrer que toute racine entière x_0 de $P(x)$ non nulle divise a_0.
2) En déduire que le polynôme $x^3 - 2x^2 + 4x - 10$ n'admet pas de racine entière.

SOLUTION

1) Si x_0 est racine du polynôme alors : $P(x_0) = 0$
$$\text{or } P(x_0) = 0 \Longleftrightarrow a_n x_0^n + a_{n-1} x_0^{n-1} + \dots + a_1 x_0 + a_0 = 0$$
$$\Longleftrightarrow x_0(a_n x_0^{n-1} + a_{n-1} x_0^{n-2} + \dots + a_1) - -a_0$$
De plus, x_0 divise $a_n x_0^{n-1} + a_{n-1} x_0^{n-2} + \dots + a_1$ donc x_0 divise a_0.

2) D'après la question précédente, si x_0 est une racine entière du polynôme $P(x) = x^3 - 2x^2 + 4x - 10$; alors x_0 divise 10.

L'ensemble des diviseurs de 10 dans $\mathbb{Z}$ est :
$$\mathcal{D} = \{-10\ ;\ -5\ ;\ -2\ ;\ -1\ ;\ 1\ ;\ 2\ ;\ 5\ ;\ 10\}$$

Vérifions alors si un des diviseurs de **10** est racine ou non du polynôme :

$P(-10) = -1250$; $P(-5) = -205$; $P(-2) = -34$; $P(-1) = -17$;

$P(1) = -7 : P(2) = -2$; $P(5) = 85$ et $P(10) = 830$.

On voit donc qu'aucun des diviseurs de **10** n'est racine de $P(x)$, donc $P(x)$ n'a pas de racine entière.

---

9) Exercice de type « Rédactionnel »

1) a) Déterminer suivant les valeurs de l'entier naturel non nul n, le reste de la division euclidienne de 7^n par **9**.

   b) Démontrer alors que $2005^{2005} \equiv 7 \ [9]$.

2) a) Démontrer que pour tout entier naturel non nul n, $10^n \equiv 1 \ [9]$.

   b) On désigne par N un entier naturel écrit en base **10**. On appelle S la somme de ses chiffres.
   Démontrer la relation suivante : $N \equiv S \ [9]$.

   c) En déduire que N est divisible par **9** si et seulement si S est divisible par **9**.

3) On suppose que $A = 2005^{2005}$; on désigne par :

   - B la somme des chiffres de A ;
   - C la somme des chiffres de B ;
   - D la somme des chiffres de C.

   a) Démontrer que $A \equiv D \ [9]$.

   b) Sachant que $2005 < 10\,000$, démontrer que A s'écrit en numération décimale avec au plus **8020** chiffres. En déduire que $B \leqslant 72\,180$.

   c) Démontrer que $C \leqslant 45$.

   d) En étudiant la liste des entiers inférieurs à **45**, déterminer un majorant de D plus petit que **15**.

   e) Démontrer que $D = 7$.

SOLUTION

1) a) Établissons le tableau de congruence de 7^n modulo **9** et on s'arrête lorsque le reste, pour $n \neq 0$, vaut **1** :

n	0	1	2	3
$7^n \equiv \ldots [9]$	1	7	4	1

On constate que $7^3 \equiv 1 \ [9]$ et d'après la propriété de compatibilité de la multiplication, on a : $7^n \times 7^3 \equiv 7^n \times 1 \ [9] \iff 7^{n+3} \equiv 7^n \ [9]$; donc les restes de la division euclidienne de 7^n par 9 sont périodiques de période 3. On peut alors déterminer le reste pour toutes les valeurs possibles de l'entier n :

- si $n = 3k$ (avec $k \in \mathbb{N}$), $7^n \equiv 1 \ [9]$;
- si $n = 3k + 1$, $7^n \equiv 7 \ [9]$;
- si $n = 3k + 2$, $7^n \equiv 4 \ [9]$;

b) *Remarque :* $2005 = 222 \times 9 + 7$; on en déduit que $2005^{2005} \equiv 7^{2005} \ [9]$. De plus, $2005 = 668 \times 3 + 1$, donc de la forme $n = 3k + 1$; on en déduit alors que $2005^{2005} \equiv 7 \ [9]$.

2) a) $10 \equiv 1 \ [9]$ (car $10 = 9 + 1$) et du fait de la propriété sur la congruence de compatibilité avec les puissances, on a :
pour tout entier n, $10^n \equiv 1^n \ [9] \iff 10^n \equiv 1 \ [9]$.

b) En base 10 le nombre N peut s'écrire sous forme de somme de puissances de 10 ; ainsi :
$$N = a_n \times 10^n + a_{n-1} \times 10^{n-1} + \ldots + a_1 \times 10 + a_0$$
Et du fait de la propriété de compatibilité avec l'addition, on en déduit :
$$N = a_n \times 1 + a_{n-1} \times 1 + \ldots + a_1 \times 1 + a_0 \equiv \quad [9]$$
$$\iff N = a_n + a_{n-1} + \ldots + a_1 + a_0 \equiv \quad [9]$$
$$\iff N \equiv S \ [9]$$

c) Si N est divisible par 9 alors $N \equiv 0 \ [9]$ et d'après la question précédente, on en déduit que $S \equiv 0 \ [9]$; et réciproquement.

3) a) D'après la question 2)b), on en déduit que $A \equiv B \ [9]$ et $C \equiv B \ [9]$; et d'après la propriété de transitivité de la congruence, que $A \equiv C \ [9]$. De plus, $C \equiv D \ [9]$ et $A \equiv C \ [9]$; d'après cette même propriété, on peut écrire : $A \equiv D \ [9]$.

b) On a : $2005 < 10\ 000$ d'où $2005^{2005} < 10\ 000^{2005}$
$$\iff A < (10^4)^{2005}$$
$$\iff A < 10^{8020}.$$

On en déduit donc que A s'écrit en numération décimale avec au plus 8020 chiffres.

Le plus grand nombre que l'on puisse écrire à 8020 chiffres est :

$$\underbrace{999\ldots999}_{8020 \text{fois le chiffre } 9}$$

On en déduit que la plus grande somme que l'on obtiendrait est donc :
$$8020 \times 9 = 72\ 180$$
Or B est la somme des chiffres de A ; on a ainsi : $B \leqslant 72\ 180$.

c) Selon le même raisonnement, si $B \leqslant 72\ 180$, puisque $72\ 180 \leqslant 10^5$ alors B s'écrirait avec au maximum 5 chiffres. Et on obtiendrait une somme de ces chiffres maximale si ces chiffres étaient constitués que de 9. Alors dans ce cas, la somme maximale des chiffres de B serait égale à $9 \times 5 = 45$. On en déduit donc que $C \leqslant 45$.

d) Parmi tous les entiers inférieurs ou égaux à 45, celui qui a la plus grande somme de ses chiffres est 39 ; on en déduit donc que $D \leqslant 12$. Et 12 est un majorant de D inférieur à 15.

e) D'après la question 1)b), on a : $A \equiv 7\ [9]$ et d'après la question 3)a), on a : $A \equiv D\ [9]$; on en déduit par transitivité que $D \equiv 7\ [9]$.

De plus, $D \leqslant 12$ (d'après question 3)d) ; on en déduit la seule valeur possible de $D : D = 7$.

---

10) Exercice de type « Rédactionnel »

1) On donne $a \equiv 6\ [11]$ et $b \equiv 5\ [11]$

   a) Déterminer le reste de la division euclidienne par 11 de : $2a + 3b$, de $a^2 + b^2$ et de ab.

   b) Montrer que $a^2 - b^2$ est divisible par 11.

2) Déterminer les entiers x tels que $2x \equiv 2\ [6]$.

3) a) Déterminer les restes de la division euclidienne de 2^n par 17.

   b) En déduire le reste de la division euclidienne de 2^{2012} par 17.

   c) Démontrer que, pour tout entier naturel n, $2^{n+2} + 3^{2n+1}$ est divisible par 7.

SOLUTION

1) a) • Si $a \equiv 6\ [11]$ et $b \equiv 5\ [11]$, alors d'après les propriétés de compatibilité de l'addition et de la multiplication des congruences, on a :
$$2a + 3b \equiv 2 \times 6 + 3 \times 5\ [11] \text{ soit } 2a + 3b \equiv 27\ [11]$$
Or, $27 = 2 \times 11 + 5$; on en déduit que $2a + 3b \equiv 5\ [11]$ et le reste de la division euclidienne de $2a + 3b$ par 11 vaut 5.

   • Du fait des propriétés de compatibilité des puissances et de l'addition des congruences, on a :

$$a^2 + b^2 \equiv 6^2 + 5^2 \, [11] \text{ soit } a^2 + b^2 \equiv 61 \, [11]$$

Or, $61 = 5 \times 11 + 6$; on en déduit que $a^2 + b^2 \equiv 6 \, [11]$ et le reste de la division euclidienne de $a^2 + b^2$ par 11 vaut 6.

- Du fait des propriétés de compatibilité de la multiplication des congruences, on a :

$$ab \equiv 6 \times 5 \, [11] \text{ soit } ab \equiv 30 \, [11]$$

Or, $30 = 2 \times 11 + 8$; on en déduit que $ab \equiv 8 \, [11]$ et le reste de la division euclidienne de ab par 11 vaut 8.

b) Du fait des propriétés de compatibilité des puissances et de l'addition des congruences, on a :

$$a^2 - b^2 \equiv 6^2 - 5^2 \, [11] \text{ soit } a^2 + b^2 \equiv 11 \, [11]$$

On en déduit que $a^2 - b^2 \equiv 0 \, [11]$ et $a^2 - b^2$ est divisible par 11.

2) Établissons le tableau de congruence de x, puis $2x$ modulo 6 :

$x \equiv \ldots \, [6]$	0	1	2	3	4	5
$2x \equiv \ldots \, [6]$	0	2	4	0	2	4

D'après ce tableau, on voit que $2x \equiv 2 \, [6]$ pour $x \equiv 1 \, [6]$ ou $x \equiv 4 \, [6]$

L'ensemble des solutions est : $\mathcal{S} = \{6k + 1 \text{ et } 6k + 4 \; ; \; \text{ avec } k \in \mathbb{N}\}$.

3) a) Établissons le tableau de congruence de 2^n modulo 17 et on s'arrête lorsque le reste, pour $n \neq 0$, vaut 1 :

n	0	1	2	3	4	5	6	7	8
$2^n \equiv \ldots \, [17]$	1	2	4	8	16	15	13	9	1

On constate que $2^8 \equiv 1 \, [17]$ et d'après la propriété de compatibilité de la multiplication pour la congruence, en multipliant par 2^n, on a :

$2^{n+8} \equiv 2^n \, [17]$ et donc les restes de la division euclidienne de 2^n par 17 sont périodiques de période 8.

On peut alors déterminer le reste pour toutes les valeurs possibles de l'entier n :

- si $n = 8k$ (avec $k \in \mathbb{N}$), $2^n \equiv 1 \, [17]$;
- si $n = 8k + 1$, $2^n \equiv 2 \, [17]$;
- si $n = 8k + 2$, $2^n \equiv 4 \, [17]$;
- si $n = 8k + 3$, $2^n \equiv 8 \, [17]$;
- si $n = 8k + 4$, $2^n \equiv 16 \, [17]$;

- si $n = 8k + 5$, $2^n \equiv 15 \ [17]$;
- si $n = 8k + 6$, $2^n \equiv 13 \ [17]$;
- si $n = 8k + 7$, $2^n \equiv 9 \ [17]$;

b) On remarque que : $2012 = 251 \times 8 + 4$ donc le reste de la division de 2^{2012} par 17 est 16 (d'après question 3)a).

c) Pour tout entier naturel n, on peut écrire :
$$2^{n+2} + 3^{2n+1} = 2^n \times 2^2 + (3^2)^n \times 3^1$$
$$= 4 \times 2^n + 3 \times 9^n$$

De plus, $9 \equiv 2 \ [7]$; d'après la propriété de compatibilité des puissances pour la congruence, on en déduit : $9^n \equiv 2^n \ [11]$, et ainsi,
$$2^{n+2} + 3^{2n+1} \equiv 4 \times 2^n + 3 \times 2^n \ [7] \text{soit } 2^{n+2} + 3^{2n+1} \equiv 7 \times 2^n \ [7]$$
$$\text{d'où } 2^{n+2} + 3^{2n+1} \equiv 0 \ [7]$$

Et on en déduit que, pour tout entier naturel n, $2^{n+2} + 3^{2n+1}$ est divisible par 7.

4   PGCD de deux entiers

1) Exercice de type « Rédactionnel »

Soient $a = n - 1$ et $b = n^2 - 3n + 6$ avec $n \in \mathbb{Z}$.

1) Démontrer que $PGCD(a \ ; \ b)$ est un diviseur de 4.
2) Déterminer selon les valeurs de n, le $PGCD$ de a et b.
3) Pour quelles valeurs de n (avec $n \neq 1$), $\dfrac{b}{a}$ est-il un entier relatif ?

SOLUTION

1) *Rappel :* $PGCD(a - kb \ ; \ b) = PGCD(a \ ; \ b)$ (où a, b et k sont des entiers relatifs non nuls). On a :
$$n^2 - 3n + 6 = (n - 1)(n - 2) + 4$$
on en déduit que $PGCD(a \ ; \ b) = PGCD(n - 1 \ ; \ 4)$ et le $PGCD(a \ ; \ b)$ divise 4.

2) L'ensemble des diviseurs (dans $\mathbb{Z}$) de 4 est : $\mathcal{D}_4 = \{-4 \ ; \ -2 \ ; \ -1 \ ; \ 1 \ ; \ 2 \ ; \ 4\}$
De plus, $PGCD(a \ ; \ b) \geqslant 1$; on a donc 3 valeurs possibles du $PGCD$:

- Si $PGCD(a \ ; \ b) = 4$ alors $PGCD(n - 1 \ ; \ 4) = 4$ et $n - 1 = 4k$ (avec $k \in \mathbb{Z}$) et donc $n = 4k + 1$;

- Si $PGCD(a \; ; \; b) = 2$ alors $PGCD(n-1 \; ; \; 4) = 2$ et $n - 1 = 2k$ (avec $k \in \mathbb{Z}$ et k est impair ; soit $k = 2k' + 1$) et donc $n = 2k + 1 = 2(2k' + 1) + 1 = 4k' + 3$ (et $k' \in \mathbb{Z}$) ;

- $PGCD(a \; ; \; b) = 1$ dans les autres cas ; c'est à dire, si n est pair.

3) Si $n \neq 1$, $\dfrac{b}{a} = \dfrac{n^2 - 3n + 6}{n - 1}$ est un entier si $n - 1$ divise 4.

- Si $n - 1 = -4$ alors $n = -3$; vérification : $b = 24$ et $a = -4$ donc $\dfrac{b}{a} \in \mathbb{Z}$;

- Si $n - 1 = -2$ alors $n = -1$; vérification : $b = 10$ et $a = -2$ donc $\dfrac{b}{a} \in \mathbb{Z}$;

- Si $n - 1 = -1$ alors $n = 0$; vérification : $b = 6$ et $a = -1$ donc $\dfrac{b}{a} \in \mathbb{Z}$;

- Si $n - 1 = 1$ alors $n = 2$; vérification : $b = 4$ et $a = 1$ donc $\dfrac{b}{a} \in \mathbb{Z}$;

- Si $n - 1 = 2$ alors $n = 3$; vérification : $b = 6$ et $a = 2$ donc $\dfrac{b}{a} \in \mathbb{Z}$;

- Si $n - 1 = 4$ alors $n = 5$; vérification : $b = 16$ et $a = 4$ donc $\dfrac{b}{a} \in \mathbb{Z}$.

---

2) Exercice de type « Rédactionnel »

1) A l'aide de l'algorithme d'Euclide, déterminer le **pgcd** des nombres **6157** et **1645**.

2) a et b sont deux entiers naturels non nuls.
   Démontrer que $PGCD(5a + 9b \; ; \; 4a + 7b) = PGCD(a \; ; \; b)$.

3) n est un entier naturel non nul.
   Calculer $PGCD(5n^2 + 4n \; ; \; 4n^2 + 3n)$.

SOLUTION

1) Pour calculer le **pgcd** des nombres **6157** et **1645**, il suffit d'effectuer les divisions euclidiennes successives et de noter le dernier reste non nul :

$$6157 = 3 \times 1645 + 1222$$

$$1645 = 1222 + 423$$

$$1222 = 2 \times 423 + 376$$

$$423 = 376 + \boxed{47}$$

$$376 = 8 \times 47 + 0$$

On en déduit que le **pgcd** de **6157** et **1645** vaut **47**.

2) D'après la propriété suivante du **pgcd** : $PGCD(a-kb\,;\,b) = PGCD(a\,;\,b)$, on a :

$$PGCD(\underbrace{5a+9b}_{=A}\,;\,\underbrace{4a+7b}_{=B}) = PGCD[\underbrace{4a+7b}_{=B}\,;\,\underbrace{5a+9b-(4a+7b)}_{A-B}]$$

$$= PGCD(4a+7b\,;\,a+2b)$$

$$= PGCD[\underbrace{4(a+2b)-b}_{=4A'-B'}\,;\,\underbrace{a+2b}_{=A'}]$$

$$= PGCD(\underbrace{a+2b}_{A'}\,;\,\underbrace{b}_{B'})$$

$$= PGCD(\underbrace{a+2b-2b}_{A'-2B'}\,;\,\underbrace{b}_{B'})$$

$$= PGCD(a\,;\,b)$$

3) En utilisant la propriété du cours : $PGCD(ka\,;\,kb) = k \times PGCD(a\,;\,b)$, on peut écrire :

$$PGCD(5n^2+4n\,;\,4n^2+3n) = PGCD[n(5n+4)\,;\,n(4n+3)]$$

$$= n \times PGCD(5n+4\,;\,4n+3)$$

Remarque : $5n+4 = (4n+3) + (n+1)$; on en déduit que :

$$PGCD(5n+4\,;\,4n+3) = PGCD(4n+3\,;\,n+1)$$

Remarque : $4n+3 = 4(n+1) - 1$; on en déduit que :

$$PGCD(4n+3\,;\,n+1) = PGCD(n+1\,;\,1) = 1$$

Conclusion : $PGCD(5n^2+4n\,;\,4n^2+3n) = n$ avec $n \in \mathbb{N}$.

---

3) Exercice de type « Rédactionnel »

Un panneau mural a pour dimensions **240 cm** et **360 cm**. On souhaite le recouvrir avec des carreaux de forme carrée, tous de même taille en respectant les contraintes suivantes :

- le côté du carreau est un nombre entier de centimètres compris strictement entre **10** et **20**.
- on ne devra réaliser aucun découpage des carreaux ;
- les carreaux seront disposés les uns contre les autres sans laisser d'espace entre eux.

1) Déterminer le côté des carreaux. Indiquer toutes les solutions possibles.
2) On pose une rangée de carreaux bleus sur le pourtour et des carreaux blancs ailleurs.

   Combien de carreaux blancs va-t-on utiliser ?

SOLUTION

1) Le nombre maximum de carreaux entiers que l'on puisse mettre sur une longueur de **240 cm** et **360 cm** correspond au *pgcd* de ces deux nombres.

   Commençons par décomposer ces deux nombres en facteurs premiers :

   - $240 = 2^4 \times 3 \times 5$
   - $360 = 2^3 \times 3^2 \times 5$

   On en déduit ainsi $pgcd(240 \ ; \ 360) = 2^3 \times 3^1 \times 5^1 = 120$.

   Mais on sait aussi que le nombre de carreau est un entier compris strictement entre **10** et **20** ; on va donc commencer par chercher l'ensemble des diviseurs de **120**.

   D'après la technique vue dans la partie « cours », le nombre de diviseurs de **120** est : $(3+1) \times (1+1) \times (1+1) = 16$ diviseurs.

   Et l'ensemble des diviseurs de **120** est :

   $$\mathcal{D}_{120} = \{1, 2, 3, 4, 5, 6, 8, 10, \boxed{12}, \boxed{15}, 20, 24, 30, 40, 60, 120\}$$

   Ainsi, les diviseurs positifs de **120** strictement compris entre **10** et **20** sont : **12** et **15**

   On peut donc mettre :

   - $\dfrac{240}{12} = 20$ carrés entiers verticalement de **12 cm** de côté, et $\dfrac{360}{12} = 30$ carrés horizontalement ;
   - ou bien $\dfrac{240}{15} = 16$ carrés entiers verticalement de **15 cm** de côté, et

$$\frac{360}{15} = 24 \text{ carrés horizontalement};$$

2) Si le pourtour est de couleur bleu, cela revient à retirer **2** carreaux sur la longueur et la largeur.

  - **1er** cas : Si on choisit des carreaux de **12 cm** de côté :

    On aura alors **20 − 2 = 18** carreaux blancs et **2** bleus sur la largeur ;

    et **30 − 2 = 28** carreaux blancs et **2** bleus sur la longueur.

    Nombre de carreaux blancs utilisés : **18 × 28 = 504**.

  - **2e** cas : Si on choisit des carreaux de **15 cm** de côté :

    On aura alors **16 − 2 = 14** carreaux blancs et **2** bleus sur la largeur ;

    et **24 − 2 = 22** carreaux blancs et **2** bleus sur la longueur.

    Nombre de carreaux blancs utilisés : **14 × 22 = 308**.

---

4) Exercice de type « Rédactionnel »

n désigne un nombre entier naturel ; on appelle a et b les entiers définis par : $a = 7n^2 + 4$ et $b = n^2 + 1$.

1) Démontrer que tout diviseur commun à a et à b est un diviseur de **3**.

2) a) Justifier que, si $PGCD(a\ ;\ b) = 3$, alors il existe un entier naturel k tel que $n^2 + 1 = 3k$.

  b) A l'aide d'un tableau de congruence sur n modulo **3**, montrer que la condition $n^2 + 1 = 3k$ est impossible.

  c) En déduire alors le $PGCD(a\ ;\ b)$.

SOLUTION

1) *Remarque :* Cherchons une combinaison linéaire entre a et b afin d'éliminer le terme en n^2 : $7b - a = 7(n^2 + 1) - (7n^2 + 4) = 3$.

   Soit d un diviseur commun de a et de b alors d divise $7b - a$; c'est-à-dire, d divise **3**.

2) a) Le *pgcd* de a et b est à la fois un diviseur de a et de b.

   Donc si $PGCD(a\ ;\ b) = 3$ alors 3 divise a et b et ainsi, a et b sont des multiples de **3**. On a ainsi, $n^2 + 1 = 3k$ où $k \in \mathbb{N}$.

  b) Établissons le tableau de congruence de n modulo **3**, pour en déduire les congruences de $n^2 + 1$ modulo **3** :

n	0	1	2
$n^2 + 1 \equiv \ldots [3]$	1	2	2

D'après le tableau précédant, on voit qu'il n'y a aucune valeur de n tel que $n^2 + 1 \equiv 0 \ [3]$; on en déduit donc que la condition $n^2 + 1 = 3k$ (avec $k \in \mathbb{N}$ est impossible.

c) D'après la question 1), $PGCD(a \ ; \ b)$ divise 3. Et 3 admet pour diviseurs positifs, les nombres 1 et 3. Or d'après la question précédente, on a vu que $PGCD(a \ ; \ b) \neq 3$; on en déduit que $PGCD(a \ ; \ b) = 1$.

Remarque : De ce dernier résultat, on en déduit que les nombres a et b sont premiers entre eux.

---

5) Exercice de type « Vrai ou Faux »

a) On considère la suite (u_n) définie par, pour tout $n \geqslant 1$,
$$u_n = \frac{1}{n} PGCD(n \ ; \ 20)$$
Alors la suite (u_n) est convergente.

b) Si $n \equiv 1 \ [7]$ alors $PGCD(3n + 4 \ ; \ 4n + 3) = 7$.

c) le $PGCD$ de 2004 et de 4002 est 12.

d) Le système suivant : $\begin{cases} x^2 - y^2 = 5440 \\ pgcd(x \ ; \ y) = 8 \end{cases}$ admet 3 couples $(x \ ; \ y)$ solutions.

SOLUTION

a) **VRAI** ;

on a : $0 \leqslant PGCD(n \ ; \ 20) \leqslant 20$; en multipliant cette double inégalité par $\frac{1}{n} > 0$, on en déduit : $0 \leqslant u_n \leqslant \frac{20}{n}$.

De plus, $\lim\limits_{n \to +\infty} \frac{20}{n} = 0$ et d'après le théorème des Gendarmes, on en déduit que $\lim\limits_{n \to +\infty} u_n = 0$ et ainsi, la suite (u_n) est convergente.

b) **VRAI** ;

déterminons une combinaison linéaire entre $3n + 4$ et $4n + 3$ afin d'éliminer les n. On remarque que : $4(3n + 4) - 3(4n + 3) = 7$.

On en déduit, d'après l'une des propriétés du $PGCD$ que :
$$PGCD(3n + 4 \ ; \ 4n + 3) = PGCD(3n + 4 \ ; \ 7)$$
Il y a donc 2 valeurs possibles du $PGCD$: 1 ou 7.

Or si $n \equiv 1 \ [7]$ alors, d'après les propriétés de compatibilité de l'addition et de la multiplication sur la congruence, on en déduit que :
$$3n + 4 \equiv \ 7[7] \iff 3n + 4 \equiv \ 0[7]$$
donc $PGCD(3n + 4 \ ; \ 4n + 3) = 7$.

c) FAUX ;

Pour calculer le ***pgcd*** des nombres **2004** et **4002**, il suffit d'effectuer les divisions euclidiennes successives et de noter le dernier reste non nul :

$$4002 = 1 \times 2004 + 1998$$

$$2004 = 1 \times 1998 + \boxed{6}$$

$$1998 = 333 \times 6 + 0$$

On en déduit donc $\textbf{\textit{pgcd}}(\textbf{2004} ; \textbf{4002}) = \textbf{6}$.

d) FAUX ;

Si $\textbf{\textit{pgcd}}(\textbf{\textit{x}} ; \textbf{\textit{y}}) = \textbf{8}$ alors on peut écrire le système suivant :

$$\begin{cases} \textbf{\textit{x}} = \textbf{8}\textbf{\textit{x}}' \text{ avec } \textbf{\textit{x}}' \in \mathbb{N}^* \\ \textbf{\textit{y}} = \textbf{8}\textbf{\textit{y}}' \text{ avec } \textbf{\textit{y}}' \in \mathbb{N}^* \\ \textbf{\textit{pgcd}}(\textbf{\textit{x}}' ; \textbf{\textit{y}}') = \textbf{1} \text{ ; puisque } \textbf{\textit{x}}' \text{ et } \textbf{\textit{y}}' \text{ sont alors } \textbf{1}^{\text{er}}\text{entre eux.} \end{cases}$$

On a alors :

$$\begin{cases} (8x')^2 - (8y')^2 = 5440 \\ pgcd(x' ; y') = 1 \end{cases} \iff \begin{cases} 64x'^2 - 64y'^2 = 64 \times 85 \\ pgcd(x' ; y') = 1 \end{cases}$$

$$\iff \begin{cases} x'^2 - y'^2 = 85 \\ pgcd(x' ; y') = 1 \end{cases}$$

$$\iff \begin{cases} (x' - y')(x' + y') = 5 \times 17 \\ pgcd(x' ; y') = 1 \end{cases}$$

Remarque : $x' - y' \leqslant x' + y'$ et l'ensemble des diviseurs de **85** est :

$$\mathcal{D} = \{1 ; 5 ; 17 ; 85\}$$

On en déduit alors **2** systèmes possibles :

$$\begin{cases} x' + y' = 85 \\ x' - y' = 1 \end{cases} \text{ ou } \begin{cases} x' + y' = 17 \\ x' - y' = 5 \end{cases}$$

Pour résoudre facilement ces systèmes, il suffit d'ajouter les 2 premières lignes et de les soustraire :

$$\begin{cases} 2x' = 86 \\ 2y' = 84 \end{cases} \text{ ou } \begin{cases} 2x' = 22 \\ 2y' = 12 \end{cases} \iff \begin{cases} x' = 43 \\ y' = 42 \end{cases} \text{ ou } \begin{cases} x' = 11 \\ y' = 6 \end{cases}$$

Pour finir, **43** et **42** sont premiers entre eux ; idem pour **11** et **6**.

On a aussi $\textbf{\textit{x}} = \textbf{8}\textbf{\textit{x}}'$ et $\textbf{\textit{y}} = \textbf{8}\textbf{\textit{y}}'$. On en déduit alors l'ensemble des solutions du système :

$$S = \{344 \; ; \; 336), (88 \; ; \; 48)\}$$

Ainsi, il y a donc **2** couples solutions du système (et non 3).

---

6) Exercice de type « Rédactionnel »

Pour tout entier naturel n, on pose $u_n = n^2 + n$.

Déterminer $PGCD(u_n \; ; \; u_{n+1})$ suivant les valeurs de n.

SOLUTION

Remarque : $u_n = n^2 + n = n(n + 1)$

On en déduit que $u_{n+1} = (n + 1)(n + 2)$.

$PGCD(u_n \; ; \; u_{n+1}) = PGCD\left[n(n + 1) \; ; \; (n + 1)(n + 2)\right]$ et d'après une des propriétés du pgcd : $PGCD(ka \; ; \; kb) = k \times PGCD(a \; ; \; b)$, on peut écrire :

$PGCD\left[n(n + 1) \; ; \; (n + 1)(n + 2)\right] = (n+1)PGCD(n \; ; \; n+2)$ et d'après la propriété du lemme d'Euclide sur le pgcd, on a alors :

$$PGCD(u_n \; ; \; u_{n+1}) = (n + 1)PGCD(n \; ; \; n + 2)$$
$$= (n + 1)PGCD(n \; ; \; n + 2 - n)$$
$$= (n + 1)PGCD(n \; ; \; 2)$$

- Si n est pair, alors $PGCD(n \; ; \; 2) = 2$ et $PGCD(u_n \; ; \; u_{n+1}) = 2(n+1)$;
- Si n est impair, alors $PGCD(n \; ; \; 2) = 1$ et $PGCD(u_n \; ; \; u_{n+1}) = n + 1$.

---

7) Exercice de type « Rédactionnel »

n désigne un nombre entier naturel non nul ; on considère les entiers suivant :

$$M = 9n - 1, \, N = 9n + 1 \text{ et } P = 81n^2 - 1$$

1) On suppose que n est pair.

   a) Démontrer que M et N sont impairs

   b) Déterminer le $PGCD$ de M et N.

2) On suppose que n est impair.

   a) Démontrer que M et N sont pairs.

   b) Déterminer le $PGCD$ de M et N.

3) a) Exprimer P en fonction de M et N.

   b) Démontrer que si n est pair, alors P est impair.

   c) Démontrer que P est divisible par **4** si et seulement si n est impair.

4) a) Déterminer pour quelles valeurs de n, M est multiple de **5** (on pourra étudier les différentes valeurs possibles du reste dans la division euclidienne de n par **5**).

   b) Déterminer pour quelles valeurs de n, N est multiple de **5**.

   c) En déduire pour quelles valeurs de n, P est multiple de **5**.

5) Déterminer pour quelles valeurs de n, P est multiple de **20**.

SOLUTION

1) a) Si n est pair, posons $n = 2k$ (avec $k \in \mathbb{N}^*$).

   On a alors $M = 9 \times 2k - 1 = 2 \times 9k - 1$; or $2 \times 9k$ est un nombre pair, et si on retranche **1**, on obtient un nombre impair.

   De même, $N = 9 \times 2k + 1 = 2 \times 9k + 1$; or $2 \times 9k$ est un nombre pair, et si on ajoute **1**, on obtient un nombre impair.

   b) D'après le lemme d'Euclide, on a :

   $$PGCD(M \ ; \ N) = PGCD(N \ ; \ M) = PGCD(N \ ; \ N - M)$$
   $$= PGCD(N \ ; \ 2) = 1$$

   car N est impair.

2) a) Si n est impair, posons $n = 2k + 1$ (avec $k \in \mathbb{N}$).

   On a alors $M = 9 \times (2k + 1) - 1 = 2 \times 9k + 8 = 2(9k + 4)$; d'où M est un nombre pair.

   De même, $N = 9 \times (2k + 1) + 1 = 2 \times 9k + 10 = 2(9k + 5)$; d'où N est un nombre pair.

   b) D'après 1)b), $PGCD(M \ ; \ N) = PGCD(N \ ; \ 2) = 2$; puisque N est pair.

3) a) *Remarque :* $81n^2 - 1 = (9n - 1)(9n + 1)$; on en déduit : $P = MN$.

   b) D'après 1)a), si n est pair alors M et N sont impairs ; et le produit de **2** nombres impairs est impair. On en déduit que P est impair si n est pair.

   c) D'après la question 2) si n est impair, on a alors :

   $$M = 2(9k + 4) \text{ et } N = 2(9k + 5)$$

   on en déduit que $P = 4(9k + 4)(9k + 5)$ donc P est divisible par 4. Reste à démontrer la réciproque : « Si P est divisible par 4 alors n est impair ».

Si P est divisible par 4 alors P est de la forme : $P = 4K$ (avec K, un entier naturel supérieur ou égal à 20 puisque $P = 81n^2 - 1$ et n entier naturel non nul).

On a donc $81n^2 - 1 = 4K$ d'où $81n^2 = 4K + 1$; de plus, $4K + 1$ est un nombre impair. On doit donc avoir $81n^2$ impair aussi ; or 81 est impair et seul le produit de 2 nombres impairs donne un nombre impair. On doit donc avoir n^2 impair et donc n aussi impair.

4) a) Établissons le tableau de congruence de n, puis M modulo 5 :

$n \equiv \ldots [5]$	0	1	2	3	4
$M \equiv \ldots [5]$	4	3	2	1	0

Pour bien comprendre comment a été rempli ce tableau, prenons l'exemple où $n \equiv 0 \, [5]$; ainsi d'après les propriétés de compatibilité de l'addition et de la multiplication sur la congruence, on en déduit que : $9n \equiv 0 \, [5]$ d'où $9n - 1 \equiv -1 \, [5]$ et ainsi $9n - 1 \equiv 4 \, [5]$; c'est à dire $M \equiv 4 \, [5]$.

On en déduit que M est multiple de 5 pour $n = 5k + 4$ (où $k \in \mathbb{N}$).

b) Établissons le tableau de congruence de n, puis N modulo 5 :

$n \equiv \ldots [5]$	0	1	2	3	4
$N \equiv \ldots [5]$	1	0	4	3	2

Pour bien comprendre comment a été rempli ce tableau, prenons l'exemple où $n \equiv 2 \, [5]$; ainsi d'après les propriétés de compatibilité de l'addition et de la multiplication sur la congruence, on en déduit que : $9n \equiv 18 \, [5]$ et $18 = 3 \times 5 + 3$ d'où $9n \equiv 3 \, [5]$ et ainsi $9n + 1 \equiv 4 \, [5]$; c'est à dire $N \equiv 4 \, [5]$.

On en déduit que N est multiple de 5 pour $n = 5k + 1$ (où $k \in \mathbb{N}$).

c) On a $P = MN$ ainsi, P est multiple de 5 si $P \equiv 0 \, [5]$; c'est à dire, si $MN \equiv 0 \, [5]$.

Et puisque 5 est un nombre premier, on a alors : soit $M \equiv 0 \, [5]$ ou $N \equiv 0 \, [5]$ donc les solutions pour n sont : $\mathcal{S} = \{5k + 1, \ 5k + 4 \, ; \text{ avec } k \in \mathbb{N}\}$.

5) P est divisible par 20 si P est à la fois divisible par 5 et par 4. D'après les questions précédentes, cela se produit si n est impair et si M ou N est divisible par 5. Cette condition se réalise si $n = 5k + 1$ (avec k pair) ou $n = 5k + 4$ (avec k impair).

- si k est pair, posons $k = 2k'$ et $n = 5 \times 2k' + 1 = 10k' + 1$ (avec $k' \in \mathbb{N}$) ;

- si k est impair, posons $k = 2k'+1$ et $n = 5 \times (2k'+1)+4 = 10k'+9$

Conclusion : P est multiple de 20 si et seulement si $n = 10k' + 1$ ou $n = 10k' + 9$ avec $k' \in \mathbb{N}$.

---

8) Exercice de type « Rédactionnel »

1) a) Déterminer le reste dans la division euclidienne de 2009 par 11.

   b) Déterminer le reste dans la division euclidienne de 2^{10} par 11.

   c) Déterminer le reste dans la division euclidienne de $2^{2009} + 2009$ par 11.

2) On désigne par p un nombre entier naturel. On considère pour tout entier naturel non nul n le nombre $A_n = 2^n + p$. On note d_n le $PGCD$ de A_n et A_{n+1}

   a) Montrer que d_n divise 2^n.

   b) Déterminer la parité de A_n en fonction de celle de p. Justifier.

   c) Déterminer la parité de d_n en fonction de celle de p.

   d) En déduire le $PGCD$ de $2^{2009} + 2009$ et $2^{2010} + 2009$.

   e) Que peut-on dire de $2^{2009} + 2009$ et $2^{2010} + 2009$?

SOLUTION

1) a) $2009 = 11 \times 182 + 7$; on en déduit que le reste de la division euclidienne de 2009 par 11 est égal à 7.

   b) *Remarque :* $2^5 = 32 = 2 \times 11 + 10$;

   on en déduit que $2^5 \equiv 10\ [11]$ et $2^5 \equiv -1\ [11]$.

   Et d'après la propriété de compatibilité des puissances sur la congruence, en remarquant que $2^{10} = (2^5)^2$, on a :
$$2^{10} \equiv (-1)^2\ [11] \text{ soit } 2^{10} \equiv 1\ [11]$$
   donc le reste de la division euclidienne de 2^{10} par 11 vaut 1.

   c) *Remarque :* $2^{2009} = 2^{10 \times 200 + 9} = (2^{10})^{200} \times 2^9$.

   Et d'une part, $2^{10} \equiv 1\ [11]$ d'où $(2^{10})^{200} \equiv 1^{200}\ [11]$
$$\text{et } 2^{2000} = 1\ [11] ;$$
   d'autre part, $2^9 = 2^5 \times 2^4$ et $2^5 \equiv -1\ [11]$,

   puis $2^4 \equiv 16\ [11]$ soit, $2^4 \equiv 5\ [11]$ (car $16 = 11 + 5$).

Et du fait de la propriété de compatibilité de la multiplication de la congruence, on a $2^5 \times 2^4 \equiv -5 \ [11]$ et on obtient également :

$2^{2000} \times 2^9 \equiv -5 \ [11]$ soit $2^{2009} \equiv -5 \ [11]$.

Pour finir, $2^{2009} + 2009 \equiv -5 + 7 \ [11]$ soit $2^{2009} + 2009 \equiv 2 \ [11]$; donc le reste de la division euclidienne de $2^{2009} + 2009$ par 11 est égal à 2.

2) a) D'après le lemme d'Euclide, on a :
$$PGCD(A_n \ ; \ A_{n+1}) = PGCD(A_n \ ; \ A_{n+1} - A_n)$$
c'est à dire,
$$d_n = PGCD(A_n \ ; \ A_{n+1}) = PGCD[2^n + p \ ; \ 2^{n+1} + p - (2^n + p)]$$
$$= PGCD[2^n + p \ ; \ 2^n(2 - 1)]$$
$$= PGCD(2^n + p \ ; \ 2^n)$$

On en déduit donc que d_n divise 2^n.

b) Puisque 2^n est pair, alors $A_n = 2^n + p$ a la même parité que celle de p.

c) D'après la question précédente, A_n et A_{n+1} ont la même parité que celle de p. On en déduit alors :

  - si p est pair, alors d_n est pair aussi ;
  - si p est impair, alors d_n l'est aussi.

d) D'après 2)b) A_{2009} et A_{2010} ont la parité de 2009 ; ils sont donc impairs. Ainsi leur *pgcd* est aussi impair. Mais d'après 2)a), d_n divise 2^n (qui admet que des diviseurs pairs à l'exception de 1 ; seul diviseur impair).

On en déduit alors $PGCD(A_{2009} \ ; \ A_{2010} = 1$.

e) D'après la question précédente, les nombres $2^{2009} + 2009$ et $2^{2010} + 2009$ sont premiers entre eux.

---

9) Exercice de type « Rédactionnel »

Pour tout entier naturel n supérieur ou égal à 5, on considère les nombres $a = n^3 - n^2 - 12n$ et $b = 2n^2 - 7n - 4$.

1) Montrer, après factorisation, que a et b sont des entiers naturels divisibles par $n - 1$.

2) On pose $\alpha = 2n + 1$ et $\beta = n + 3$. On note d le $PGCD$ de α et β.

  a) Établir une relation entre α et β indépendante de n.

  b) Démontrer que d est un diviseur de 5.

  c) Démontrer que les nombres α et β sont multiples de 5 si et seulement

> si $n - 2$ est multiple de **5**.
>
> 3) Montrer que $2n + 1$ et n sont premiers entre eux.
>
> 4) a) Déterminer, suivant les valeurs de n et en fonction de n, le **PGCD** de a et de b.
>
>   b) Vérifier les résultats obtenus en calculant les **PGCD** de a et b pour $n = 11$ et $n = 12$.

SOLUTION

1) $a = n^3 - n^2 - 12n = n(n^2 - n - 12)$; et en factorisant $n^2 - n - 12$ par $n - 4$ on obtient par la méthode d'identification, $a = n(n - 4)(n + 3)$. Et ainsi, a est bien divisible par $n - 4$.

   De même, $b = 2n^2 - 7n - 4 = (n - 4)(2n + 1)$; et on en déduit que b est aussi divisible par $n - 4$.

2) a) Déterminons une combinaison linéaire entre α et β qui fasse disparaître le terme en n : $2\beta - \alpha = 5$.

   b) D'après le lemme d'Euclide, on peut écrire :

   $$d = PGCD(\alpha \; ; \; \beta) = PGCD(\alpha - 2\beta \; ; \; \beta)$$
   $$= PGCD(-5 \; ; \; \beta) = PGCD(\beta \; ; \; 5)$$

   donc d est un diviseur de **5**.

   c) Si α est multiple de **5** alors $2n + 1 = 5k$ (où k est un entier supérieur ou égal à **3**) ;

   si β est multiple de **5** alors $n + 3 = 5k'$ (où $k' \geqslant 2$).

   Et en soustrayant ces **2** équations membre à membre, on obtient :

   $$2n + 1 = 5k$$
   $$\underline{n + 3 = 5k'}$$
   $$n - 2 = 5(k - k')$$

   On en déduit ainsi que $n - 2$ est bien multiple de **5**. Démontrons alors la réciproque : « si $n - 2$ est multiple de **5** alors α et β sont aussi multiples de **5** ».

   - Si $n - 2$ est multiple de **5** alors, n est de la forme $5K + 2$ et ainsi, $2n + 1 = 2(5K + 2) + 1 = 5(2K + 1) = 5K'$ et α est bien multiple de **5** ;
   - on a aussi, $n + 3 = 5K + 2 + 3 = 5(K + 1) = 5K''$ et β est bien multiple de **5**.

3) D'après le lemme d'Euclide, on a :

$$PGCD(2n + 1 \; ; \; n) = PGCD(2n + 1 - 2n \; ; \; n)$$
$$= PGCD(n \; ; \; 1) = 1$$

On en déduit donc que $2n + 1$ et n sont premiers entre eux.

4) a) D'après la propriété d'homogénéité du pgcd, on a :

$$PGCD(a \; ; \; b) = PGCD[n(n - 4)(n + 3) \; ; \; (n - 4)(2n + 1)]$$
$$= (n - 4)PGCD[n(n + 3) \; ; \; 2n + 1]$$

Or d'après la question 3), $2n + 1$ et n sont premiers entre eux. On en déduit alors que : $PGCD(a \; ; \; b) = (n - 4)PGCD(n + 3 \; ; \; 2n + 1)$. Et d'après 2)c), $PGCD(n + 3 \; ; \; 2n + 1) = 5$ si $n - 2$ est multiple de 5, soit si $n = 5k + 2$. On en déduit alors les résultats suivants :

- Si $n = 5k + 2$ (avec $k \geqslant 1$) alors $PGCD(a \; ; \; b) = 5(n - 4)$;
- si $n \neq 5k + 2$; (avec $k \geqslant 1$) alors $PGCD(a \; ; \; b) = n - 4$, d'après la question 2)b).

b) Calcul des pgcd pour $n = 11$ et $n = 12$:

- Si $n = 11$, alors $a = 1078 = 7 \times 154$ et $b = 161 = 7 \times 23$; on en déduit alors par homogénéité du pgcd que :
  $PGCD(a \; ; \; b) = 7PGCD(154 \; ; \; 23) = 7$,
  puisque 154 et 23 sont premiers entre eux ; on vérifie qu'il correspond bien à $n - 4 = 11 - 4 = 7$.
- Si $n = 12$, alors $a = 1440 = 40 \times 36$ et $b = 200 = 40 \times 5$; on en déduit alors par homogénéité du pgcd que :
  $PGCD(a \; ; \; b) = 40PGCD(36 \; ; \; 5) = 40$ puisque 36 et 5 sont premiers entre eux ;
  on vérifie qu'il correspond bien à $5(n - 4) = 5 \times 8 = 40$.

---

10) Exercice de type « Rédactionnel »

1) a) Montrer que, pour tout entier naturel n, $3n^3 - 11n + 48$ est divisible par $n + 3$.

   b) Montrer que, pour tout entier naturel n, $3n^2 - 9n + 16$ est un entier naturel non nul.

2) Montrer que, pour tous les entiers naturels non nuls a, b et c, l'égalité suivante est vraie.

$$PGCD(a \; ; \; b) = PGCD(bc - a \; ; \; b)$$

3) Montrer que, pour tout entier naturel n, supérieur ou égal à **2**, l'égalité
   suivante est vraie :
   $$PGCD(3n^3 - 11n \; ; \; n + 3) = PGCD(48 \; ; \; n + 3)$$

4) a) Déterminer l'ensemble des diviseurs entiers naturels de **48**.

   b) En déduire l'ensemble des entiers naturels n tels que $\dfrac{3n^3 - 11n}{n + 3}$
   soit un entier naturel.

SOLUTION

1) a) Pour montrer que $3n^3 - 11n + 48$ est divisible par $n + 3$, il suffit de
   montrer que $3n^3 - 11n + 48$ peut s'exprimer comme le produit de deux
   facteurs dont l'un est $(n + 3)$; ainsi, on peut écrire :
   $$3n^3 - 11n + 48 = (n + 3)(3n^2 + an + 16)$$
   $$= 3n^3 + (9 + a)n^2 + (16 + 3a)n + 48$$

   Et par identification, on trouve $a = -9$; on a alors :
   $$3n^3 - 11n + 48 = (n + 3)(3n^2 - 9n + 16)$$
   On en déduit donc que $3n^3 - 11n + 48$ est divisible par $n + 3$.

   b) Calcul du discriminant : $\Delta = (-9)^2 - 4 \times 3 \times 16 = -111$; donc le
   trinôme n'admet pas de racines réelles et le trinôme est du signe de « a » ;
   donc, pour tout entier naturel n, $3n^2 - 9n + 16$ est un entier naturel non
   nul.

2) Le but de cette question est de redémontrer le lemme d'Euclide.

   Soit d un diviseur commun à a et b ; il existe donc deux entiers k et k' tels que
   $a = kd$ et $b = k'd$. On a ainsi, $bc - a = k'd \times c - kd = d(ck' - k) = dk''$,
   en posant $k'' = ck' - k$; donc d est un diviseur commun de $bc - a$ et à b
   (et ceci est aussi valable pour le plus grand des diviseurs communs à a et b).
   Montrons la réciproque :

   Soit d un diviseur commun à $bc - a$ et à b ; il existe donc deux entiers k et l
   tels que $bc - a = kd$ et $b = ld$, soit $a = bc - kd = ldc - kd = d(lc - k)$;
   donc d divise aussi a. On en déduit que $bc - a$ et b ont les mêmes diviseurs
   communs que a et b (et ceci est aussi valable pour le plus grand des diviseurs
   communs).

   On peut alors conclure que : $PGCD(a \; ; \; b) = PGCD(bc - a \; ; \; b)$.

3) Posons $a = 3n^3 - 11n$, $b = n + 3$ et $c = 3n^2 - 9n + 16$; on a alors
   $bc - a = (n + 3)(3n^2 - 9n + 16) - (3n^3 - 11n) = 48$, d'après question

1)a).

Et d'après la question précédente, $PGCD(a\ ;\ b) = PGCD(bc - a\ ;\ b)$; c'est à dire, $PGCD(3n^3 - 11n\ ;\ n + 3) = PGCD(48\ ;\ n + 3)$.

4) a) $48 = 2^4 \times 3^1$; ainsi 48 admet $(4 + 1) \times (1 + 1) = 10$ diviseurs entiers naturels. L'ensemble de ces entiers est donné par :

$\mathcal{D}_{48} = \{1, 2, 3, 4, 6, 8, 12, 16, 24, 48\}$.

b) $\dfrac{3n^3 - 11n}{n + 3}$ appartient à $\mathbb{N}$ si et seulement si $3n^3 - 11n$ est un multiple de $n + 3$; ou encore, $PGCD(3n^3 - 11n\ ;\ n + 3) = n + 3$. Or d'après la question 3), $PGCD(3n^3 - 11n\ ;\ n + 3) = PGCD(48\ ;\ n + 3)$; on doit donc avoir : $PGCD(48\ ;\ n + 3) = n + 3$ et $n + 3$ doit diviser 48.

- $n + 3 = 1$ d'où $n = -2$; impossible car $n \geqslant 0$;
- $n + 3 = 2$ d'où $n = -1$; impossible car $n \geqslant 0$;
- $n + 3 = 3$ d'où $n = 0$;
- $n + 3 = 4$ d'où $n = 1$;
- $n + 3 = 6$ d'où $n = 3$;
- $n + 3 = 8$ d'où $n = 5$;
- $n + 3 = 12$ d'où $n = 9$;
- $n + 3 = 16$ d'où $n = 13$;
- $n + 3 = 24$ d'où $n = 21$;
- $n + 3 = 48$ d'où $n = 45$.

L'ensemble des solutions est donc : $\mathcal{S} = \{0, 1, 3, 5, 9, 13, 21, 45\}$.

5 Théorèmes fondamentaux en Arithmétique

1) Exercice de type « Rédactionnel »

On se propose de déterminer l'ensemble $\mathcal{S}$ des entiers relatifs n vérifiant le système :

$$\begin{cases} n \equiv 1\ [5] \\ n \equiv 3\ [4] \end{cases}$$

1) Recherche d'un élément de $\mathcal{S}$

On désigne par $(u\ ;\ v)$ un couple d'entiers relatifs tel que $5u + 4v = 1$.

a) Justifier l'existence d'un tel couple $(u\ ;\ v)$.

b) On pose $n_0 = 3 \times 5u + 4v$.

Démontrer que n_0 appartient à $\mathcal{S}$.

c) Donner un exemple d'entier n_0 appartenant à $\mathcal{S}$.

2) Caractérisation des éléments de $\mathcal{S}$.

   a) Soit n un entier relatif appartenant à $\mathcal{S}$.

      Démontrer que $n - n_0 \equiv 0 \; [20]$.

   b) En déduire qu'un entier relatif n appartient à $\mathcal{S}$ si et seulement si il peut s'écrire sous la forme $n = 11 + 20k$ où k est un entier relatif.

SOLUTION

1) a) **5** et **4** sont premiers entre eux ; d'après le théorème de Bézout, il existe donc un couple d'entiers relatifs $(u \; ; \; v)$ tel que $5u + 4v = 1$.

   b) $n_0 = 3 \times 5u + 4v$; or $3 \times 5u \equiv 0 \; [5]$ d'où $n_0 \equiv 4v \; [5]$; de plus, $4v = 1 - 5u$ et $-5u \equiv 0 \; [5]$; d'où $\boxed{n_0 = 1 \; [5]}$

      De même, $4v \equiv 0 \; [4]$ d'où $n_0 \equiv 3 \times 5u \; [4]$; or $5u = 1 - 4v$ et ainsi, $5u \equiv 1 \; [4]$ d'où $n_0 \equiv 3 \times 1 \; [4]$ et on en déduit que $\boxed{n_0 = 3 \; [4]}$

      Conclusion : $n_0 \in \mathcal{S}$.

   c) Cherchons un couple d'entiers relatifs $(u \; ; \; v)$ tel que : $5u + 4v = 1$; on trouve facilement un couple solution $(u \; ; \; v) = (1 \; ; \; -1)$.

      On en déduit alors une valeur particulière de n_0 :
      $$n_0 = 3 \times 5 \times 1 + 4 \times (-1) = 11$$
      Vérification : $\quad 11 = 2 \times 5 + 1$ d'où $n_0 \equiv 1 \; [5]$;
      $$\text{et } 11 = 2 \times 4 + 3 \text{ d'où } n_0 \equiv 3 \; [4].$$

2) a) Si $n \in \mathcal{S}$ alors $n \equiv 1 \; [5]$; de plus, $n_0 \equiv 1 \; [5]$ d'où $n - n_0 \equiv 0 \; [5]$.

      De même, Si $n \in \mathcal{S}$ alors $n \equiv 3 \; [4]$; de plus, $n_0 \equiv 3 \; [4]$; on en déduit alors $n - n_0 \equiv 0 \; [4]$.

      On en déduit que $n - n_0$ est à la fois un multiple de 4 et de 5 ; de plus, **5** et **4** sont premier entre eux, on en déduit que $n - n_0$ est de la forme $n - n_0 = 20k$, soit $n - n_0 \equiv 0 \; [20]$.

   b) D'après la question précédente, si $n \in \mathcal{S}$ alors $n = n_0 + 20k$ (où $k \in \mathbb{Z}$) ; soit $n = 11 + 20k$.

      Réciproquement, si $n = 11 + 20k$ alors $n = 5(2 + 4k) + 1$ et aussi, $n = 4(2 + 5k) + 3$
      $$\begin{cases} n \equiv 1 \; [5] \\ n \equiv 3 \; [4] \end{cases}$$

      donc $n \in \mathcal{S}$.

2) Exercice de type « Rédactionnel »

Partie A

On considère l'équation $(E) : 17x - 26y = 1$, où x et y désignent deux entiers relatifs.

1) Justifier qu'il existe un couple d'entiers relatifs solution de (E).

2) Déterminer, à l'aide de l'algorithme d'Euclide, un couple d'entiers relatifs solution de (E).

3) Résoudre alors l'équation (E).

4) En déduire un entier a tel que $0 \leqslant a \leqslant 25$ et $17a \equiv 1 \ [26]$.

Partie B

On veut coder un mot de deux lettres selon la procédure suivante :

Étape 1 : Chaque lettre du mot est remplacée par un entier en utilisant le tableau ci-dessous :

A	B	C	D	E	F	G	H	I	J	K	L	M	N	O	P	Q	R	S	T	U	V	W	X	Y	Z
0	1	2	3	4	5	6	7	8	9	10	11	12	13	14	15	16	17	18	19	20	21	22	23	24	25

On obtient un couple d'entiers $(x_1 \ ; \ x_2)$ où x_1 et x_2 correspondent respectivement à la première et deuxième lettre du mot.

Étape 2 : $(x_1 \ ; \ x_2)$ est transformé en $(y_1 \ ; \ y_2)$ tel que :

(S_1) $\begin{cases} y_1 \equiv 7x_1 + 5x_2 \ [26] \\ y_2 \equiv 4x_1 + 9x_2 \ [26] \end{cases}$ avec $0 \leqslant y_1 \leqslant 25$ et $0 \leqslant y_2 \leqslant 25$.

Étape 3 : $(y_1 \ ; \ y_2)$ est en transformé en un mot de deux lettres en utilisant le tableau de correspondance donné dans l'étape 1.

Exemple : $\underbrace{\text{NE}}_{\text{mot en clair}} \xrightarrow{\text{Étape 1}} (13, 4) \xrightarrow{\text{Étape 2}} (7, 10) \xrightarrow{\text{Étape 3}} \underbrace{\text{HK}}_{\text{mot codé}}$

1) Coder le mot **TU**.

2) On veut maintenant déterminer la procédure de décodage :

   a) Montrer que tout couple $(x_1 \ ; \ x_2)$ vérifiant les équations du système (S_1), vérifie les équations du système :

$$(S_2) \ \begin{cases} 17x_1 \equiv 9y_1 + 21y_2 \ [26] \\ 17x_2 \equiv 22y_1 + 7y_2 \ [26] \end{cases}$$

   b) A l'aide de la partie A, montrer que tout couple $(x_1 \ ; \ x_2)$ vérifiant les équations du système (S_2), vérifie les équations du système :

$$(S_3) \quad \begin{cases} x_1 \equiv 25y_1 + 15y_2 \ [26] \\ x_2 \equiv 12y_1 + 5y_2 \ [26] \end{cases}$$

c) On admettra que tout couple $(x_1 \ ; \ x_2)$ vérifiant les équations du système (S_3), vérifie les équations du système (S_1).

Décoder le mot **HB**.

SOLUTION

Partie A

1) A l'aide de l'algorithme d'Euclide, calculons le $PGCD$ de **17** et **26**.

$$26 = 1 \times 17 + 9$$
$$17 = 1 \times 9 + 8$$
$$9 = 1 \times 8 + \boxed{1}$$

Le dernier reste non nul est égal à **1**, d'où $PGCD(17, 26) = 1$ et **17** et **26** sont premiers entre eux et d'après le théorème de Bézout, il existe deux entiers relatifs x et y tels que $17x - 26y = 1$.

2) Utilisons l'algorithme d'Euclide avec la méthode développée dans la partie « cours », en considérant le système suivant :

$$\begin{cases} 17x - 26y = 1 \\ Ax + By = 1 \end{cases} \ ; \ A = 17 \text{ et } B = -26$$

$$26 = 1 \times 17 + \boxed{9} \qquad \boxed{9} = -B - A$$
$$17 = 1 \times 9 + \boxed{8} \qquad \boxed{8} = A - (-A - B) = 2A + B$$
$$9 = 1 \times 8 + \boxed{1} \qquad \boxed{1} = -B - A - (2A + B)$$
$$= -3A - 2B$$

On en déduit donc la solution particulière $(x_0 \ ; \ y_0) = (-3 \ ; \ -2)$.

Vérification : $17 \times (-3) - 26 \times (-2) = 1$.

3) On a donc la double égalité : $\qquad\qquad 17x - 26y = 1$

$$\frac{17 \times (-3) - 26 \times (-2) = 1}{17(x + 3) = 26(y + 2)}$$

Remarque : On obtient cette dernière égalité par différence des deux premières égalités.

On a vu dans la question 1) que **26** et **17** sont premiers entre eux.

Appliquons alors le théorème de Gauss : Puisque **26** et **17** sont premiers entre eux, alors **26** divise $x + 3$ et **17** divise $y + 2$ (car x et y sont des entiers) ; on peut donc écrire le système suivant :

$$\begin{cases} x + 3 & = 26k \text{ ; avec } k \in \mathbb{Z} \\ y + 2 & = 17k' \text{ ; avec } k' \in \mathbb{Z} \end{cases}$$

Et en remplaçant $x + 3 = 26k$ et $y + 2 = 17k'$ dans l'équation suivante : $17(x + 3) = 26(y + 2)$, on obtient : $17 \times 26k = 26 \times 17k'$; on en déduit $k = k'$.

On a ainsi :

$$\begin{cases} x & = -3 + 26k \text{ ; avec } k \in \mathbb{Z} \\ y & = -2 + 17k \end{cases}$$

On trouve donc l'ensemble des solutions de l'équation $(\boldsymbol{E})$:

$$\mathcal{S} = \{(-3 + 26k \; ; \; -2 + 17k) \; ; \; k \in \mathbb{Z}\}$$

4) $-26y \equiv 0 \; [26]$ d'où l'équation $(\boldsymbol{E})$ s'écrit alors $17x \equiv 1 \; [26]$. Et x est de la forme : $x = -3 + 26k$ (où $k \in \mathbb{Z}$).

Déterminons la (ou les) valeur(s) de k pour laquelle $0 \leqslant x \leqslant 25$; ou encore $0 \leqslant -3 + 26k \leqslant 25$; on trouve alors $k = 1$ et la valeur de x qui convient est $a = 23$.

Partie B

1) $\underbrace{\text{TU}}_{\text{mot en clair}} \xrightarrow{\text{Étape 1}} (19, 20)$; on a ainsi $x_1 = 19$ et $x_2 = 20$.

On peut alors calculer $7x_1 + 5x_2 = 7 \times 19 + 5 \times 20 = 233$ et ainsi, on a : $233 = 8 \times 26 + 25$; on en déduit que $7x_1 + 5x_2 \equiv 25 \; [26]$.

Du même, $4x_1 + 9x_2 = 4 \times 19 + 9 \times 20 = 256$ et $256 = 9 \times 26 + 22$; on en déduit que $4x_1 + 9x_2 \equiv 22 \; [26]$.

$$(19, 20) \xrightarrow{\text{Étape 2}} (25, 22) \xrightarrow{\text{Étape 3}} \underbrace{\text{ZW}}_{\text{mot codé}}$$

Le mot **TU** est codé par le mot **ZW**.

2) a) Si $(x_1 \; ; \; x_2)$ vérifie le système (S_1) alors

$$(S_1) \quad \begin{cases} y_1 \equiv 7x_1 + 5x_2 \; [26] \\ y_2 \equiv 4x_1 + 9x_2 \; [26] \end{cases}$$

On a alors, $9y_1 + 21y_2 \equiv 9(7x_1 + 5x_2) + 21(4x_1 + 9x_2)$ [26]

$$\equiv 147x_1 + 234x_2 \ [26]$$

De plus, $147 \equiv 17$ [26] et $234 \equiv 0$ [26] ;

on en déduit donc que $17x_1 \equiv 9y_1 + 21y_2$ [26].

De même, $22y_1 + 7y_2 \equiv 22(7x_1 + 5x_2) + 7(4x_1 + 9x_2)$ [26]

$$\equiv 182x_1 + 173x_2 \ [26]$$

De plus, $182 \equiv 0$ [26] et $173 \equiv 17$ [26] ;

on en déduit donc que $17x_2 \equiv 22y_1 + 7y_2$ [26].

On peut donc conclure que $(x_1 \ ; \ x_2)$ vérifie bien les équations du système (S_2).

b) Dans la question 4) de la partie A, on a vu que $23 \times 17 \equiv 1$ [26].

Si $(x_1 \ ; \ x_2)$ vérifient les équations du système (S_2) alors :

$$\begin{cases} 23 \times 17x_1 \equiv 23 \times 9y_1 + 23 \times 21y_2 \ [26] \\ 23 \times 17x_2 \equiv 23 \times 22y_1 + 23 \times 7y_2 \ [26] \end{cases}$$

Ce qui revient à écrire le système :

$$\begin{cases} x_1 \equiv 207y_1 + 483y_2 \ [26] \\ x_2 \equiv 506y_1 + 161y_2 \ [26] \end{cases}$$

On peut aussi écrire les égalités de congruences suivantes :

- $207 = 7 \times 26 + 25$ d'où $207 \equiv 25$ [26] ;
- $483 = 18 \times 26 + 15$ d'où $483 \equiv 15$ [26] ;
- $506 = 19 \times 26 + 12$ d'où $506 \equiv 12$ [26] ;
- $161 = 6 \times 26 + 5$ d'où $161 \equiv 5$ [26]

On peut donc écrire le système suivant :

$$\begin{cases} x_1 \equiv 25y_1 + 15y_2 \ [26] \\ x_2 \equiv 12y_1 + 5y_2 \ [26] \end{cases}$$

c) On a le schéma suivant : $\underbrace{\textbf{HB}}_{\text{mot codé}} \xrightarrow{\text{Étape 1}} (7, 1)$;

on a ainsi $y_1 = 7$ et $y_2 = 1$. On en déduit alors :

- $25y_1 + 15y_2 = 25 \times 7 + 15 \times 1 = 190$ et $190 \equiv 8$ [26] ;
- $12y_1 + 5y_2 = 12 \times 7 + 5 \times 1 = 89$ et $89 \equiv 11$ [26].

On a ainsi $x_1 = 8$ et $x_2 = 11$ et on a alors le schéma suivant :

$$(7, 1) \xrightarrow{\text{Étape 2}} (8, 11) \xrightarrow{\text{Étape 3}} \underbrace{\textbf{IL}}_{\text{mot en clair}}$$

Conclusion : **HB** code la mot **IL**.

3) Exercice de type « Rédactionnel »

1) On se propose, dans cette question, de déterminer tous les entiers relatifs n tels que :
$$\begin{cases} n \equiv 5 \ [13] \\ n \equiv 1 \ [17] \end{cases}$$

a) Vérifier que **239** est solution de ce système.

b) Soit N un entier relatif solution de ce système.

Démontrer que N peut s'écrire sous la forme :
$$N = 1 + 17x = 5 + 13y$$
où x et y sont deux entiers relatifs vérifiant la solution
$$17x - 13y = 4$$

c) Résoudre l'équation $(E) : 17x - 13y = 4$ où x et y sont des entiers relatifs.

d) En déduire qu'il existe un entier relatif k tel que $N = 18 + 221k$.

e) Démontrer l'équivalence entre

$$N \equiv 18 \ [221] \text{ et } \begin{cases} N \equiv 5 \ [13] \\ N \equiv 1 \ [17] \end{cases}$$

2) Existe-t-il un entier naturel m tel que $10^m \equiv 18 \ [221]$?

SOLUTION

1) a) $239 = 13 \times 18 + 5$ d'où $239 \equiv 5 \ [13]$; de même,
$239 = 17 \times 14 + 1$ d'où $239 \equiv 1 \ [17]$

On en déduit donc que **239** est bien solution du système.

b) $N \equiv 5 \ [13]$ signifie qu'il existe un entier relatif y tel que $N = 13y + 5$.
De même, $N \equiv 1 \ [17]$ signifie qu'il existe un entier relatif x tel que $N = 17x + 1$. Toute solution N du système peut donc s'écrire de deux façons différentes :
$N = 13y + 5$ ou $N = 17x + 1$ et ainsi, $17x + 1 = 13y + 5$ d'où, $17x - 13y = 4$ où x et y sont des entiers relatifs.

c) On remarque un couple solution de cette équation, très simple : $(1 \ ; \ 1)$.

On a donc la double égalité : $\quad 17x - 13y = 4$
$$\frac{17 \times 1 - 13 \times 1 = 4}{17(x - 1) = 13(y - 1)}$$
avec x et y entiers.

Remarque : La dernière égalité s'obtient par différence des deux premières. **17** et **13** sont premiers entre eux ; d'après le théorème de Gauss, on en déduit que **17** divise $y - 1$ et **13** divise $x - 1$. On peut donc écrire le système suivant :

$$\begin{cases} x - 1 & = 13k \,; \text{ avec } k \in \mathbb{Z} \\ y - 1 & = 17k' \,; \text{ avec } k' \in \mathbb{Z} \end{cases} \iff \begin{cases} x & = 13k + 1 \\ y & = 17k' + 1 \end{cases}$$

Et en remplaçant $x - 1 = 13k$ et $y - 1 = 17k'$ dans l'équation suivante : $17(x - 1) = 13(y - 1)$, on obtient : $17 \times 13k = 13 \times 17k'$; on en déduit $k = k'$.

On a ainsi :

$$\begin{cases} x & = 13k + 1 \,; \text{ avec } k \in \mathbb{Z} \\ y & = 17k + 1 \end{cases}$$

Établissons la réciproque : si $x = 13k + 1$ et $y = 17k + 1$ alors :
$17x - 13y = 17(13k + 1) - 13(17k + 1) = 4$.

On trouve donc l'ensemble des solutions de l'équation (E) :

$$\mathcal{S} = \{(13k + 1 \,;\; 17k + 1) \,;\; k \in \mathbb{Z}\}$$

d) Si l'entier N est solution du système alors il existe des entiers x et y tels que :

$$\begin{cases} x & = 13k + 1 \,; \text{ avec } k \in \mathbb{Z} \\ y & = 17k + 1 \end{cases}$$

De plus, $N = 17y + 1 = 13y + 5$, on en déduit que

$$N = 17(13k + 1) + 1 \qquad .$$
$$= 13(17k + 1) + 5$$
$$= 221k + 18 \text{ et } k \in \mathbb{Z}$$

e) Dans la question précédente, on a montré l'implication :

$$\begin{cases} N \equiv 5 \, [13] \\ N \equiv 1 \, [17] \end{cases} \implies N \equiv 18 \, [221]$$

Montrons maintenant la réciproque : Si $N \equiv 18 \, [221]$ alors il existe un entier relatif k tel que $N = 221k + 18$. Or $221k + 18 \equiv 5 \, [13]$ d'où $N \equiv 5 \, [13]$.

On a de la même manière, si $N \equiv 18 \, [221]$ alors $N \equiv 1 \, [17]$.

On a donc démontré que : $N \equiv 18 \, [221] \iff \begin{cases} N \equiv 5 \, [13] \\ N \equiv 1 \, [17] \end{cases}$

2) D'après la question précédente, en posant $N = 10^m$, si $10^m \equiv 18 \, [221]$ alors, l'entier m vérifie le système suivant :

$$\begin{cases} 10^m \equiv 5 \, [13] \\ 10^m \equiv 1 \, [17] \end{cases}$$

Établissons le tableau de congruence de 10^m modulo 13 et on s'arrête lorsque le reste, pour $m \neq 0$, vaut 1 :

m	0	1	2	3	4	5	6
$10^m \equiv \ldots [13]$	1	10	9	12	3	4	1

On constate que $10^6 \equiv 1 \; [13]$ et d'après la propriété de compatibilité de la multiplication, on a : $10^m \times 10^6 \equiv 10^m \times 1 \; [13] \iff 10^{m+6} \equiv 10^m \; [13]$; donc les restes de la division euclidienne de 10^m par 13 sont périodiques de période 6. On peut alors déterminer le reste pour toutes les valeurs possibles de l'entier m :

- si $m = 6k$ (avec $k \in \mathbb{N}$), $10^m \equiv 1 \; [13]$;
- si $m = 6k + 1$, $10^m \equiv 10 \; [13]$;
- si $m = 6k + 2$, $10^m \equiv 9 \; [13]$;
- si $m = 6k + 3$, $10^m \equiv 12 \; [13]$;
- si $m = 6k + 4$, $10^m \equiv 3 \; [13]$;
- si $m = 6k + 5$, $10^m \equiv 4 \; [13]$.

On constate ainsi qu'aucun des restes de la division euclidienne de 10^m par 13 ne prend la valeur 5. Par conséquent, il n'existe aucun entier naturel m tel que $10^m \equiv 18 \; [221]$.

---

4) Exercice de type « Rédactionnel »

En montagne, un randonneur a effectué des réservations dans deux types d'hébergements : A et B.

Une nuit en hébergement A coûte 24€ et une nuit en hébergement B coûte 45€.

Il se rappelle que le coût total de sa réservation est de 438€.

On souhaite retrouver les nombres x et y de nuitées passées respectivement en hébergements A et B.

1) a) Montrer que les nombres x et y sont respectivement inférieurs ou égaux à 18 et 9.

   b) Recopier et compléter les lignes (1), (2) et (3) de l'algorithme suivant afin qu'il affiche les couples $(x \; ; \; y)$ possibles.

Entrée	x et y sont des nombres entiers	
Traitement	Pour x variant de **0** à $\ldots$	(1)
	Pour y variant de **0** à $\ldots$	(2)
	Si $\ldots\ldots\ldots\ldots$	(3)
	Alors afficher x et y	
	Fin si	
	Fin Pour	
	Fin Pour	
Fin		

2) Justifier que le coût total de la réservation est un multiple de **3**.

3) a) Justifier que l'équation $8x + 15y = 1$ admet pour solution au moins un couple d'entiers relatifs.

   b) Déterminer une telle solution.

   c) Résoudre l'équation (E) : $8x + 15y = 146$ où x et y sont des nombres entiers relatifs.

4) Le randonneur se souvient avoir passé au maximum **13** nuits en hébergement A.

   Montrer alors qu'il peut retrouver le nombre exact de nuits passées en hébergement A et celui des nuits passées en hébergement B.

   Calculer ces nombres.

SOLUTION

1) a) Ayant $24x + 45y = 438$ avec x et y entiers positifs, on a alors : $24x \leqslant 438$ d'où $x \leqslant 18$; et $45y \leqslant 438$ d'où $y \leqslant 9$.

   b) Algorithme

Entrée	x et y sont des nombres entiers	
Traitement	Pour x variant de **0** à **18**	(1)
	Pour y variant de **0** à **9**	(2)
	Si $24x + 45y = 438$	(3)
	Alors afficher x et y	
	Fin si	
	Fin Pour	
	Fin Pour	
Fin		

2) D'après le critère de divisibilité par **3**, puisque la somme des chiffres de **438** est **15** et **15** est divisible par **3** alors **438** est divisible par **3**.

En effet, $438 = 146 \times 3$ et le coût total de la réservation est bien un multiple de **3**; ainsi, $24x + 45y = 438 \iff 8x + 15y = 146$.

3) a) Commençons par montrer que **15** et **8** sont premiers entre eux. Comme les nombres ne sont pas grands, la méthode la plus rapide consiste à décomposer ces deux nombres en facteurs premiers et de vérifier qu'ils n'ont pas de facteurs premiers en commun.

Ainsi, $15 = 3 \times 5$ et $8 = 2^3$; donc **15** et **8** sont premiers entre eux. D'après le théorème de Bézout, il existe un couple d'entiers relatifs $(u\ ;\ v)$ tel que $8u + 15v = 1$; c'est-à-dire, l'équation $8x + 15y = 1$ admet pour solution au moins un couple d'entiers relatifs.

b) Compte tenu du fait que les coefficients sont petits, on peut facilement trouver une solution particulière $(x_0\ ;\ y_0) = (2\ ;\ -1)$ sans avoir besoin d'utiliser l'algorithme d'Euclide. En effet, $8 \times 2 + 15 \times (-1) = 1$, donc le couple : $(2\ ;\ -1)$ est bien solution.

c) D'après la question précédente, le couple $(x_0\ ;\ y_0) = (2\ ;\ -1)$ est une solution particulière de l'équation : $8x + 15y = 1$; on en déduit que $(x'_0\ ;\ y'_0) = (2 \times 146\ ;\ -1 \times 146) = (292\ ;\ -146)$ est une solution particulière de l'équation $8x + 15y = 146$.

On a donc la double égalité :
$$8x + 15y = 146$$
$$\frac{8 \times 292 + 15 \times (-146) = 146}{8(x - 292) = 15(-146 - y)}$$

Remarque : On obtient cette dernière égalité par différence des deux premières égalités.

On a vu dans la question 3)a) que **8** et **15** sont premiers entre eux.

Appliquons alors le théorème de Gauss : Puisque **8** et **15** sont premiers entre eux, alors **15** divise $x - 292$ et **8** divise $-146 - y$ (car x et y sont des entiers); on peut donc écrire le système suivant :
$$\begin{cases} x - 292 &= 15k \text{; avec } k \in \mathbb{Z} \\ -146 - y &= 8k' \text{; avec } k' \in \mathbb{Z} \end{cases}$$

Et en remplaçant $x - 292 = 15k$ et $-146 - y = 8k'$ dans l'équation suivante : $8(x - 292) = 15(-146 - y)$, on obtient : $8 \times 15k = 15 \times 8k'$; on en déduit $k = k'$.

On a ainsi :
$$\begin{cases} x & = 292 + 15k\,;\ \text{avec}\ k \in \mathbb{Z} \\ y & = -146 - 8k \end{cases}$$

Établissons la réciproque : si $x = 292 + 15k$ et $y = -146 - 8k$, alors $8x + 15y = 8(292 + 15k) + 15(-146 - 8k) = 146$.

On trouve donc l'ensemble des solutions de l'équation (E) :
$$\mathcal{S} = \{(292 + 15k\,;\ -146 - 8k)\,;\ k \in \mathbb{Z}\}$$

4) « le randonneur se souvient avoir passé au maximum **13** nuits en hébergement **A** » ; ce qui entraîne la double inégalité :

$$0 \leqslant x \leqslant 13 \Longleftrightarrow 0 \leqslant 292 + 15k \leqslant 13$$
$$\Longleftrightarrow -292 \leqslant 15k \leqslant -279$$
$$\Longleftrightarrow -292 \leqslant 15k \leqslant -279$$
$$\Longleftrightarrow \frac{-292}{15} \leqslant k \leqslant \frac{-279}{15}$$

or $\dfrac{-292}{15} \approx -19,5$ et $\dfrac{-279}{15} = -18,6$; on en déduit alors que $k = -19$.

On peut alors déterminer le nombre de nuitées pour chaque hébergement : $x = 292 - 15 \times 19 = 7$ et $y = -146 - 8 \times (-19) = 6$. Le randonneur a donc passé **7** nuits en hébergement **A** et **6** nuits en hébergement **B**.

---

5) Exercice de type « Rédactionnel »

1) On considère l'équation (E) définie par :
$$8x + 5y = 1$$
où x et y sont des entiers relatifs.

   a) Donner une solution particulière de (E).

   b) Résoudre l'équation (E).

2) Soit N un entier naturel tel qu'il existe un couple (a ; b) de nombre entiers vérifiant :
$$\begin{cases} N = 8a + 1 \\ N = 5b + 2 \end{cases}$$

   a) Montrer que (a ; $-b$) est solution de (E).

   b) Quel est le reste dans la division de N par **40** ?

3) a) Résoudre dans l'ensemble des entiers relatifs, l'équation (E') .
$$8x + 5y = 100$$

b) Au VIIIe siècle, un groupe d'hommes et de femmes a dépensé **100** pièces de monnaie dans une auberge. Les hommes ont dépensé **8** pièces chacun et les femmes **5** pièces chacune.

Combien pouvait-il y avoir d'hommes et de femmes dans le groupe ?

SOLUTION

1) a) *Première méthode :*

Puisque **8** et **5** sont premiers entre eux, utilisons l'algorithme d'Euclide avec la méthode développée dans la partie « cours », en considérant le système suivant :

$$\begin{cases} 8x + 5y = 1 \\ Ax + By = 1 \end{cases} \text{, avec} A = 8 \text{ et } B = 5$$

$$8 = 1 \times 5 + \boxed{3}$$
$$5 = 1 \times 3 + \boxed{2}$$
$$3 = 1 \times 2 + \boxed{1}$$

$$\boxed{3} = A - B$$
$$\boxed{2} = B - (A - B) = -A + 2B$$
$$\boxed{1} = A - B - (-A + 2B)$$
$$= 2A - 3B$$

On en déduit donc la solution particulière $(x_0 \ ; \ y_0) = (2 \ ; \ -3)$.

Vérification : $8 \times (2) + 5 \times (-3) = 1$.

Deuxième méthode : Compte tenu du fait que les coefficients **8** et **5** sont petits, par tâtonnement, on pouvait facilement trouver une combinaison linéaire entre **8** et **5** qui donne $1 : 8 \times 2 + 5 \times (-3) = 1$; ainsi une solution particulière est : $(x_0 \ ; \ y_0) = (2 \ ; \ -3)$.

b) On a donc la double égalité : $\qquad 8x + 5y = 1$

$$\frac{8 \times 2 + 5 \times (-3) = 1}{8(x - 2) = -5(y + 3)}$$

Remarque : On obtient cette dernière égalité par différence des deux premières égalités.

Appliquons alors le théorème de Gauss : Puisque **8** et **5** sont premiers entre eux, alors **5** divise $x - 2$ et **8** divise $-y - 3$ (car x et y sont des entiers) ; on peut donc écrire le système suivant :

$$\left\{ \begin{array}{ll} x - 2 & = 5k \,; \text{ avec } k \in \mathbb{Z} \\ -y - 3 & = 8k' \,; \text{ avec } k' \in \mathbb{Z} \end{array} \right.$$

Et en remplaçant $x - 2$ par $5k$ et $-y - 3$ par $8k'$ dans l'équation suivante : $8(x - 2) = -5(y + 3)$, on obtient : $8 \times 5k = 5 \times 8k'$; on en déduit $k = k'$.

On a ainsi :

$$\left\{ \begin{array}{ll} x & = 2 + 5k \,; \text{ avec } k \in \mathbb{Z} \\ y & = -3 - 8k \end{array} \right.$$

Établissons la réciproque : si $x = 2 + 5k$ et $y = -3 - 8k$ alors $8x + 5y = 8(2 + 5k) + 5(-3 - 8k) = 1$.

On trouve donc l'ensemble des solutions de l'équation (E) :

$$\mathcal{S} = \{(2 + 5k \,; \, -3 - 8k) \,; \, k \in \mathbb{Z}\}$$

2) a) On a le système :

$$\left\{ \begin{array}{l} N = 8a + 1 \\ N = 5b + 2 \end{array} \right.$$

On en déduit que $8a + 1 = 5b + 2$, d'où, $8a - 5b = 1$ soit $8a + 5(-b) = 1$ et le couple $(a \,; \, -b)$ est bien solution de l'équation (E).

b) Puisque $(a \,; \, -b)$ est solution de (E) alors $a = 2 + 5k$ et $-b = -3 - 8k$, soit $b = 3 + 8k$ (avec $k \in \mathbb{Z}$).

Et $N = 8a + 1 = 8(2 + 5k) + 1 = 17 + 40k$,

ou $N = 5b + 2 = 5(3 + 8k) + 2 = 17 + 40k$; on en déduit que le reste de la division euclidienne de N par 40 est 17.

3) a) D'après la question 1)a), on trouve facilement une solution particulière de (E') : $(200 \,; \, -300)$ et d'après la question 1)b), l'ensemble des solutions de l'équation (E') :

$$\mathcal{S} = \{(200 + 5k \,; \, -300 - 8k) \,; \, k \in \mathbb{Z}\}$$

b) x et y sont des entiers naturels non nuls ; on a donc la double inégalité :

$$\left\{ \begin{array}{l} 200 + 5k > 0 \\ -300 - 8k < 0 \end{array} \right. \iff \left\{ \begin{array}{l} k > -40 \\ k < \dfrac{-300}{8} \end{array} \right.$$

Ainsi, $k = -38$ ou $k = -39$.

Il y avait donc deux possibilités :

- soit **10** hommes et **4** femmes ;
- soit **5** hommes et **12** femmes ;

6) Exercice de type « Rédactionnel »

Il s'agit de résoudre dans $\mathbb{Z}$ le système (S)

$$\begin{cases} n \equiv 13 \ [19] \\ n \equiv 6 \ [12] \end{cases}$$

1) Démontrer qu'il existe un couple $(u \ ; \ v)$ d'entiers relatifs tel que :

$$19u + 12v = 1$$

Vérifier que, pour un tel couple, le nombre $N = 13 \times 12v + 6 \times 19u$ est une solution de (S).

2) a) Soit n_0 une solution de (S), vérifier que le système (S) équivaut à :

$$\begin{cases} n \equiv n_0 \ [19] \\ n \equiv n_0 \ [12] \end{cases}$$

b) Démontrer que le système précédent équivaut à $n \equiv n_0 \ [12 \times 19]$.

3) a) Trouver un couple $(u, \ v)$ solution de l'équation $19u + 12v = 1$ et calculer la valeur de N correspondante.

b) Déterminer l'ensemble des solution de (S)

Remarque : On pourra utiliser la question 2b).

4) Un entier naturel n est tel que lorsqu'on le divise par **12** le reste est **6** et lorsqu'on le divise par **19** le reste est **13**.

On divise n par $228 = 12 \times 19$. Quel est le reste r de cette division ?

SOLUTION

1) **19** et **12** sont premiers entre eux ; d'après le théorème de Bézout, il existe un couple d'entiers relatifs u et v tel que : $19u + 12v = 1$. On a ainsi :

- $12v = 1 - 19u$ c'est à dire $12v \equiv 1 \ [19]$;
- $19u = 1 - 12v$ c'est à dire $19u \equiv 1 \ [12]$.

On a aussi $N = 13 \times 12v + 6 \times 19u$ et, $13 \times 12v \equiv 13 \ [19]$ mais aussi $6 \times 19u \equiv 0 \ [19]$ d'où par somme, on a $N \equiv 13 \ [19]$.

De même, $19u \equiv 1 \ [12]$ d'où $6 \times 19u \equiv 6 \ [12]$ et $13 \times 12v \equiv 0 \ [12]$ et par somme, on a $N \equiv 6 \ [12]$. Donc l'entier N vérifie bien le système suivant :

$$\begin{cases} N \equiv 13 \ [19] \\ N \equiv 6 \ [12] \end{cases}$$

2) a) $n \equiv 13 \ [19]$ et $n_0 \equiv 13 \ [19]$, entraîne par transitivité $n \equiv n_0 \ [19]$.

De même, $n \equiv 6 \; [12]$ et $n_0 \equiv 6 \; [12]$, entraîne par transitivité $n \equiv n_0 \; [12]$. On a ainsi,

$$\begin{cases} n \equiv n_0 \; [19] \\ n \equiv n_0 \; [12] \end{cases}$$

Établissons la réciproque, si $n \equiv n_0 \; [19]$ et n_0 est solution de (S) alors par transitivité, n est aussi solution de (S).

Idem dans le cas où $n \equiv n_0 \; [12]$, puisque n_0 est solution de (S), alors par transitivité, n est aussi solution de (S).

b) Le système précédent peut aussi s'écrire :

$$\begin{cases} n - n_0 = 19k \\ n - n_0 = 12k' \end{cases}$$

avec k et k' entiers relatifs. On a alors $19k = 12k'$ et 19 et 12 sont premiers entre eux ; d'après le théorème de Gauss, 19 divise k' ; donc k' est de la forme $k' = 19k''$ (où k'' est un entier relatif).

D'où, $n - n_0 = 12k' = 12 \times 19k''$ donc $n - n_0$ est multiple de 12×19 et $n \equiv n_0 \; [12 \times 19]$.

Montrons alors la réciproque : Si $n = n_0 \; [12 \times 19]$ alors $n = n_0 + 12 \times 19k$ (avec $k \in \mathbb{Z}$).

Ainsi, $n = n_0 + 12 \times 19k = n_0 + 19 \times 12k$; et on a donc :

$$\begin{cases} n \equiv n_0 \; [19] \\ n \equiv n_0 \; [12] \end{cases}$$

Conclusion : $\begin{cases} n \equiv n_0 \; [19] \\ n \equiv n_0 \; [12] \end{cases} \iff n \equiv n_0 \; [12 \times 19]$.

3) a) Considérons le système suivant :

$$\begin{cases} 19u + 12v = 1 \\ Au + Bv = 1 \end{cases} \quad \text{avec } A = 19 \text{ et } B = 12$$

$$19 = 1 \times 12 + \boxed{7} \qquad \boxed{7} = A - B$$

$$12 = 1 \times 7 + \boxed{5} \qquad \boxed{5} = B - (A - B) = -A + 2B$$

$$7 = 1 \times 5 + \boxed{2} \qquad \boxed{2} = A - B - (-A + 2B)$$

$$= 2A - 3B$$

$$5 = 2 \times 2 + \boxed{1} \qquad \boxed{1} = -A + 2B - 2 \times (2A - 3B)$$

$$= -5A + 8B$$

On en déduit donc la solution particulière $(x_0 \; ; \; y_0) = (-5 \; ; \; 8)$.

Vérification : $19 \times (-5) + 12 \times 8 = 1$.

Et la valeur correspondante de N est donc :

$$N = 13 \times 12 \times 8 + 6 \times 19 \times (-5) = 678$$

b) D'après la question 2)b), on a : $(S) \iff n \equiv 678 \: [12 \times 19]$; donc les solutions de (S) sont de la forme : $n = 678 + 228k$ (où $k \in \mathbb{Z}$).

4) n est solution de (S) donc $n = 678 + 228k$ (d'après la question précédente) ; or $678 = 2 \times 228 + 222$. On en déduit que le reste r de la division euclidienne de n par 228 est $r = 222$.

---

7) Exercice de type « Rédactionnel »

On se propose de déterminer l'ensemble $\mathcal{S}$ des entiers relatifs n vérifiant le système :
$$\begin{cases} n \equiv 9 \: [17] \\ n \equiv 3 \: [5] \end{cases}$$

1) Recherche d'un élément de $\mathcal{S}$.

On désigne par $(u \; ; \; v)$ un couple d'entiers relatifs tel que
$$17u + 5v = 1$$

a) Justifier l'existence d'un tel couple $(u \; ; \; v)$.

b) On pose $n_0 = 3 \times 17u + 9 \times 5v$.

Démontrer que n_0 appartient à $\mathcal{S}$.

c) Donner un exemple d'entier n_0 appartenant à $\mathcal{S}$.

2) Caractérisation des éléments de $\mathcal{S}$.

a) Soit n un entier relatif appartenant à $\mathcal{S}$.

Démontrer que $n - n_0 \equiv 0 \: [85]$.

b) En déduire qu'un entier relatif n appartient à $\mathcal{S}$ si et seulement si il peut s'écrire sous la forme : $n = 43 + 85k$ où k est un entier relatif.

3) *Application*

Tony sait qu'il a entre 300 et 400 jetons.

- S'il fait des tas de 17 jetons, il lui en reste 0 ;
- S'il fait des tas de 5 jetons, il lui en reste 3.

Combien a-t-il de jetons ?

SOLUTION

1) a) **17** et **5** sont premiers entre eux, ainsi, d'après le théorème de Bézout, il existe deux entiers relatifs u et v tels que : $17u + 5v = 1$.

b) On pose $n_0 = 3 \times 17u + 9 \times 5v$ et on a : $17u + 5v = 1$. On a ainsi :

- $17u = 1 - 5v$ d'où, $17u \equiv 1 \ [5]$;
- $5v = 1 - 17u$ d'où, $5v \equiv 1 \ [17]$.

On en déduit ainsi, que $n_0 \equiv 9 \times 5v \ [17]$ soit $n_0 \equiv 9 \times 1 \ [17]$; ainsi, $n_0 \equiv 9 \ [17]$.

De même, $n_0 \equiv 3 \times 17u \ [5]$ soit, $n_0 \equiv 3 \times 1 \ [5]$; ainsi, $n_0 \equiv 3 \ [5]$.

On en déduit que $n_0 \in \mathcal{S}$.

c) Pour déterminer une solution particulière, considérons le système suivant :

$$\begin{cases} 17u + 5v & = 1 \\ Au + Bv & = 1 \end{cases} \text{, avec } A = 17 \text{ et } B = 5$$

$$17 = 3 \times 5 + \boxed{2} \qquad \boxed{2} = A - 3B$$
$$5 = 2 \times 2 + \boxed{1} \qquad \boxed{1} = B - 2(A - 3B)$$
$$= -2A + 7B$$

On en déduit donc la solution particulière $(u_0 \ ; \ v_0) = (-2 \ ; \ 7)$.

Vérification : $17 \times (-2) + 5 \times 7 = 1$.

On obtient alors une valeur possible pour n_0 :

$$n_0 = 3 \times 17 \times (-2) + 9 \times 5 \times 7 = 213$$

2) a) D'après la question 1)b), n_0 appartient à $\mathcal{S}$ et n appartient aussi à cet ensemble ; ainsi,

- $n \equiv 9 \ [17]$ et, $n_0 \equiv 9 \ [17]$; d'où, $n - n_0 \equiv 0 \ [17]$;
- $n \equiv 3 \ [5]$ et, $n_0 \equiv 3 \ [5]$; d'où, $n - n_0 \equiv 0 \ [5]$.

On en déduit, puisque **17** et **5** sont premiers entre eux, que :

$$n - n_0 \equiv 0 \ [17 \times 5] \text{ soit } n - n_0 \equiv 0 \ [85]$$

(Cf résultat de la question 2)b) de l'exercice précédant).

b) D'après la question précédente, on a : $n \equiv n_0 \ [85]$; donc $n \equiv 213 \ [85]$. Or $213 = 2 \times 85 + 43$. On en déduit que $213 \equiv 43 \ [85]$ soit $n = 85k + 43$ (avec $k \in \mathbb{Z}$).

Établissons la réciproque : si $n = 85k + 43 = 5 \times 17k + 43$ alors :

$$\begin{cases} n \equiv 43 \ [17] \\ n \equiv 43 \ [5] \end{cases} \text{ soit } \begin{cases} n \equiv 9 \ [17] \\ n \equiv 3 \ [5] \end{cases} \text{ car } \begin{cases} 43 = 2 \times 17 + 9 \\ 43 = 8 \times 5 + 3 \end{cases}$$

3) Si on appelle n le nombre de jetons, alors on a :

$$\begin{cases} n \equiv 9 \ [17] \\ n \equiv 3 \ [5] \end{cases}$$

et d'après la question 2)b), alors $n = 85k + 43$ avec $k \in \mathbb{Z}$. De plus, $300 \leqslant n \leqslant 400$, d'où $300 \leqslant 85k + 43 \leqslant 400$.

On a alors $257 \leqslant 85k \leqslant 357$ ou encore $\frac{257}{85} \leqslant k \leqslant \frac{357}{85}$ et on a les approximation suivantes :

- $\frac{257}{85} \approx 3,02$;
- $\frac{357}{85} = 4,2$.

On en déduit que $k = 4$ et ainsi, Tony a $85 \times 4 + 43 = 383$ jetons.

---

8) Exercice de type « Rédactionnel » ; *(difficile...)*

Partie A

On considère l'équation (E) : $25x - 108y = 1$ où x et y sont des entiers relatifs.

1) En utilisant l'algorithme d'Euclide, déterminer une solution particulière $(x_0 \ ; \ y_0)$ de l'équation (E). Que peut-on en déduire à la fin de l'algorithme ?

2) Déterminer l'ensemble des couples d'entiers relatifs solution de l'équation (E).

Partie B

Dans cette partie, a désigne un entier naturel et les nombres c et g sont des entiers naturels vérifiant la relation :

$$25g - 108c = 1$$

1) Soit x un entier naturel.

Démontrer que si $x \equiv a \ [7]$ et $x \equiv a \ [19]$ alors $x \equiv a \ [133]$.

2) a) Vérifier que pour tout entier x tel que $1 \leqslant x \leqslant 6$, on a $x^6 \equiv 1 \ [7]$.

b) On suppose que a n'est pas un multiple de 7.

Démontrer que $a^{108} \equiv 1 \ [7]$ et en déduire que $(a^{25})^g \equiv a \ [7]$.

c) On suppose que a est un multiple de 7.

En déduire que $(a^{25})^g \equiv a \ [7]$.

d) On admet que pour tout entier naturel a, $(a^{25})^g \equiv a \ [19]$.

Démontrer que $(a^{25})^g \equiv a \ [133]$.

Partie C

On note $\mathcal{A}$ l'ensemble des entiers naturels a tels que : $1 \leqslant a \leqslant 26$.

Un message, constitué d'entiers appartenant à $\mathcal{A}$, est codé puis décodé.

La phase de codage consiste à associer, à chaque entier a de $\mathcal{A}$, l'entier r tel que $a^{25} \equiv r \ [133]$ avec $0 \leqslant r < 133$.

La phase de décodage consiste à associer à r, l'entier r_1 tel que

$$r^{13} \equiv r_1 \ [133] \text{ avec } 0 \leqslant r_1 < 133$$

1) Justifier que $r_1 \equiv a \ [133]$.

2) Un message codé conduit à la suite des deux entiers suivants : **128** et **59**. Décoder ce message.

SOLUTION

Partie A

1) Pour déterminer une solution particulière, considérons le système suivant :

$$\begin{cases} 25x - 108y &= 1 \\ Ax + By &= 1 \end{cases} \text{, avec } A = 25 \text{ et } B = -108$$

$$108 = 4 \times 25 + \boxed{8} \qquad \boxed{8} = -B - 4A$$
$$25 = 3 \times 8 + \boxed{1} \qquad \boxed{1} = A - 3(-B - 4A)$$
$$= 13A + 3B$$

On en déduit donc la solution particulière $(x_0 \ ; \ y_0) = (13 \ ; \ 3)$.

Vérification : $25 \times 13 - 108 \times 3 = 1$.

À la fin de l'algorithme, on constate que le dernier reste non nul est égal à 1 ; on en déduit que les entiers 25 et 108 sont premiers entre eux (théorème de Bézout).

2) On a donc la double égalité :

$$25x - 108y = 1$$
$$\underline{25 \times 13 - 108 \times 3 = 1}$$
$$25(x - 13) = 108(y - 3)$$

Remarque : On obtient cette dernière égalité par différence des deux premières égalités.

Appliquons alors le théorème de Gauss : Puisque **25** et **108** sont premiers entre eux, alors **108** divise $x - 13$ et **25** divise $y - 3$ (car x et y sont des entiers) ; on peut donc écrire le système suivant :

$$\begin{cases} x - 13 & = 108k \text{ ; avec } k \in \mathbb{Z} \\ y - 3 & = 25k' \text{ ; avec } k' \in \mathbb{Z} \end{cases}$$

Et en remplaçant $x - 13$ par $108k$ et $y - 3$ par $25k'$ dans l'équation suivante : $25(x - 13) = 108(y - 3)$, on obtient : $25 \times 108k = 108 \times 25k'$; on en déduit $k = k'$.

On a ainsi :

$$\begin{cases} x & = 13 + 108k \\ y & = 3 + 25k \end{cases} \text{ , avec } k \in \mathbb{Z}$$

On trouve donc l'ensemble des solutions de l'équation (E) :

$$\mathcal{S} = \{(13 + 108k \text{ ; } 3 + 25k) \text{ ; } k \in \mathbb{Z}\}$$

Partie B

1) Si $x \equiv a \ [7]$ et $x \equiv a \ [19]$ alors $x \equiv a \ [7 \times 19]$ car **7** et **19** sont premiers entre eux. On en déduit alors $x \equiv a \ [133]$.

2) a) Calcul des restes de la congruence de x^6 modulo **7**.

- si $x = 1$, $x^6 \equiv 1 \ [7]$;
- si $x = 2$, $x^6 = (2^3)^2 = 8^2$ et $8 \equiv 1 \ [7]$ d'où, $8^2 \equiv 1^2 \ [7]$; c'est à dire, $x^6 \equiv 1 \ [7]$;
- si $x = 3$, $x^6 = (3^2)^3 = 9^3$ et $9 \equiv 2 \ [7]$ d'où, $9^3 \equiv 2^3 \ [7]$ ou encore $9^3 \equiv 8 \ [7]$, c'est à dire, $x^6 \equiv 1 \ [7]$;
- si $x = 4$, on remarquera que $4 \equiv -3 \ [7]$, d'où, $x^6 = 4^6 = (-3)^6 = 3^6$ et $x^6 \equiv (3)^6 \ [7]$ et on obtient alors $x^6 \equiv 1 \ [7]$;
- si $x = 5$, on remarquera que $5 \equiv -2 \ [7]$ d'où, $x^6 = 5^6 = (-2)^6 = 2^6$ et $x^6 \equiv (2)^6 \ [7]$ et on obtient alors $x^6 \equiv 1 \ [7]$;
- si $x = 6$, on remarquera que $6 \equiv -1 \ [7]$ d'où, $x^6 = 6^6 = (-1)^6 = 1^6 = 1$ et on obtient alors $x^6 \equiv 1 \ [7]$.

b) Le reste de la division euclidienne de a par **7** n'est pas nul (car a n'est pas multiple de **7**) ; il existe donc un entier x tel que $1 \leqslant x \leqslant 6$ et $a \equiv x \ [7]$. Et d'après la propriété de compatibilité avec les puissances sur la congruence, on en déduit : $a^6 \equiv x^6 \ [6]$. Et d'après la question précédente, on trouve alors $a^6 \equiv 1 \ [7]$.

On a ainsi : $a^{108} = (a^6)^{18}$ et ainsi, $a^{108} \equiv 1^{18}$ [**7**] ; on obtient alors : $a^{108} \equiv 1$ [**7**].

On a aussi, $(a^{25})^g = a^{25g} = a^{1+108c} = a \times (a^{108})^c$ et d'après la propriété de compatibilité de la multiplication pour la congruence, on en déduit : $(a^{25})^g \equiv a$ [**7**], car $(a^{108})^c \equiv 1^c$ [**7**], soit $(a^{108})^c \equiv 1$ [**7**].

c) Si a est multiple de **7**, alors $a \equiv 0$ [**7**], et ainsi,
$(a^{25})^g \equiv (0^{25})^g$ [**7**] $\Longleftrightarrow (a^{25})^g \equiv 0$ [**7**] ; on a donc bien :
$$(a^{25})^g \equiv a \text{ [\textbf{7}]}$$

d) On a $(a^{25})^g \equiv a$ [**7**] et $(a^{25})^g \equiv a$ [**19**], on en déduit d'après la question B)1) que, pour tout entier naturel a, on a : $(a^{25})^g \equiv a$ [**133**].

Partie C

1) On sait que $a^{25} \equiv r$ [**133**] et $r^{13} \equiv r_1$ [**133**], on en déduit que
$$(a^{25})^{13} \equiv r_1 \text{ [\textbf{133}]}$$
On sait de plus, d'après la question B)2)d) que $(a^{25})^g \equiv a$ [**133**], où g vérifie la relation $25g - 108c = 1$. Dans la partie A, on vu que le couple $(13, 3)$ est une solution particulière de cette équation ; on en déduit que $(a^{25})^{13} \equiv a$ [**133**] et ainsi, $r_1 \equiv a$ [**133**].

2) On a vu que $a \equiv r_1$ [**133**] et on sait aussi que $r^{13} \equiv r_1$ [**133**]. Il suffit donc de déterminer à quel nombre est congru r^{13} [**133**].

Or, $128^{13} = 128^{2 \times 6+1}$ et $128 \equiv -5$ [**133**] ; de plus $(-5)^2 = 25$ et $25^6 \equiv 106$ [**133**]. On en déduit que $128^{13} \equiv 106 \times 128$ [**133**] ; c'est-à-dire, $128^{13} \equiv 2$ [**133**].

De même, $59^{13} = 59^{2 \times 6+1}$ et $59^2 = 3481$; on en déduit que :
$$59^2 \equiv 23 \text{ [\textbf{133}]} \text{ et } 23^6 \equiv 106 \text{ [\textbf{133}]}$$
On a alors $59^{13} \equiv 106 \times 59$ [**133**] ; c'est-à-dire, $59^{13} \equiv 3$ [**133**].

Conclusion : Les nombres **128** et **59** sont codés en **2** et **3**.

---

9) Exercice de type « Rédactionnel »

Dans cet exercice, on appelle numéro du jour de naissance le rang de ce jour dans le mois et numéro du mois de naissance, le rang du mois dans l'année.

Par exemple, pour une personne née le **14 mai**, le numéro du jour de naissance est **14** et le numéro du mois de naissance est **5**.

Partie A

Lors d'une représentation, un mentaliste demande aux spectateurs d'effectuer le programme de calcul (A) suivant : « Prenez le numéro de votre jour de naissance et multipliez-le par **12**. Prenez le numéro de votre mois de naissance et multipliez-le par **37**. Ajoutez les deux nombres obtenus. Je pourrai alors vous donner la date de votre anniversaire ».

Un spectateur annonce **308** et en quelques secondes, le mentaliste déclare : « Votre anniversaire tombe le **1er août** ! »

1) Vérifier que pour une personne née le **1er août**, le programme de calcul (A) donne effectivement le nombre **308**.

2) a) Pour un spectateur donné, on note j le numéro de son jour de naissance, m celui de son mois de naissance et z le résultat obtenu en appliquant le programme de calcul (A).

   Exprimer z en fonction de j et de m et démontrer que z et m sont congrus modulo **12**.

   b) Retrouver alors la date de l'anniversaire d'un spectateur ayant obtenu le nombre **474** en appliquant le programme de calcul (A).

Partie B

Lors d'une autre représentation (Programme de Calcul (B)), le mentaliste décide de changer son programme de calcul. Pour un spectateur dont le numéro du jour de naissance est j et le numéro du mois de naissance est m, le mentaliste demande de calculer le nombre z défini par $z = 12j + 31m$.

Dans les questions suivantes, on étudie différentes méthodes permettant de retrouver la date d'anniversaire du spectateur.

1) **Première méthode :**

   On considère l'algorithme suivant :

Variables	j et m sont des entiers naturels
Traitement	Pour m allant de **1** à **12** faire :
	Pour j variant de **1** à **31**
	z prend la valeur $12j + 31m$
	Afficher z
	Fin Pour
	Fin Pour

   Modifier cet algorithme afin qu'il affiche toutes les valeurs de j et de m telles que $12j + 31m = 503$.

2) **Deuxième méthode :**

  a) Démontrer que $7m$ et z ont le même reste dans la division euclidienne par 12.

  b) Pour m variant de 1 à 12, donner le reste de la division euclidienne de $7m$ par 12.

  c) En déduire la date de l'anniversaire d'un spectateur ayant obtenu le nombre 503 avec le programme de calcul (B).

3) **Troisième méthode :**

  a) Démontrer que le couple $(-2\ ;\ 17)$ est solution de l'équation
  $$12x + 31y = 503$$

  b) En déduire que si un couple d'entiers relatifs $(x\ ;\ y)$ est solution de l'équation $12x + 31y = 503$, alors $12(x+2) = 31(17-y)$.

  c) Déterminer l'ensemble de tous les couples d'entiers relatifs $(x\ ;\ y)$, solutions de l'équation $12x + 31y = 503$.

  d) Démontrer qu'il existe un unique couple d'entiers relatifs $(x\ ;\ y)$ tel que $1 \leqslant y \leqslant 12$.

  En déduire la date d'anniversaire d'un spectateur ayant obtenu le nombre 503 avec le programme de calcul (B).

SOLUTION

Partie A

1) Dans le texte, il est dit : « Prenez le numéro de votre jour de naissance (ici le 1) et multipliez-le par 12. Prenez le numéro de votre mois de naissance (ici le 8) et multipliez-le par 37. Ajoutez les deux nombres obtenus. ».
   On obtient ainsi : $1 \times 12 + 8 \times 37 = 308$.

2) a) D'après les données, on a : $z = 12j + 37m$.
   De plus, $12 \equiv 0\ [12]$ et $37 \equiv 1\ [12]$ (car $37 = 3 \times 12 + 1$) ; d'après les principes de compatibilité de l'addition et de la multiplication sur la congruence, on peut écrire : $z \equiv 0 \times j + 1 \times m\ [12]$, soit $z \equiv m\ [12]$.

  b) D'après la question précédente, on a vu que z et m sont congrus modulo 12 ; on va donc chercher le reste de la division euclidienne de 474 par 12 : $474 = 39 \times 12 + 6$; on en déduit que $474 \equiv 6\ [12]$ et ainsi, $m \equiv 6\ [12]$.
   Il s'agit donc du mois de **juin**.

De plus, $j = \dfrac{1}{12}(z - 37m)$; on en déduit que $j = \dfrac{1}{12}(474 - 37 \times 6)$.

$$= 21$$

Ainsi, le spectateur est né le **21 juin**.

Partie B

1) **Première méthode :**

Variables	j et m sont des entiers naturels
Traitement	Pour m allant de **1** à **12** faire :
	Pour j variant de **1** à **31**
	z prend la valeur $12j + 31m$
	Si $z = 503$
	Afficher j
	Afficher m
	Fin si
	Fin Pour
	Fin Pour

2) **Deuxième méthode :**

a) $z - 7m = 12j + 31m - 7m = 12(j + 2m)$; on a ainsi, $z - 7m \equiv 0 \, [12]$, soit $z \equiv 7m \, [12]$. On en déduit que z et $7m$ ont le même reste dans la division euclidienne par **12**.

b) Établissons un tableau de congruence modulo **12** pour donner les restes de la division euclidienne de $7m$ par **12**.

m	1	2	3	4	5	6	7	8	9	10	11	12
$7m \equiv \ldots \, [12]$	7	2	9	4	11	6	1	8	3	10	5	0

c) $503 = 41 \times 12 + 11$; on sait de plus, d'après 2)a) que $z \equiv 7m \, [12]$; et d'après le tableau de congruence ci-dessus, on voit que $7m \equiv 11 \, [12]$ si $m = 5$.

On en déduit alors le jour via la relation : $j = \dfrac{1}{12}(z - 31m)$; et on obtient, en remplaçant m par **5**, $j = 29$.

Avec le programme (B), le spectateur qui a obtenu le nombre **503** est né le **29 mai**.

3) **Troisième méthode :**

a) $12 \times (-2) + 31 \times 17 = 503$; on en déduit que le couple $(-2 \; ; \; 17)$ est bien solution de l'équation $12x + 31y = 503$.

b) On a donc la double égalité :
$$12x + 31y = 503$$
$$\frac{12 \times (-2) + 31 \times 17 = 503}{12(x + 2) = 31(17 - y)}$$

Remarque : On obtient cette dernière égalité par différence des deux premières égalités.

c) Appliquons alors le théorème de Gauss : Puisque $12 = 2^2 \times 3$ et 31 sont premiers entre eux (car 12 et 31 n'ont aucun facteur commun), alors 31 divise $x + 2$ et 12 divise $17 - y$ (car x et y sont des entiers) ; on peut donc écrire le système suivant :
$$\begin{cases} x + 2 &= 31k \\ 17 - y &= 12k' \end{cases} \text{, avec } \begin{cases} k \in \mathbb{Z} \\ k' \in \mathbb{Z} \end{cases}$$

Et en remplaçant $x + 2$ par $31k$ et $17 - y$ par $12k'$ dans l'équation suivante : $12(x + 2) = 31(17 - y)$, on obtient : $12 \times 31k = 31 \times 12k'$; on en déduit $k = k'$.

On a ainsi :
$$\begin{cases} x &= -2 + 31k \\ y &= 17 - 12k \end{cases} \text{, avec } k \in \mathbb{Z}$$

On trouve donc l'ensemble des solutions de l'équation (E) :
$$\mathcal{S} = \{(-2 + 31k \; ; \; 17 - 12k) \; ; \; k \in \mathbb{Z}\}$$

d) On a : $1 \leqslant y \leqslant 12$, soit $1 \leqslant 17 - 12k \leqslant 12$, ou encore,

$-16 \leqslant -12k \leqslant -5$ et ainsi, $\dfrac{5}{12} \leqslant k \leqslant \dfrac{16}{12}$.

D'où $k = 1$ et en remplaçant cette valeur de k dans l'ensemble des solutions du couple $(x \; ; \; y)$, on obtient :

$x = -2 + 31 = 29$ et $y = 17 - 12 = 5$, et on retrouve bien la valeur du **29 mai**.

---

10) Exercice de type « Rédactionnel »

Partie A

On considère l'équation $(E) : 11x - 26y = 1$, où x et y désignent deux entiers relatifs.

1) Justifier qu'il existe un couple d'entiers relatifs solution de (E).

2) Déterminer, à l'aide de l'algorithme d'Euclide, un couple d'entiers re-

latifs solution de (E).

3) Résoudre alors l'équation (E).

4) En déduire un couple d'entiers relatifs $(u \; ; \; v)$ tel que $0 \leqslant u \leqslant 25$.

Partie B

On assimile chaque lettre de l'alphabet à un nombre entier comme l'indique le tableau ci-dessous :

A	B	C	D	E	F	G	H	I	J	K	L	M	N	O	P	Q	R	S	T	U	V	W	X	Y	Z
0	1	2	3	4	5	6	7	8	9	10	11	12	13	14	15	16	17	18	19	20	21	22	23	24	25

On « code » tout nombre entier x compris entre 0 et 25 de la façon suivante :

— On calcule $11x + 8$;

— on calcule le reste de la division euclidienne de $11x + 8$ par 26, que l'on appelle y ;

— on peut alors dire que x est « codé » par y.

Ainsi, par exemple, la lettre L est assimilée au nombre 11 et on a : $11 \times 11 + 8 = 129$; or $129 \equiv 25 \ [26]$; 25 est le reste de la division euclidienne de 129 par 26.

Au nombre 25 correspond la lettre Z. La lettre L est donc codée par la lettre Z.

1) Coder la lettre W

2) Le but de cette question est de déterminer la fonction de décodage.

    a) Montrer que pour tous nombres entiers relatifs x et j, on a :
$$11x = j \ [26] \Longleftrightarrow x \equiv 19j \ [26]$$

    b) En déduire un procédé de décodage. Décoder la lettre W.

SOLUTION

Partie A

1) A l'aide de l'algorithme d'Euclide, calculons le $PGCD$ de 11 et 26.

$$26 = 2 \times 11 + 4$$

$$11 = 2 \times 4 + 3$$

$$4 = 1 \times 3 + \boxed{1}$$

Le dernier reste non nul est égal à **1**, d'où $PGCD(11, 26) = 1$ et ainsi **11** et **26** sont premiers entre eux et d'après le théorème de Bézout, il existe deux entiers relatifs x et y tels que $11x - 26y = 1$.

2) Utilisons l'algorithme d'Euclide avec la méthode développée dans la partie « cours », en considérant le système suivant :

$$\begin{cases} 11x - 26y &= 1 \\ Ax + By &= 1 \end{cases}, \text{ avec } A = 11 \text{ et } B = -26$$

$$26 = 2 \times 11 + \boxed{4} \qquad \boxed{4} = -B - 2A$$

$$11 = 2 \times 4 + \boxed{3} \qquad \boxed{3} = A - 2(-B - 2A)$$

$$= 5A + 2B$$

$$4 = 1 \times 3 + \boxed{1} \qquad \boxed{1} = -B - 2A - (5A + 2B)$$

$$= -7A - 3B$$

On en déduit donc la solution particulière $(x_0 \ ; \ y_0) = (-7 \ ; \ -3)$.

Vérification : $11 \times (-7) - 26 \times (-3) = 1$.

3) On a donc la double égalité :
$$11x - 26y = 1$$
$$\underline{11 \times (-7) - 26 \times (-3) = 1}$$
$$11(x + 7) = 26(y + 3)$$

Remarque : On obtient cette dernière égalité par différence des deux premières égalités.

On a vu dans la question 1) que **26** et **11** sont premiers entre eux.

Appliquons alors le théorème de Gauss : Puisque **26** et **11** sont premiers entre eux, alors **26** divise $x + 7$ et **11** divise $y + 3$ (car x et y sont des entiers) ; on peut donc écrire le système suivant :

$$\begin{cases} x + 7 &= 26k \\ y + 3 &= 11k' \end{cases}, \text{ avec } \begin{cases} k \in \mathbb{Z} \\ k' \in \mathbb{Z} \end{cases}$$

Et en remplaçant $x + 7$ par $26k$ et $y + 3$ par $11k'$ dans l'équation suivante : $11(x + 7) = 26(y + 3)$, on obtient : $11 \times 26k = 26 \times 11k'$; on en déduit $k = k'$.

On a ainsi :

$$\begin{cases} x & = -7 + 26k \\ y & = -3 + 11k \end{cases} \text{, avec } k \in \mathbb{Z}$$

On trouve donc l'ensemble des solutions de l'équation (E) :

$$\mathcal{S} = \{(-7 + 26k \; ; \; -3 + 11k) \; ; \; k \in \mathbb{Z}\}$$

4) Si le couple d'entiers relatifs $(u \; ; \; v)$ est solution de (E) tel que $0 \leqslant u \leqslant 25$; il faut que $0 \leqslant -7 + 26k \leqslant 25$. C'est-à-dire, $7 \leqslant 26k \leqslant 32$ et ainsi, $\frac{7}{26} \leqslant k \leqslant \frac{32}{26}$.

On en déduit alors $k = 1$ et ainsi $u = 19$ et $v = 8$.

Partie B

1) Codage de la lettre W : D'après le tableau, W correspond au nombre 22 et $11 \times 22 + 8 = 250$ et $250 = 9 \times 26 + 16$. On en déduit alors $250 \equiv 16 \; [26]$. Le nombre 16 correspond à la lettre Q. Donc W est codé par Q.

2) Détermination de la fonction de décodage.

   a) On sait que $11 \times 19 = 209$ et $209 = 8 \times 26 + 1$; donc pour tous nombres entiers relatifs x et j, $11x \equiv j \; [26] \iff 11 \times 19x \equiv j \times 19 \; [26]$

   $$\iff x \equiv 19j \; [26]$$

   car, $11 \times 19 \equiv 1 \; [26]$.

   b) Pour décoder une lettre correspondant au nombre $y = 11x + 8 \; [26]$, on multiplie cette relation par 19 ; ce qui donne $19y \equiv x + 19 \times 8 \; [26]$.

   On en déduit alors $19y \equiv x + 152 \; [26]$ et $152 = 5 \times 26 + 22$. On a alors $19y \equiv x + 22 \; [26]$ et $x \equiv 19y - 22 \; [26]$ ou encore, $x \equiv 19y + 4 \; [26]$.

   On calcule le reste de la division euclidienne de $19y + 4$ par 26 ; qui correspond au nombre x (c'est-à-dire, la lettre décodée).

   Décodage de la lettre W : W correspond sur le tableau à la lettre 22 et $19 \times 22 + 4 = 422$ et $422 \equiv 6 \; [26]$; et le nombre 6 correspond à la lettre G ; donc W est codé par G.

6   Nombres premiers

---

1) Exercice de type « Rédactionnel »

Pierre de Fermat, homme de loi et conseiller au Parlement de Toulouse, postule en 1640, dans un courrier à son ami Bernard Frenicle de Bessy, que tout nombre de la forme $F_n = 2^{2^n} + 1$, est premier (avec $n \in \mathbb{N}$).

Il ajoute : « Je n'en ai pas la démonstration exacte mais j'ai exclu si grande quantité de diviseurs par démonstrations infaillibles, et j'ai si grandes lumières qui établissent ma pensée que j'aurais peine à me dédire. »

On rappelle la liste des nombres premiers inférieurs à **20** :
$$\mathcal{P} = \{2 \; ; \; 3 \; ; \; 5 \; ; \; 7 \; ; \; 11 \; ; \; 13 \; ; \; 17\}$$
Calculer F_0, F_1, F_2, F_3 et vérifier l'affirmation de Fermat.

SOLUTION

- $F_0 = 2^{2^0} + 1 = 3$, d'où $F_0 \in \mathcal{P}$ et F_0 est bien un nombre premier ;
- $F_1 = 2^{2^1} + 1 = 5$, d'où $F_1 \in \mathcal{P}$ et F_1 est bien un nombre premier ;
- $F_2 = 2^{2^2} + 1 = 17$, d'où $F_1 \in \mathcal{P}$ et F_1 est bien un nombre premier ;
- $F_3 = 2^{2^3} + 1 = 257$.

Utilisons la méthode décrite dans la partie « cours » pour savoir si **257** est un nombre premier.

$\sqrt{257} \approx 16,03$; reste à tester si les nombres premiers inférieurs à **16,03** divise **257**.

— Le nombre **257** est impair ; il n'est donc pas divisible par **2** ;

— la somme des chiffres de **257**, est égale à **14**, qui n'est pas divisible par **3**, on en déduit que **257** n'est pas divisible par **3** ;

— le nombre **257** ne se termine ni par **0**, ni par **5**, il n'est donc pas divisible par **5** ;

— on remarque que $257 = 36 \times 7 + 5$ donc **257** n'est pas divisible par **7** ;

— on remarque que $257 = 23 \times 11 + 4$ donc **257** n'est pas divisible par **11** ;

— on remarque que $257 = 19 \times 13 + 10$ donc **257** n'est pas divisible par **13** ;

On constate donc que **257** n'est divisible par aucun nombre premier inférieur ou égal à sa racine carrée ; donc, comme le pressent Fermat, F_0, F_1, F_2 et F_3, sont bien des nombres premiers.

2) Exercice de type « Rédactionnel »

On désigne par a et b deux entiers naturels supérieurs ou égaux à **2**.

1) Développer l'expression $\left(a^2 + 2b^2\right)^2$.

2) En déduire que l'entier naturel $a^4 + 4b^4$ n'est jamais un nombre premier.

SOLUTION

1) $\left(a^2 + 2b^2\right)^2 = a^4 + 4a^2b^2 + 4b^4$.

2) De l'expression précédente, on en déduit que :
$$a^4 + 4b^4 = \left(a^2 + 2b^2\right)^2 - 4a^2b^2$$
$$= \left(a^2 + 2b^2 - 2ab\right)\left(a^2 + 2b^2 + 2ab\right)$$
$$= \left[(a - b)^2 + b^2\right]\left[(a + b)^2 + b^2\right]$$

De plus, si a et b sont supérieurs ou égaux à **2**, alors $(a - b)^2 + b^2 \geqslant 4$ et $(a + b)^2 + b^2 \geqslant 20$; on en déduit donc que $a^4 + 4b^4$ est le produit de deux nombres entiers strictement supérieurs à **1**.

Conclusion : $a^4 + 4b^4$ n'est pas un nombre premier.

3) Exercice de type « Rédactionnel »

1) Soit p un nombre premier.

À l'aide du petit théorème de Fermat, démontrer que, pour tout entier relatif n, on a :
$$n^p \equiv n \ [p]$$

2) a) Montrer que pour tout $n \in \mathbb{Z}$, $n^{13} - n$ est divisible par **546**.

Remarque — On pourra utiliser l'identité remarquable suivante :
$$a^3 - b^3 = (a - b)(a^2 + ab + b^2)$$

b) En déduire l'ensemble des entiers relatifs n tels que $n^{13} - n$ soit divisible par **1092**.

SOLUTION

1) Envisageons les deux cas : celui où p divise n et celui où p ne divise pas n.

- Si p divise n alors p divise $n^p - n$; c'est-à-dire, $n^p - n \equiv 0 \ [p]$ et on en déduit que $n^p \equiv n \ [p]$.

- Si p ne divise pas n, alors n et p sont premiers entre eux, et d'après le petit théorème de Fermat, on a $n^p \equiv n \ [p]$.

2) a) On remarquera que $546 = 2 \times 3 \times 7 \times 13$. Il faut donc démontrer que $n^{13} - n$ est divisible par 2, 3, 7 et par 13.

- Divisibilité par 2 :

  On a : $n^{13} - n = n(n^{12} - 1) = n(n^6 - 1)(n^6 + 1)$
  $$= n(n^3 - 1)(n^3 + 1)(n^6 + 1)$$
  $$= n(n - 1)(n^2 + n + 1)(n^3 + 1)(n^6 + 1)$$
  $$= (n^2 - n)(n^2 + n + 1)(n^3 + 1)(n^6 + 1)$$

  or 2 est un nombre premier, d'après le petit théorème de Fermat, on a : $n^2 - n \equiv 0 \ [2]$ et ainsi, $n^2 - n$, et donc $n^{13} - n$ est divisible par 2.

- Divisibilité par 3 :

  On a : $n^{13} - n = n((n^4)^3 - 1)$
  $$= n(n^4 - 1)\left[(n^4)^2 + n^4 + 1\right]$$
  $$= n(n^2 - 1)(n^2 + 1)(n^8 + n^4 + 1)$$
  $$= n(n - 1)(n + 1)(n^2 + 1)(n^8 + n^4 + 1)$$

  or, $n - 1$, n et $n + 1$ sont trois entiers consécutifs, donc l'un des trois est divisible par 3, et donc $n^{13} - n$ est divisible par 3.

  2e *méthode*

  $n(n^2 - 1) = n^3 - n$ et d'après le petit théorème de Fermat, puisque 3 est un nombre premier, on a $n^3 \equiv n \ [3]$ et ainsi, $n^3 - n \equiv 0 \ (3)$ et $n(n^2 - 1)$ est multiple de 3.

  On en déduit donc aussi que $n^{13} - n$ est bien multiple de 3.

- Divisibilité par 7 :

  On a : $n^{13} - n = n(n^{12} - 1) = n(n^6 - 1)(n^6 + 1)$
  $$= (n^7 - n)(n^6 + 1)$$

  or 7 est un nombre premier, d'après le petit théorème de Fermat, on a : $n^7 - n \equiv 0 \ [7]$ et ainsi, $n^7 - n$, et donc $n^{13} - n$ est divisible par 7.

- Divisibilité par 13 :

  Puisque 13 est un nombre premier, d'après le petit théorème de Fermat, on a : $n^{13} - n \equiv 0 \ [13]$ et donc $n^{13} - n$ est divisible par 13

  Conclusion : $n^{13} - n$ est à la fois divisible par 2, 3, 7 et 13 qui sont tous premiers entre eux ; donc $n^{13} - n$ est divisible par 546.

b) On a vu d'après la question précédente, que pour tout entier n, $n^{13} - n$ est divisible par **546**.

Et de plus, $n^{13} - n = (n^2 - n)(n^2 + n + 1)(n^3 + 1)(n^6 + 1)$ et $n^2 - n$ est divisible par **2**. Il faut donc chercher pour quelles valeurs de n, le nombre $(n^2 + n + 1)(n^3 + 1)(n^6 + 1)$ est-il pair ?

- 1er cas : si n est impair, $n^3 + 1$ est pair ; et cela convient.
- 2^{e} cas : on remarquera que :

$$n^{13} - n = n(n - 1)(n^2 + n + 1)(n^3 + 1)(n^6 + 1)$$

et si n est pair, alors $n - 1$, $n^2 + n + 1$, $n^3 + 1$ et $n^6 + 1$ sont impairs, il faut donc que n soit un multiple de **4** pour que cela convienne.

Conclusion : $n^{13} - n$ est divisible par **1092**, si n est impair, ou si n est un multiple de **4**.

---

4) Exercice de type « Rédactionnel »

1) Décomposer **561** en produit de facteurs premiers.

2) On considère un entier naturel a.

   a) Justifier que $a^{561} - a = a(a^{2 \times 280} - 1) = a(a^2 - 1)k$, avec k entier naturel.

   Remarque — On pourra utiliser la propriété suivante :
   $$x^n - 1 = (x - 1)(x^{n-1} + x^{n-2} + \dots + x + 1)$$

   b) En déduire que $a^{561} - a$ est multiple de **3**.

3) De la même manière, montrer que $a^{561} - a$ est multiple de **11** et de **17**.

4) En déduire que, pour tout entier naturel a, $a^{561} \equiv a \ [561]$.

SOLUTION

1) On remarque que $\sqrt{561} \approx 23,7$; pour décomposer **561** en facteurs premiers, on va essayer de diviser **561** par tous les nombres premiers inférieurs à **23**. On trouve ainsi, $561 = 3 \times 11 \times 17$.

2) a) On a : $a^{561} - a = a^{560+1} - a = a^{2 \times 280} \times a - a$

$$\begin{aligned} &= a(a^{2 \times 280} - 1) = a\left[(a^2)^{280} - 1\right] \\ &= a(a^2 - 1)(a^{2 \times 279} + a^{2 \times 278} + \dots + a^2 + 1) \\ &= a(a^2 - 1)k \end{aligned}$$

où k est un entier naturel.

b) 1er *méthode*

Remarque : $a(a^2 - 1) = a(a - 1)(a + 1)$;

de plus, $a - 1$, a et $a + 1$ sont trois entiers consécutifs, donc l'un des trois est multiple de **3**.

On en déduit donc que $a^{561} - a$ est bien multiple de **3**.

2e *méthode*

$a(a^2 - 1) = a^3 - a$ et d'après le petit théorème de Fermat, puisque **3** est un nombre premier, on a $a^3 \equiv a$ [**3**] et ainsi, $a^3 - a \equiv 0$ (**3**] et $a(a^2 - 1)$ est multiple de **3**.

On en déduit donc aussi que $a^{561} - a$ est bien multiple de **3**.

3) On peut écrire $a^{561} - a$ sous la forme :

$$a^{560} \times a - a = a(a^{10 \times 56} - 1)$$
$$= a(a^{10} - 1)(a^{10 \times 55} + a^{10 \times 54} + \ldots + a^{10} + 1)$$
$$= a(a^{10} - 1)k' = (a^{11} - a)k'$$

où k' est un entier naturel. Et d'après le petit théorème de Fermat, puisque **11** est un nombre premier, on a : $a^{11} \equiv a$ [**11**] ou encore, $a^{11} - a \equiv 0$ [**11**] et $a^{11} - a$ est divisible par **11** ; et on en déduit donc que $a^{561} - a$ est aussi multiple de **11**.

Pour finir, on peut aussi écrire $a^{561} - a$ sous la forme :

$$a^{560} \times a - a = a(a^{16 \times 35} - 1)$$
$$= a(a^{16} - 1)(a^{16 \times 34} + a^{16 \times 33} + \ldots + a^{16} + 1)$$
$$= a(a^{16} - 1)k'' = (a^{17} - a)k''$$

où k'' est un entier naturel. Et d'après le petit théorème de Fermat, puisque **17** est un nombre premier, on a : $a^{17} \equiv a$ [**17**] ou encore, $a^{17} - a \equiv 0$ [**17**] et $a^{17} - a$ est divisible par **17** ; et on en déduit donc que $a^{561} - a$ est aussi multiple de **17**.

4) Les nombres **3**, **11** et **17** sont des nombres premiers, ils sont donc premiers entre eux. On a démontré dans les questions précédentes, que $a^{561} - a$ est à la fois multiple de **3**, de **11** et de **17**. On en déduit que $a^{561} - a$ est multiple de $3 \times 11 \times 17 = \mathbf{561}$.

Ainsi, pour tout entier naturel, on a : $a^{561} \equiv a$ [**561**].

Remarque : On peut remarquer que **561** n'est pas premier, mais il vérifie le petit théorème de Fermat. C'est ce qu'on appelle les « nombres de Carmichaël » ou encore les nombres « pseudo-premiers » et **561** est le plus petit de ces nombres.

---

5) Exercice de type « Rédactionnel »

On rappelle la propriété, connue sous le nom de « petit théorème de Fermat » : Si p est un nombre premier et a est un entier naturel non divisible par p, alors $a^{p-1} \equiv 1 \ [p]$.

On considère la suite (u_n) d'entiers naturels définie par :

$$u_0 = 1 \text{ et, pour tout entier naturel } n, \ u_{n+1} = 10\,u_n + 21$$

1) Calculer u_1, u_2, et u_3.

2) a) Démontrer par récurrence que, pour tout entier naturel n,
$$3\,u_n = 10^{n+1} - 7$$

   b) En déduire, pour tout entier naturel n, l'écriture décimale de u_n.

3) Montrer que u_2 est un nombre premier.

On se propose maintenant d'étudier la divisibilité des termes de la suite (u_n) par certains nombres premiers.

4) Démontrer que, pour tout entier naturel n, u_n n'est divisible ni par **2**, ni par **3**, ni par **5**.

5) a) Démontrer que, pour tout entier naturel n,
$$3\,u_n \equiv 4 - (-1)^n \ [11]$$

   b) En déduire que, pour tout entier naturel n, u_n n'est pas divisible par **11**.

6) a) Démontrer l'égalité : $10^{16} \equiv 1 \ [17]$.

   b) En déduire que, pour tout entier naturel k, u_{16k+8} est divisible par **17**.

SOLUTION

1)
$$u_1 = 10 \times 1 + 21 = 31 \,;$$
$$u_2 = 10 \times 31 + 21 = 331 \,;$$
$$u_3 = 10 \times 331 + 21 = 3331.$$

2) a) Soit $P(n)$ la propriété à démontrer par récurrence définie par :

« pour tout entier naturel n, $3\,u_n = 10^{n+1} - 7$ »

- **1re étape :** *Initialisation*

  On vérifie la propriété à l'ordre premier ($n = 0$) :

  or, $10^{0+1} - 7 = 3 = 3u_0$; on en déduit que $P(0)$ est vraie.

- **2e étape :** *Transmission*

  On suppose la propriété vraie à l'ordre k ; c'est-à-dire, on suppose que $3\,u_k = 10^{k+1} - 7$, pour un entier k fixé. Démontrons la à l'ordre $k + 1$.

  $$\boxed{\text{But à obtenir : } 3\,u_{k+1} = 10^{k+2} - 7}$$

  $$\text{Or, } 3\,u_{k+1} = 3(10\,u_k + 21) = 10 \times 3\,u_k + 63$$
  $$= 10(10^{k+1} - 7) + 63 = 10^{k+2} - 7$$

  Et on retrouve ainsi le « but à obtenir ».

- **3e étape :** *Conclusion*

  — On a vérifié la propriété à l'ordre premier,

  — on a démontré que $P(k)$ implique $P(k + 1)$,

  — donc, pour tout entier naturel n, $3\,u_n = 10^{n+1} - 7$.

b) $u_n = \dfrac{10^{n+1} - 7}{3}$; or $10^{n+1} - 7 = \underbrace{10\ldots0}_{n+1} - 7 = \underbrace{9\ldots9}_{n}3$.

Et en divisant ce terme par 3, on obtient l'écriture décimale de u_n :

$$u_n = \underbrace{3\ldots3}_{n}1$$

3) On a vu dans la question 1) que $u_2 = 331$; et on a : $\sqrt{331} \approx 18,2$.

On va alors tester la divisibilité de tous les nombres premiers inférieurs à $18,2$ qui sont : 2, 3, 5, 7, 11, 13, 17.

En utilisant les différents critères de divisibilité (par 2, 3, 5), et à l'aide de la calculatrice, on voit que 331 n'est divisible par aucun de ces nombres premiers. On en déduit alors que u_2 est bien un nombre premier.

4) D'après la question 2)b), l'écriture décimale de u_n est :

$$u_n = \underbrace{3\ldots3}_{n}1$$

En utilisant les critères de divisibilité par 2 et par 5, on en déduit que u_n n'est divisible, ni par 2, ni par 5.

Utilisons maintenant le critère de divisibilité par 3 en calculant la somme des chiffres de u_n dans son écriture décimale ; on obtient alors $3n + 1$.

On en déduit donc que u_n n'est aussi pas divisible par **3**.

Conclusion : u_n n'est divisible ni par **2**, ni par **3**, ni par **5**.

5) a) On utilisant la propriété de compatibilité des puissances sur la congruence, on peut écrire : $10 \equiv -1 \ [11] \implies 10^{n+1} \equiv (-1)^{n+1} \ [11]$, pour tout entier naturel n. Or, $(-1)^{n+1} = -(-1)^n$;

on en déduit donc que $10^{n+1} - 7 \equiv -(-1)^n - 7 \ [11]$, et on a aussi $-7 \equiv 4 \ [11]$. Cela conduit donc à $10^{n+1} - 7 \equiv 4 - (-1)^n \ [11]$, c'est à dire, $3\,u_n \equiv 4 - (-1)^n \ [11]$.

b) Deux cas sont à envisager : n est pair et n est impair.

- **1er cas :** n est pair.
  Ainsi, $(-1)^n = 1$ et ainsi, $3\,u_n \equiv 3 \ [11]$, c'est-à-dire, $u_n \equiv 1 \ [11]$ et donc u_n n'est pas divisible par **11**.

- **2e cas :** n est impair.
  Ainsi, $(-1)^n = -1$ et ainsi, $3\,u_n \equiv 5 \ [11]$, et on en déduit que $3\,u_n$ n'est pas divisible par **11** donc u_n ne l'est pas aussi.

Conclusion : u_n n'est pas divisible par **11**.

6) a) L'entier **10** n'est pas divisible par le nombre premier **17**, et d'après le petit théorème de Fermat, on en déduit que : $10^{16} \equiv 1 \ [17]$.

b) D'après la question 2)a), on peut écrire : $3\,u_{16k+8} = 10^{16k+9} - 7$ (où k est un entier naturel).

De plus, $10^{16k+9} = (10^{16})^k \times 10^9$; et en utilisant la propriété de compatibilité des puissances sur la congruence, on a :

$(10^{16})^k \times 10^9 \equiv 1^k \times 10^9 \ [17]$, c'est à dire, $10^{16k+9} \equiv 10^9 \ [17]$.

Et $10^9 = 58823529 \times 17 + 7$, on en déduit que $10^9 \equiv 7 \ [17]$, soit $10^{16k+9} \equiv 7 \ [17]$, d'où $10^{16k+9} - 7 \equiv 0 \ [17]$, c'est-à-dire, $3\,u_n \equiv 0 \ [17]$, et d'après le théorème de Gauss, puisque **3** et **17** sont premiers entre eux, alors **17** divise u_{16k+8}.

Conclusion : Pour tout entier naturel k, u_{16k+8} est divisible par **17**.

---

6) Exercice de type « Rédactionnel »

1) a) Le nombre $2^7 - 1$ est-il premier ? (justifier la réponse).

   b) Le nombre $2^{11} - 1$ est-il premier ? (justifier la réponse).

2) p et q sont deux entiers naturels strictement supérieurs à **1**.

   a) Justifier que : $2^p \equiv 1 \ [2^p - 1]$, et en déduire que $2^{pq} \equiv 1 \ [2^p - 1]$.

b) Démontrer que $2^{pq} - 1$ est divisible par $2^p - 1$ et par $2^q - 1$.

3) Démontrer que, si $2^n - 1$ est premier, alors n est premier.

Remarque : On pourra raisonner par contraposée : « si n n'est pas premier, alors $2^n - 1$ n'est pas premier ».

La réciproque est-elle vraie ? c'est-à-dire, si n est premier, alors $2^n - 1$ est-il aussi premier ?

On rappelle la liste des nombres premiers inférieurs à **50** *:*

$$2 - 3 - 5 - 7 - 11 - 13 - 17 - 19 - 23 - 29 - 31 - 37 - 41 - 43 - 47$$

SOLUTION

1) a) $2^7 - 1 = 127$ et de plus, $\sqrt{127} \approx 11,3$; on va alors diviser **127** par les nombres premiers inférieurs à **11, 3** et en utilisant les critères de divisibilité par **2**, **3** et **5**, et la calculatrice, **127** n'est pas divisible par ces nombres premiers. Ainsi, on démontre que $2^7 - 1$ est premier.

   b) Idem pour $2^{11} - 1$ qui donne **2047** et $\sqrt{2047} \approx 45, 2$. On recommence le même procédé que pour la question précédente, mais on trouve ici : $2047 = 23 \times 89$. On en déduit donc que $2^{11} - 1$ n'est pas un nombre premier.

2) a) $2^p - 1$ divise lui-même, donc $2^p - 1 \equiv 0 \, [2^p - 1]$ et ainsi, $2^p \equiv 1 \, [2^p - 1]$. D'après la propriété de compatibilité des puissances sur la congruence, on a alors : $(2^p)^q \equiv 1^q \, [2^p - 1]$ soit, $2^{pq} \equiv 1 \, [2^p - 1]$.

   b) De la relation précédente, on déduit que $2^{pq} - 1 \equiv 0 \, [2^p - 1]$, et ainsi $2p - 1$ divise $2^{pq} - 1$.

   En procédant de manière similaire, on peut écrire : $2^q \equiv 1 \, [2^q - 1]$, d'où $(2^q)^p \equiv 1^p \, [2^q - 1]$. On en déduit alors $2^{pq} \equiv 1 \, [2^q - 1]$ et ainsi, $2^{pq} - 1 \equiv 0 \, [2^q - 1]$. Ainsi, $2^q - 1$ divise $2^{pq} - 1$.

3) Raisonnons par contraposée : si n n'est pas un nombre premier, alors il existe **2** entiers p et q tels que $n = pq$ (avec $1 < p < n$ et $1 < q < n$).

   D'après la question précédente, on peut dire que $2^p - 1$ divise $2^{pq} - 1$, soit, $2^p - 1$ divise $2^n - 1$. De plus, $p < n$, on en déduit alors que $2^n - 1$ admet un diviseur autre que lui même et que **1** (car si $p > 1$ alors $2^p - 1 > 1$). On en déduit alors que $2^n - 1$ n'est pas un nombre premier.

   Conclusion : Si $2^n - 1$ est premier alors n est aussi premier.

   La réciproque est fausse ; il suffit de reprendre un contre-exemple comme illustré dans la question 1)b) : 11 est premier, mais $2^{11} - 1$ n'est pas un nombre premier.

---

7) Exercice de type « Rédactionnel »

On considère la suite (u_n) définie pour tout entier naturel n non nul par :
$$u_n = 2^n + 3^n + 6^n - 1$$

1) Calculer les six premiers termes de la suite.

2) Montrer que, pour tout entier naturel n non nul, u_n est pair.

3) Montrer que, pour tout entier naturel n pair non nul, u_n est divisible par 4.

On note (E) l'ensemble des nombres premiers qui divisent au moins un terme de la suite (u_n).

4) Les entiers 2, 3, 5 et 7 appartiennent-ils à l'ensemble (E) ?

5) Soit p un nombre premier strictement supérieur à 3.

   a) Montrer que : $6 \times 2^{p-2} \equiv 3 \ [p]$ et $6 \times 3^{p-2} \equiv 2 \ [p]$.

   b) En déduire que $6u_{p-2} \equiv 0 \ [p]$.

   c) Le nombre p appartient-il à l'ensemble (E) ?

SOLUTION

1) Calcul des six premiers termes de la suite :

- $u_1 = 2 + 3 + 6 - 1 = 10$;
- $u_2 = 4 + 9 + 36 - 1 = 48$;
- $u_3 = 8 + 27 + 216 - 1 = 250$;
- $u_4 = 16 + 81 + 1296 - 1 = 1392$;
- $u_5 = 32 + 243 + 7776 - 1 = 8050$;
- $u_6 = 64 + 729 + 46656 - 1 = 47448$;

2) Pour montrer que u_n est pair, il suffit de prouver que $u_n \equiv 0 \ [2]$.

Or, $2 \equiv 0 \ [2]$ et en utilisant la propriété de compatibilité des puissances sur la congruence, on a : $2^n \equiv 0 \ [2]$

On a aussi, $3 \equiv 1 \ [2]$, d'où $3^n \equiv 1 \ [2]$; et d'après la propriété de compatibilité de la multiplication sur la congruence, puisque $6^n = 2^n \times 3^n$, on en déduit alors $6^n \equiv 0 \ [2]$.

Pour finir, d'après la propriété de compatibilité de l'addition sur la congruence, on en déduit : $u_n \equiv 0 \ [2]$, et ainsi, u_n est pair.

3) Si n est pair, posons $n = 2k$ (avec $k \in \mathbb{N}^*$), et ainsi,
$$u_{2k} = 2^{2k} + 3^{2k} + 6^{2k} - 1$$
$$= 4^k + 9^k + 36^k - 1$$

En raisonnant de manière analogue à la question précédente, on a :

- $4 \equiv 0 \; [4]$, d'où $4^k \equiv 0 \; [4]$;
- $9 \equiv 1 \; [4]$, d'où $9^k \equiv 1 \; [4]$;
- $36 \equiv 0 \; [4]$, d'où $36^k \equiv 0 \; [4]$;

On en déduit ainsi que $u_n \equiv 0 + 1 + 0 - 1 \; [4]$ soit, $u_n \equiv 0 \; [4]$ et ainsi, u_n est divisible par 4.

4) u_1 est pair, donc $2 \in (E)$; $u_2 = 3 \times 16$, donc $3 \in (E)$; $u_1 = 2 \times 5$, donc $5 \in (E)$ et $u_5 = 7 \times 1150$, donc $7 \in (E)$.

5) a) *Remarque :* $6 \times 2^{p-2} = 3 \times 2 \times 2^{p-2} = 3 \times 2^{p-1}$.

   D'après le petit théorème de Fermat, puisque 2 et p sont premiers entre eux (puisque $p > 3$), on a : $2^{p-1} \equiv 1 \; [p]$, et ainsi, $6 \times 2^{p-2} \equiv 3 \; [p]$.

   On a aussi : $6 \times 3^{p-2} = 2 \times 3 \times 3^{p-2} = 2 \times 3^{p-1}$.

   D'après le petit théorème de Fermat, puisque 3 et p sont premiers entre eux (puisque $p > 3$), on a : $3^{p-1} \equiv 1 \; [p]$, et ainsi, $6 \times 3^{p-2} \equiv 2 \; [p]$.

   b) $6u_{p-2} = 6 \times 2^{p-2} + 6 \times 3^{p-2} + 6 \times 6^{p-2} - 6$; de plus, p est premier avec 2 et 3 donc p est premier avec 6. On peut alors écrire : $6^{p-1} \equiv 1 \; [p]$, et d'après la question précédente, on a :
$$6u_{p-2} \equiv 3 + 2 + 1 - 6 \; [p] \text{ ainsi, } 6u_{p-2} \equiv 0 \; [6]$$

   c) D'après le théorème de Gauss, puisque p divise $6u_{p-2}$ et que 6 et p sont premiers entre eux, alors p divise u_{p-2}, et on en déduit que p appartient bien à l'ensemble (E).

---

8) Exercice de type « Rédactionnel »

Partie A

Le but de cette partie est de démontrer que l'ensemble des nombres premiers est infini en raisonnant par l'absurde.

1) On suppose qu'il existe un nombre fini de nombres premiers notés $p_1, \; p_2, \ldots, \; p_n$.

   On considère le nombre E produit de tous les nombres premiers augmenté de 1 :
$$E = p_1 \times p_2 \times \ldots \ldots \times p_n + 1$$

Démontrer que E est un entier supérieur ou égal à 3, et que E est premier avec chacun des nombres $p_1, \ p_2, \ldots, \ p_n$.

2) En utilisant le fait que E admet un diviseur premier, conclure.

Partie B

Pour tout entier naturel $k \geqslant 2$, on pose $M_k = 2^k - 1$.

On dit que M_k est le k-ième nombre de Mersenne.

1) a) Reproduire et compléter le tableau suivant, qui donne quelques valeurs de M_k :

k	2	3	4	5	6	7	8	9	10
M_k									

   b) D'après le tableau précédent, si k est un nombre premier, peut-on conjecturer que le nombre M_k est premier ?

2) Soient p et q deux entiers naturels non nuls.

   a) Justifier l'égalité :
$$1 + 2^p + (2^p)^2 + (2^p)^3 + \ldots + (2^p)^{q-1} = \frac{(2^p)^q - 1}{2^p - 1}$$

   b) En déduire $2^{pq} - 1$ est divisible par $2^p - 1$.

   c) En déduire que si un entier k supérieur ou égal à 2 n'est pas premier, alors M_k ne l'est pas non plus.

3) a) Prouver que le nombre de Mersenne M_{11} n'est pas premier.

   b) Que peut-on en déduire concernant la conjecture de la question 1)b) ?

Partie C

Le test de Lucas-Lehmer permet de déterminer si un nombre de Mersenne donné est premier. Ce test utilise la suite numérique (u_n) définie par $u_0 = 4$ et pour tout entier naturel n :
$$u_{n+1} = u_n^2 - 2$$
Si n est un entier naturel supérieur ou égal à 2, le test permet d'affirmer que le nombre M_n est premier si et seulement si $u_{n-2} \equiv 0 \ [M_n]$. Cette propriété est admise dans la suite.

1) Utiliser le test de Lucas-Lehmer pour vérifier que le nombre de Mersenne M_5 est premier.

2) Soit n un entier naturel supérieur ou égal à **3**.

L'algorithme suivant, qui est incomplet, doit permettre de vérifier si le nombre de Mersenne M_n est premier, en utilisant le test de Lucas-Lehmer.

Variables	u, M, n et i sont des entiers naturels
initialisation	u prend la valeur **4**
Traitement	Demander un entier $n \geqslant 3$ M prend la valeur . . . Pour i allant de **1** à . . . faire $\quad u$ prend la valeur . . . Fin Pour Si M divise u alors afficher « M . . . . » sinon afficher « M . . . . »

Recopier et compléter cet algorithme de façon à ce qu'il remplisse la condition voulue.

SOLUTION

Partie A

1) **2** est le plus petit des nombres premiers, et donc $E \geqslant 2 + 1 \geqslant 3$.

Soit i un entier naturel tel que $1 \leqslant i \leqslant n$ et ainsi, p_i, un des nombres premiers parmi p_1, $p_2, \ldots, p_n$.

On a aussi : $1 \times E - (p_1 \times p_2 \times \ldots \times p_{i-1} \times p_{i+1} \ldots \times p_n) \times p_i = 1$; posons alors $u = 1$ et $v = -p_1 \times p_2 \times \ldots \times p_{i-1} \times p_{i+1} \ldots \times p_n$, on obtient alors $uE + vp_i = 1$ et d'après le théorème de Bézout, E et p_i sont premiers entre eux.

Conclusion : E est premier avec chacun des nombres premiers p_1, $p_2, \ldots, p_n$.

2) Dans la question 1), on a vu que $E \geqslant 3$, et tout nombre supérieur à 1 admet au moins un diviseur premier, donc E admet un diviseur premier (différent de p_1, $p_2, \ldots, p_n$). Cela contredit l'hypothèse de départ.

Conclusion : Il existe une infinité de nombres premiers.

Partie B

1) a) Tableau de valeurs

k	2	3	4	5	6	7	8	9	10
M_k	3	7	15	31	63	127	255	511	1023

b) Conjecture

- **2** est premier, et $M_2 = 3$ l'est aussi ;
- **3** est premier, et $M_3 = 7$ l'est aussi ;
- **5** est premier, et $M_5 = 31$ l'est aussi ;

  Remarque : $\sqrt{31} \approx 5,6$ et **31** n'est pas divisible par les nombres premiers inférieurs à **5, 6**.

- **7** est premier, et $M_7 = 127$ l'est aussi ;

  en effet, $\sqrt{127} \approx 11,3$ et **127** n'est pas divisible par les nombres premiers inférieurs à **11, 3**.

  On peut donc conjecturer que si k est premier, il en est de même pour M_k.

2) a) Posons $X = 2^p$, et S la somme définie par :
$$S = 1 + 2^p + (2^p)^2 + (2^p)^3 + \ldots + (2^p)^{q-1}$$

on a ainsi :

$S = 1 + X + X^2 + \ldots + X^{q-1}$; S est donc la somme des termes d'une suite géométrique de raison $q = X$ et de premier terme 1.

On a alors : $S = 1 \times \dfrac{1 - X^{q-1-0+1}}{1 - X} = \dfrac{1 - X^q}{1 - X}$, c'est à dire,

$$1 + 2^p + (2^p)^2 + (2^p)^3 + \ldots + (2^p)^{q-1} = \dfrac{1 - (2^p)^q}{1 - 2^p} = \dfrac{(2^p)^q - 1}{2^p - 1}$$

où, p est un entier naturel non nul.

b) En utilisant la notation précédente, S est un entier naturel, et

$$S = \dfrac{(2^p)^q - 1}{2^p - 1} = \dfrac{2^{pq} - 1}{2^p - 1}$$

d'où, $2^{pq} - 1 = S \times (2^p - 1)$.

On peut ainsi en déduire que $2^{pq} - 1$ est divisible par $2^p - 1$.

c) Si k n'est pas premier, alors on peut poser $k = pq$ (avec p et q, deux entiers naturels strictement supérieurs à 1).

Ainsi, $M_k = 2^k - 1 = 2^{pq} - 1$, et d'après la question précédente, M_k est divisible par $2^p - 1$ (avec $2^p - 1 > 1$) ; on en déduit alors que si k n'est pas premier, il en est de même pour M_k.

3) a) $M_{11} = 2^{11} - 1 = 2047$ et $\sqrt{2047} \approx 45, 2$. Et en testant la division de **2047** par tous les nombres premiers inférieurs à **45, 2** et en utilisant les critères de divisibilité par **2**, **3**, et **5** on trouve, $2047 = 23 \times 89$ donc M_{11} n'est pas un nombre premier.

b) Puisque **11** est un nombre premier, et puisque, d'après la question précédente, M_{11} n'est pas un nombre premier, on peut en déduire que la conjecture de la question 1)b) est fausse.

Partie C

1) D'après le test de Lucas-Lehmer, $M_5 = 31$ est premier si $u_3 \equiv 0\ [M_5]$; or, $u_1 = 4^2 - 2 = 14$, d'où $u_2 = 14^2 - 2 = 194$, et $u_3 = 194^2 - 2 = 37634$.

Remarque : $\sqrt{37634} \approx 193,99$, et en testant la divisibilité de **37634** par tous les nombres premiers inférieurs à **193, 99**, on obtient : $37634 = 31 \times 1214$. Ainsi, $u_3 \equiv 0\ [M_5]$; donc d'après le test de Lucas-Lehmer, le nombre de Mersenne M_5 est premier.

2) Algorithme

Variables	u, M, n et i sont des entiers naturels
initialisation	u prend la valeur **4**
Traitement	Demander un entier $n \geqslant 3$
	M prend la valeur $2^n - 1$
	Pour i allant de **1** à $n - 2$ faire
	$\quad u$ prend la valeur $u^2 - 2$
	Fin Pour
	Si M divise u alors afficher « M **est premier** »
	sinon afficher « M **n'est pas premier** »

---

9) Exercice de type « Rédactionnel »

Le but de l'exercice est d'étudier certaines propriétés de divisibilité de l'entier $4^n - 1$, lorsque n est un entier naturel.

On rappelle la propriété connue sous le nom de petit théorème de Fermat : « si p est un nombre premier et a un entier naturel premier avec p, alors $a^{p-1} - 1 \equiv 0\ [p]$ ».

Partie A. Quelques exemples

1) Démontrer que, pour tout entier naturel n, $4^n \equiv 1\ [3]$.
2) Prouver à l'aide du petit théorème de Fermat, que $4^{28} - 1$ est divisible par **29**.
3) Pour $1 \leqslant n \leqslant 4$, déterminer le reste de la division de 4^n par **17**. En

déduire que, pour tout entier k, le nombre $4^{4k} - 1$ est divisible par 17.

4) Pour quels entiers naturels n le nombre $4^n - 1$ est-il divisible par 5 ?

5) À l'aide des questions précédentes. déterminer quatre diviseurs premiers de $4^{28} - 1$.

Partie B. Divisibilité par un nombre premier

Soit p un nombre premier différent de 2.

1) Démontrer qu'il existe un entier $n \geqslant 2$ tel que $4^n \equiv 1 \ [p]$.

2) Soit $n \geqslant 2$ un entier naturel tel que $4^n \equiv 1 \ [p]$. On note b le plus petit entier strictement positif tel que $4^b \equiv 1 \ [p]$ et r le reste de la division euclidienne de n par b.

  a) Démontrer que $4^r \equiv 1 \ [p]$. En déduire que $r = 0$.

  b) Prouver l'équivalence : $4^n - 1$ est divisible par p si et seulement si n est multiple de b.

  c) En déduire que b divise $p - 1$.

SOLUTION

Partie A. Quelques exemples

1) $4 \equiv 1 \ [3]$, donc d'après la propriété de compatibilité des puissances sur la congruence, on a $4^n \equiv 1^n \ [3]$, soit $4^n \equiv 1 \ [3]$.

2) 4 est premier avec 29, d'après le petit théorème de Fermat, on a :
$$4^{29-1} - 1 \equiv 0 \ [29]$$
c'est-à-dire, $4^{28} - 1$ est divisible par 29.

3) Restes de la division euclidienne de 4^n par 17 :

  - $4^1 = 0 \times 17 + 4$;
  - $4^2 = 0 \times 17 + 16$;
  - $4^3 = 3 \times 17 + 13$;
  - $4^4 - 15 \times 17 + 1$,

La dernière égalité se traduit par : $4^4 \equiv 1 \ [17]$, et d'après la propriété de compatibilité des puissances sur la congruences, on a :
$$(4^4)^k \equiv 1^k \ [17] \iff 4^{4k} \equiv 1 \ [17]$$
On en déduit alors que $4^{4k} - 1$ est divisible par 17.

4) Selon la même démarche qu'à la question précédente, on calcule les restes de la division euclidienne de 4^n par 5 :

   - $4^1 = 0 \times 5 + 4$
   - $4^2 = 3 \times 5 + 1$

   La dernière égalité se traduit par : $4^2 \equiv 1 \; [5]$, et d'après la propriété de compatibilité des puissances sur la congruences, on a :
   $$(4^2)^k \equiv 1^k \; [5] \text{ soit, } 4^{2k} \equiv 1 \; [5]$$
   On en déduit alors que $4^{2k} - 1$ est divisible par 5.

   Remarque : $2k$ est un entier pair ; donc $2^n - 1$ est divisible par 5 si n est pair.

   On peut démontrer en utilisant la propriété de compatibilité de la multiplication sur la congruence, puisque $4 \equiv 4 \; [5]$ et $4^{2k} \equiv 1 \; [5]$, on a :
   $$4^{2k} \times 4 \equiv 1 \times 4 \; [5] \text{ soit, } 4^{2k+1} \equiv 4 \; [5]$$
   On en déduit alors que le reste de la division de 4^n par 5 est égal à 4 si n est impair.

5) On a vu que $4^n - 1$ est divisible par 3, pour tout entier naturel n (question 1) ; d'où, $4^{28} - 1$ est bien divisible par 3 (nombre premier).

   On a vu (question 4) que si n est pair, $4^n - 1$ est divisible par 5, donc $4^{28} - 1$ est bien divisible par 5 (nombre premier).

   On a vu (question 3) que si $n = 4k$ alors $4^n - 1$ est divisible par 17, donc $4^{28} - 1 = 4^{4 \times 7} - 1$ est bien divisible par 17 (nombre premier).

   On a vu (question 2) que $4^{28} - 1$ est divisible par 29 (nombre premier).

   Conclusion : $4^{28} - 1$ est divisible par les nombres premiers 3, 5, 17 et 29.

Partie B. Divisibilité par un nombre premier

1) p est un nombre premier différent de 2, donc $4 = 2^2$ et p sont premiers entre eux, et d'après le petit théorème de Fermat, $4^{p-1} = 1 \; [p]$ et en posant $n = p - 1$, on obtient : $4^n = 1 \; [p]$, avec $n \geqslant 2$ (car $p = 3$ est le premier nombre premier différent de 2).

2) a) Si r est le reste de la division euclidienne de n par b, on peut écrire : $n = bq + r$, avec $0 \leqslant r < b$.

   On a ainsi, $4^n = 4^{bq+r} = 4^{bq} \times 4^r = (4^b)^q \times 4^r$. De plus, $4^b \equiv 1 \; [p]$ (par hypothèse), et d'après la propriété de compatibilité des puissances, on a : $(4^b)^q \equiv 1^q \; (p)$, et en multipliant par 4^r, on obtient $4^{bq+r} = 4^r \; (p)$, c'est à dire, $4^n \equiv 4^r \; [p]$.

De plus, $4^n \equiv 1 \ [p]$ (par hypothèse) ; on en déduit que $4^r \equiv 1 \ [p]$, d'où $r = 0$; car b est le plus petit entier strictement positif tel que $4^b \equiv 1 \ [p]$ et $0 \leqslant r < b$.

b) D'après la question précédente, on a vu que si $4^n \equiv 1 \ (p)$ (par hypothèse) alors n est multiple de b.

Réciproquement, puisque $r = 0$, alors $n = bq$; de plus, $4^b \equiv 1 \ [p]$ d'où $(4^b)^q \equiv 1^q \ [p]$ soit, $4^n \equiv 1 \ [p]$ et $4^n - 1$ est divisible par p.

c) On a vu en B)1) que $4^{p-1} \equiv 1 \ [p]$ et b est le plus petit entier naturel tel que $4^b \equiv 1 \ [p]$. D'après la question précédente, $p - 1$ est multiple de b, c'est à dire, b (non nul) divise $p - 1$.

---

10) Exercice de type « Rédactionnel »   *« difficile »*

On rappelle la propriété, connue sous le nom de « petit théorème de Fermat » : Si p est un nombre premier et a est un entier naturel non divisible par p, alors $a^{p-1} \equiv 1 \ [p]$.

1) Soit p un nombre premier impair.

   a) Montrer qu'il existe un entier naturel k, non nul, tel que $2^k \equiv 1 \ [p]$.

   b) Soit k un entier naturel non nul tel que $2^k \equiv 1 \ [p]$ et soit n un entier naturel.

   Montrer que si k divise n, alors $2^n \equiv 1 \ [p]$.

   c) Soit b tel que $2^b \equiv 1 \ [p]$, b étant le plus petit entier non nul vérifiant cette propriété.

   Montrer, en utilisant la division euclidienne de n par b,

   que si $2^n \equiv 1 \ [p]$, alors b divise n.

2) Soit q un nombre premier impair et le nombre $A = 2^q - 1$.

   On prend pour p un facteur premier de A.

   a) Justifier que : $2^q \equiv 1 \ [p]$.

   b) Montrer que p est impair

   c) Soit b tel que $2^b \equiv 1 \ [p]$, b étant le plus petit entier non nul vérifiant cette propriété.

   Montrer en utilisant 1) que b divise q. En déduire que $b = q$.

   d) Montrer que q divise $p - 1$, puis montrer que $p \equiv 1 \ [q]$.

3) Soit $A_1 = 2^{17} - 1$. On donne la liste des nombres premiers infé-rieurs à **400** qui sont de la forme $\mathbf{34m + 1}$, avec $\boldsymbol{m}$ entier non nul :
103, 137, 239, 307.
En déduire que A_1 est premier.

SOLUTION

1) a) $\boldsymbol{p}$ est un nombre premier impair ; on en déduit que **2** et $\boldsymbol{p}$ sont premiers entre eux, et d'après le petit théorème de Fermat, on a alors $2^{p-1} \equiv 1 \ [p]$. Si on pose $\boldsymbol{k = p - 1}$, où $\boldsymbol{k}$ est un entier naturel supérieur ou égal à **2** (car $\boldsymbol{p \geqslant 3}$), on obtient $2^k \equiv 1 \ [p]$.

b) Si $\boldsymbol{k}$ divise $\boldsymbol{n}$, il existe un entier $\boldsymbol{q}$ tel que $\boldsymbol{n = kq}$ et $2^n = 2^{kq} = (2^k)^q$ et ainsi, puisque $2^k \equiv 1 \ [p]$, d'après la propriété de compatibilité des puissances sur la congruence, on a : $(2^k)^q \equiv 1^q \ [p]$; c'est-à-dire,
$$2^n \equiv 1 \ [p]$$

c) La division euclidienne de $\boldsymbol{n}$ par $\boldsymbol{b}$ s'écrit : $\boldsymbol{n = bq + r}$ (où $\boldsymbol{b} \in \mathbb{N}$ et $\boldsymbol{0 \leqslant r < b}$).
Si $2^n \equiv 1 \ [p]$ alors $2^{bq+r} \equiv 1 \ [p]$, soit $2^{bq} \times 2^r \equiv 1 \ [p]$. De plus, $2^{bq} = (2^b)^q$, et si $2^b \equiv 1 \ [p]$, d'après la propriété de compatibilité des puissances sur la congruence, on a : $(2^b)^q \equiv 1 \ [p]$ et ainsi, $2^r \equiv 1 \ [p]$.
De plus, $\boldsymbol{r < b}$, on en déduit que $\boldsymbol{r = 0}$ (car $\boldsymbol{b}$ est le plus petit entier tel que $2^b \equiv 1 \ [p]$ et $\boldsymbol{0 \leqslant r < b}$; on a alors $\boldsymbol{n = b \times q}$ et ainsi, $\boldsymbol{b}$ divise $\boldsymbol{n}$.

2) a) Si $\boldsymbol{p}$ est un facteur premier de $\boldsymbol{A}$, alors $\boldsymbol{p}$ divise $\boldsymbol{A}$ et ainsi, $\boldsymbol{A \equiv 0 \ [p]}$, soit, $2^q - 1 \equiv 0 \ [p]$ et $2^q \equiv 1 \ [p]$.

b) 2^q est un nombre pair, de plus, $2^q \equiv 1 \ [p]$; on en déduit que $\boldsymbol{p}$ est impair.

c) On a la double égalité : $2^b - 1 \equiv 0 \ [p]$ et $2^q - 1 \equiv 0 \ [p]$, et d'après 1)c), $\boldsymbol{b}$ divise $\boldsymbol{q}$, mais $\boldsymbol{q}$ est un nombre premier impair (il a donc pour diviseur 1 et lui même).

   • Si on avait $\boldsymbol{b = 1}$, alors $2^1 \equiv 1 \ [p]$; impossible car $\boldsymbol{p \geqslant 3}$;
   • il reste donc, par élimination, la seule possibilité $\boldsymbol{b = q}$.

d) On sait que $\boldsymbol{p}$ est un nombre premier impair, il est donc premier avec **2**, et on peut alors appliquer le petit théorème de Fermat : $2^{p-1} \equiv 1 \ [p]$.
On sait aussi, d'après la question précédente, que $\boldsymbol{b = q}$, et puisque $\boldsymbol{p - 1}$ est non nul, alors $\boldsymbol{q}$ divise $\boldsymbol{p - 1}$ (d'après 1-c), soit $\boldsymbol{p - 1 \equiv 0 \ [q]}$ ou encore, $\boldsymbol{p \equiv 1 \ [q]}$.

3) On sait que $A_1 = 2^{17} - 1$ et **17** est un nombre premier impair, ça revient à prendre $q = 17$. De plus, d'après 2)d), un facteur premier p impair de A_1 est congru à **1** modulo **17** (soit $p = 17k + 1$); mais puisque p impair, il faut que k soit pair, donc de la forme $k = 2m$; on a ainsi, $p = 34m + 1$.

Remarque : $\sqrt{2^{17} - 1} \approx 362,04$. On va donc tester et voir si $A_1 = 131071$ est divisible ou non par les nombres premiers de la liste donnée :

- $A_1 = 1272 \times 103 + 55$, donc A_1 n'est pas divisible par **103**;
- $A_1 = 956 \times 137 + 99$, donc A_1 n'est pas divisible par **137**;
- $A_1 = 548 \times 239 + 99$, donc A_1 n'est pas divisible par **239**;
- $A_1 = 426 \times 307 + 289$, donc A_1 n'est pas divisible par **307**;

Conclusion : A_1 est un nombre premier.

GRAPHES et MATRICES

Graphes et Matrices — Partie cours

1 Graphes

1.1 Introduction et définitions

La difficulté de ce chapitre réside dans la richesse du vocabulaire et nous allons imaginer le plus possible les choses afin de retenir plus facilement le sens des mots choisis.

Imaginons des villages de montagnes représentés par *A*, *B*, *C*, *D* et *E* qui sont reliées par des routes qui permettent de les atteindre. Dans la théorie des **graphes**, les villages s'appellent des **sommets** et les routes s'appellent des **arêtes**. Un **graphe** est donc constitué par l'ensemble de ces sommets et de ces arêtes.

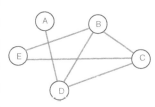

Remarque : On appelle **sous-graphes** une partie du graphe ; par exemple les sommets *A*, *B*, *C*, et *D* et les arêtes correspondantes constitueraient un sous-graphe.

1.2 Autres définitions importantes

Un **graphe *G*** est constitué d'un ensemble de points appelés **sommets** dont certains sont reliés par des **d'arêtes**. Nous allons définir maintenant, les termes qu'il faut maîtriser sur ce chapitre.

- **Ordre d'un graphe :** C'est le nombre de sommets du graphe ; dans l'exemple précédent, l'ordre du graphe est égal à **5** (car le graphe est constitué de **5** sommets).

- **Sommets adjacents :** **2** sommets sont reliés par une arête ;

  Exemples : *A* et *D* (ou encore *B* et *D*, etc.) sont des sommets adjacents, mais *A* et *B* ne sont pas adjacents.

- **Graphe complet :** tous les sommets sont adjacents ; donc sur le graphe précédent, le graphe n'est pas complet. Pour qu'il le soit, il aurait fallu ajouter les arêtes entre *A* et *B*, entre *A* et *E*, entre *A* et *C* et entre *D* et

E. En fait, pour reprendre l'image des villages, le graphe est **complet** si on peut prendre une route directe pour aller d'un village à n'importe quel autre.

- **Degré d'un sommet** : C'est le nombre d'arêtes qui partent d'un sommet. En reprenant l'exemple donné, on peut donner les degrés associés à chaque sommet :

Sommet	A	B	C	D	E
Degré	1	3	3	3	2

Théorème : **La somme des degrés des sommets d'un graphe, est égale au double du nombre d'arêtes du graphe.**

Remarque : Ce théorème permet donc de ne pas avoir à compter à la main le nombre d'arêtes et ça peut être très pratique si le graphe est constitué de nombreux sommets.

Exemple : si on additionne les degrés du graphe en question, on obtient : $1 + 3 + 3 + 3 + 2 = 12 = 2 \times 6$ et il y a bien **6** arêtes sur le graphe.

- **Chaîne :** C'est une liste de sommets adjacents ; dans l'exemple précédent, il en existe plusieurs. On a les chaînes $BECDB$ ou ADB, etc.

  Pour imager, une « chaîne » représente l'ensemble des routes pour aller d'un village à un autre village.

- **Longueur d'une chaîne :** C'est le nombre d'arêtes entre un sommet de départ et celui d'arrivée :

  Exemples : – Si on considère la chaîne $BECDB$, sa longueur vaut **4** ;

  – si on considère la chaîne ADB, sa longueur vaut **2**.

- **Graphe connexe :** Un graphe est **connexe** si deux sommets quelconques peuvent être reliés par une chaîne.

  Dans l'exemple qui suit, on va voir un cas d'un graphe connexe (dont la chaîne se trace « sans lever le crayon »), et le cas d'un graphe non connexe, qui présente une discontinuité au niveau de la chaîne.

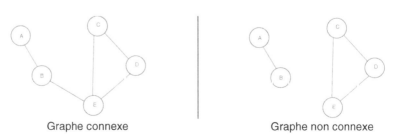

Graphe connexe   Graphe non connexe

1.3 Exercice type sur les graphes

Exercice de type « Rédactionnel »

On considère le graphe **G** suivant :

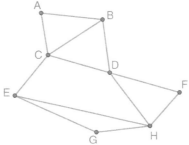

a) Donner l'ordre du graphe.

b) Donner les degrés du graphe pour chaque sommet ?

c) Combien ce graphe compte-t-il d'arêtes ?

d) Combien de sommets sont adjacents au sommet **B** ?

e) Le graphe est-il complet ? Justifier.

f) Combien doit-on ajouter d'arêtes pour qu'il soit complet ?

g) Ce graphe est-il connexe ? Justifier.

h) Quelle est la longueur de la chaîne **ABCDFH** ?

Solution

a) Le graphe compte **8** sommets, donc l'ordre du graphe est **8**.

b) Degré pour chaque sommet :

Sommet	A	B	C	D	E	F	G	H
Degré	2	3	4	4	3	2	2	4

c) **2** façons pour compter le nombre d'arêtes :

— soit on compte à la « main », et on trouve **12** arêtes,

— soit on utilise le théorème sur les degrés (vu dans la partie cours) :
On additionne tous les degrés :
$$2 + 3 + 4 + 4 + 3 + 2 + 2 + 4 = 24 = 2 \times 12$$
il y a donc **12** arêtes.

d) Il y a **3** sommets adjacents (reliés directement par une arête) au sommet **B**.

e) Pour que le graphe soit complet, il faut que tous les sommets soient adjacents entre eux. Or, par exemple, les sommets **B** et **G** ne sont pas adjacents, donc le graphe n'est pas complet.

f) Pour que le graphe soit complet, il faut que tous les sommets soient reliés par une arête.

2 façons pour compter le nombre d'arêtes manquantes :

— soit on compte à la « main », et on trouve **16** arêtes manquantes,

— soit on utilise l'analyse combinatoire : il y a autant d'arêtes pour que le graphe soit complet, que de combinaisons de **2** éléments parmi **8** ; soit $\binom{8}{2} = \frac{8 \times 7}{2} = 28$; mais on compte déjà **12** arêtes sur le graphe. Donc pour que le graphe soit complet, on doit ajouter $28 - 12 = 16$ arêtes.

g) On peut aller de n'importe quel sommet à n'importe quel autre, sans discontinuité de la chaîne ; on en déduit que le graphe est connexe.

h) Il y a **5** arêtes sur la chaîne $\boldsymbol{ABCDFH}$; donc la longueur de la chaîne est **5**.

2 Matrices

2.1 Définition d'une matrice

Une matrice $\boldsymbol{A}$, de dimension $\boldsymbol{m} \times \boldsymbol{p}$, est un tableau de nombres $\boldsymbol{a_{ij}}$ (appelés « éléments » ou « coefficients ») constitué de $\boldsymbol{m}$ lignes et $\boldsymbol{p}$ colonnes.

$$A = \begin{pmatrix} a_{11} & a_{12} & \cdots & a_{1j} & \cdots & a_{1p} \\ a_{21} & a_{22} & \cdots & a_{2j} & \cdots & a_{2p} \\ \vdots & \vdots & \ddots & \vdots & \vdots & \vdots \\ a_{i1} & a_{i2} & \cdots & a_{ij} & \cdots & a_{ip} \\ \vdots & \vdots & \vdots & \vdots & \ddots & \vdots \\ a_{m1} & a_{m2} & \cdots & a_{mj} & \cdots & a_{mp} \end{pmatrix}$$

Remarques :   – Le coefficient $\boldsymbol{a_{ij}}$ se trouve à l'intersection de la $\boldsymbol{i}^{\text{e}}$ ligne et la $\boldsymbol{j}^{\text{e}}$ colonne ;

– on peut noter en abrégé, $\boldsymbol{A} = (\boldsymbol{a_{ij}})$.

2.2 Matrices particulières

a) Matrice ligne

Définition : On dit qu'une matrice est une « **matrice ligne** » (ou encore « **vecteur-ligne** »), si sa dimension est $\boldsymbol{1} \times \boldsymbol{p}$; c'est à dire que ses coefficients s'écrivent sur **1** ligne.

Exemple —   La matrice $\boldsymbol{A}$ définie par : $\boldsymbol{A} = \begin{pmatrix} 1 & -2 & 3 \end{pmatrix}$ est une matrice ligne d'ordre $\boldsymbol{1} \times \boldsymbol{3}$.

b)   Matrice colonne

Définition : On dit qu'une matrice est une « **matrice colonne** » (ou encore
« **vecteur-colonne** »), si sa dimension est $m \times 1$; c'est à dire que ses coefficients
s'écrivent sur **1** colonne.

Exemple —   La matrice B définie par : $B = \begin{pmatrix} -4 \\ 2 \\ 0 \\ -1 \end{pmatrix}$ est une matrice colonne d'ordre 4×1.

c)   Matrice carrée

Définition : On dit qu'une matrice est **carrée**, si le nombre de lignes est égal
au nombre de colonnes de la matrice. La dimension d'une matrice carrée est dite
d'ordre p.

Exemple —   La matrice C définie par : $C = \begin{pmatrix} 3 & -1 & 2 \\ -5 & 1 & -4 \\ 1 & 0 & 3 \end{pmatrix}$ est une matrice carrée d'ordre **3**.

d)   Matrice unité

On appelle la **matrice unité**, notée $\mathbb{I}_p$, la matrice carrée d'ordre p qui ne possède
que des « **1** » sur sa diagonale et que des « **0** » sur ailleurs. On peut aussi dire
que $a_{ii} = 1$ et $a_{ij} = 0$ (avec $i \neq j$).

Exemple —   La matrice $\mathbb{I}_3$ définie par $\mathbb{I}_3 = \begin{pmatrix} 1 & 0 & 0 \\ 0 & 1 & 0 \\ 0 & 0 & 1 \end{pmatrix}$ est une matrice
unité d'ordre **3**.

e)   Matrice diagonale

On appelle la **matrice diagonale** d'ordre p, la matrice carrée d'ordre p dont les
coefficients en dehors de la diagonale sont nuls : $a_{ij} = 0$ si $i \neq j$.

Exemple de matrice diagonale : $D = \begin{pmatrix} -2 & 0 & 0 \\ 0 & 1 & 0 \\ 0 & 0 & 5 \end{pmatrix}$

Remarque : Les coefficients de la diagonale peuvent aussi être (ou ne pas être)
nuls.

2.3   Opérations sur les matrices

a)   Somme de matrices

La somme S de **2** matrices A et B, s'obtient en ajoutant les coefficients occupant
la même position dans la matrice, soit : $s_{ij} = a_{ij} + b_{ij}$.

Remarques :   • Pour additionner deux matrices, il faut qu'elles soient de même dimension.

• La somme de deux matrices est commutative :

$$A + B = B + A.$$

Exercice : Soient A et B les matrices définies par :

$$A = \begin{pmatrix} -3 & 1 & 0 \\ -1 & 2 & 3 \\ -1 & 1 & -4 \end{pmatrix} \text{ et } B = \begin{pmatrix} 1 & 2 & 3 \\ 0 & 1 & -1 \\ 2 & 1 & 4 \end{pmatrix}$$

Donner alors l'expression de la matrice S définie par $S = A + B$.

Solution

En additionnant les coefficients **2** à **2**, on obtient la matrice S :

$$S = \begin{pmatrix} -3 & 1 & 0 \\ -1 & 2 & 3 \\ -1 & 1 & -4 \end{pmatrix} + \begin{pmatrix} 1 & 2 & 3 \\ 0 & 1 & -1 \\ 2 & 1 & 4 \end{pmatrix} = \begin{pmatrix} -2 & 3 & 3 \\ -1 & 3 & 2 \\ 1 & 2 & 0 \end{pmatrix}$$

b)   Produit de deux matrices

Remarque : Pour multiplier une matrice A de dimension $m \times p$ avec une matrice B, celle-ci doit être de dimension $p \times q$. La matrice produit $P = A \times B$ sera alors de dimension $m \times q$.

Sur le schéma ci-contre, on voit la marche à suivre pour calculer le produit de deux matrices. Le plus simple est d'écrire la première matrice A à gauche, et la matrice B au dessus. Et on va calculer tous les coefficients de la matrice P comme expliqué sur la figure.

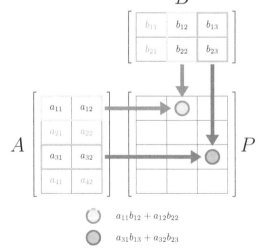

$a_{11}b_{12} + a_{12}b_{22}$

$a_{31}b_{13} + a_{32}b_{23}$

Remarques :   • De manière générale, le produit de **2** matrices n'est pas commutatif, c'est à dire $A \times B \neq B \times A$.

• le produit de matrices est associatif :
$$A \times (B \times C) = (A \times B) \times C$$

• Si on multiplie une matrice carrée C d'ordre p par la matrice identité de même dimension, on a : $C \times \mathbb{I}_p = \mathbb{I}_p \times C = C$.

Exercice : Soient les matrices A (de dimension 4×2) et B (de dimension 2×3) définies par :

$$A = \begin{pmatrix} 1 & 2 \\ -1 & 2 \\ 3 & 1 \\ 0 & 2 \end{pmatrix} \text{ et } B = \begin{pmatrix} 1 & 2 & 3 \\ 2 & 1 & -1 \end{pmatrix}$$

Donner alors l'expression de la matrice P définie par $P = A \times B$.

Solution

On applique la méthode vue ci-dessus, et on calcule chaque coefficient de la matrice P.

La dimension de la matrice A est 4×2, celle de B est 2×3 et on obtient bien pour P une matrice de dimension 4×3.

$$\begin{pmatrix} 1 & 2 & 3 \\ 2 & 1 & -1 \end{pmatrix} = B$$

$$P = \underbrace{\begin{pmatrix} 1 & 2 \\ -1 & 2 \\ 3 & 1 \\ 0 & 2 \end{pmatrix}}_{=A} \underbrace{\begin{pmatrix} 5 & 4 & 1 \\ 3 & 0 & -5 \\ 5 & 7 & 8 \\ 4 & 2 & -2 \end{pmatrix}}_{=P}$$

On trouve ainsi $P = \begin{pmatrix} 1 & 2 \\ -1 & 2 \\ 3 & 1 \\ 0 & 2 \end{pmatrix} \times \begin{pmatrix} 1 & 2 & 3 \\ 2 & 1 & -1 \end{pmatrix} = \begin{pmatrix} 5 & 4 & 1 \\ 3 & 0 & -5 \\ 5 & 7 & 8 \\ 4 & 2 & -2 \end{pmatrix}$.

Remarque : On peut vérifier à la calculatrice, qu'on retrouve bien ce résultat. A l'aide de la TI-83, on effectue les opérations suivantes :

• On commence par définir les matrices A et B en faisant :
touche ⬚ **matrice** ⬚ + **EDIT**+1 :[A] ;

• Il apparaît alors **MATRICE[A]** ; on entre la dimension de la matrice, soit 4×2 ; et on rentre les coefficients successifs $1, 2$, puis $-1, 2$, etc.

• On recommence la même opération pour la matrice B :

touche $\boxed{\textbf{matrice}}$ + **EDIT**+**2** :[**B**] ;

- il apparaît alors **MATRICE[B]** ; on entre la dimension de la matrice, soit $\mathbf{2 \times 3}$; et on rentre les coefficients successifs $\mathbf{1, 2, 3}$, puis $\mathbf{2, 1, -1}$.

- Toujours sur la touche **matrice**, on sélectionne $\boldsymbol{NOMS} + \mathbf{1}$:, il apparaît alors sur l'écran [$\boldsymbol{A}$], on ajoute le symbole de la multiplication $*$.

  Puis on recommence cette opération avec $\boxed{\textbf{matrice}}$, on sélectionne $\boldsymbol{NOMS}$ + $\mathbf{2}$:, il apparaît alors sur l'écran [$\boldsymbol{A}$] $*$ [$\boldsymbol{B}$].

- On appuie sur la touche $\boxed{\textbf{entrer}}$ et on retrouve la matrice $\boldsymbol{P}$.

$$P = \begin{pmatrix} 5 & 4 & 1 \\ 3 & 0 & -5 \\ 5 & 7 & 8 \\ 4 & 2 & -2 \end{pmatrix}$$

c)   Inverse d'une matrice carrée

On traitera à « la main », seulement le cas d'une matrice carrée d'ordre $\mathbf{2}$, pour les matrices d'ordres supérieurs, il est plus rapide d'utiliser sa calculatrice.

Si on note $\boldsymbol{A}$ une matrice, si cette dernière est inversible, alors sa matrice inverse sera notée $\boldsymbol{A^{-1}}$.

Remarques :   • Une matrice $\boldsymbol{A}$ carrée ($\mathbf{2 \times 2}$) définie par $\boldsymbol{A} = \begin{pmatrix} a & b \\ c & d \end{pmatrix}$ est inversible si : $\boldsymbol{ad - bc \neq 0}$.

• On appellera le « déterminant » de la matrice $\mathbf{2 \times 2}$, noté $\boldsymbol{Det(A)}$, le nombre $\boldsymbol{ad - bc}$.

Une matrice inverse est telle que $\boldsymbol{A} \times \boldsymbol{A^{-1}} = \mathbb{I}_p$, où $\mathbb{I}_p$ représente la matrice identité de même ordre $\boldsymbol{p}$ que celui de $\boldsymbol{A}$ et de $\boldsymbol{A^{-1}}$.

> *Exemple :*   Soit $\boldsymbol{A}$ la matrice définie par : $\boldsymbol{A} = \begin{pmatrix} 1 & 2 \\ 1 & 3 \end{pmatrix}$.
> On va chercher à inverser cette matrice $\boldsymbol{A}$.

- $1^{\text{ère}}$ *méthode :* « à la main »

  On remarque que le déterminant de $\boldsymbol{A}$ est non nul :
  $$Det(A) = 1 \times 3 - 1 \times 2 \neq 0$$

donc A est inversible, et puisque A est une matrice carrée d'ordre 2, il en est de même pour sa matrice inverse A^{-1} qui sera de la forme :

$$A^{-1} = \begin{pmatrix} x & y \\ z & t \end{pmatrix}$$

où les coefficients (x, y, z, t) de la matrice sont à déterminer.

On sait de plus que $A \times A^{-1} = \mathbb{I}_2$, soit :

$$\begin{pmatrix} 1 & 2 \\ 1 & 3 \end{pmatrix} \times \begin{pmatrix} x & y \\ z & t \end{pmatrix} = \begin{pmatrix} 1 & 0 \\ 0 & 1 \end{pmatrix}$$

En utilisant la technique de produit des matrices (Cf 2)3)b), et après avoir identifié avec la matrice identité (coefficient par coefficient), on obtient le système suivant :

$$\begin{cases} x + 2z = 1 \\ x + 3z = 0 \\ y + 2t = 0 \\ y + 3t = 1 \end{cases} \iff \begin{cases} x = 1 - 2z \\ (1 - 2z) + 3z = 0 \\ y = -2t \\ -2t + 3t = 1 \end{cases} \iff \begin{cases} z = -1 \\ x = 3 \\ t = 1 \\ y = -2t \end{cases}$$

$$\iff \begin{cases} x = 3 \\ y = -2 \\ z = -1 \\ t = 1 \end{cases}$$

Et on a ainsi déterminé la matrice inverse : $A^{-1} = \begin{pmatrix} 3 & -2 \\ -1 & 1 \end{pmatrix}$

Remarque : Il est à noter que pour une matrice 2×2, il y a 4 inconnues à déterminer, mais pour une matrice carrée, 3×3, il y en aurait 9 ; et pour une matrice 4×4, il y en aurait 16. D'où l'intérêt d'utiliser sa calculatrice, à partir d'une matrice 3×3 (et même 2×2...).

• 2ème *méthode :* « à la calculatrice »

— On commence par définir la matrice A :
  touche $\boxed{\textbf{matrice}}$ + **EDIT**+1 :[A] ;
  Il apparaît alors **MATRICE[A]** ; on entre la dimension de la matrice, soit 2×2 ; et on rentre les coefficients successifs $1, 2$, puis $1, 3$.

— Toujours sur la touche **matrice**, on sélectionne $NOMS + 1$:, il apparaît alors sur l'écran [A].

— Pour finir, on ajoute $\boxed{\wedge}$ et $\boxed{+}$ -1 et on obtient $[A]^{-1}$ et on appuie sur $\boxed{\textbf{entrer}}$.

  On retrouve alors : $A^{-1} = \begin{pmatrix} 3 & -2 \\ -1 & 1 \end{pmatrix}$

d)   Puissance d'une matrice carrée

Soit A une matrice carrée d'ordre p et n un entier naturel (avec $n \geqslant 1$).

La **puissance n-ième** d'une matrice carrée A est la matrice carrée d'ordre p qui s'obtient en multipliant n foi la matrice A par elle-même :

$$A^n = \underbrace{A \times A \times \ldots \times A}_{n \text{ fois}}$$

Remarques :   • Par convention, si $n = 0$, $A^0 = \mathbb{I}_p$.

• Dans le cas où la matrice A est diagonale, A^n s'obtient facilement en élevant tous les coefficients de la diagonales (a_{ii}) à la puissance n.

Exercice : Soit A la matrice définie par : $A = \begin{pmatrix} -1 & 2 \\ 1 & -3 \end{pmatrix}$.

A l'aide de la calculatrice, calculer A^2, puis A^3. Et retrouver ce résultat en calculant $A^2 \times A$, puis $A \times A^2$. En utilisant la propriété d'associativité des produits de matrices, expliquer le résultat obtenu.

Solution

On trouve successivement, à l'aide de la calculatrice :

$$A^2 = \begin{pmatrix} 3 & -8 \\ -4 & 11 \end{pmatrix}, \text{ et } A^3 = \begin{pmatrix} -11 & 30 \\ 15 & -41 \end{pmatrix}$$

Et par produit de matrices, on trouve aussi à la calculatrice :

$$A^2 \times A = A \times A^2 = \begin{pmatrix} -11 & 30 \\ 15 & -41 \end{pmatrix} = A^3.$$

Bien que de manière générale, le produit de matrice ne soit pas commutatif ($A \times B \neq B \times A$), la puissance n-**ième** d'une matrice fait exception du fait de la propriété d'associativité du produit des matrices.

En effet, on peut écrire : $A^3 = A \times A \times A = (A \times A) \times A = A^2 \times A$, mais on a aussi, $A^3 = A \times A \times A = A \times (A \times A) = A \times A^2$. Ainsi, la propriété d'associativité conduit à celle de commutativité, en ce qui concerne les puissances n-**ième** d'une matrice, et de manière générale, on peut écrire :

$$A^{n+1} = A \times A^n = A^n \times A$$

2.4 Exemples de représentations matricielles

a) Matrice adjacente d'un graphe

Dans ce paragraphe, nous allons voir comment relier un graphe à une matrice.

Imaginons **4** villages **A**, **B**, **C**, et **D** reliés par des routes et on considère qu'il existe une route partant de **A** qui permet d'y revenir sans aller dans un autre village. On obtient alors le graphe d'ordre **4** suivant :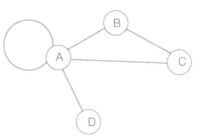

On constate qu'à partir du village **A**, on peut aller vers **A**, **B**, **C** et **D**.

De même, à partir du village **B**, on peut aller vers **A** et **C** ; à partir de **C**, on peut aller vers **A** et **B** et à partir de **D**, on ne peut aller que vers **A**.

On peut alors construire la matrice adjacente à ce graphe en plaçant **1** lorsqu'il existe une route d'un village à un autre et **0** dans le cas contraire :

$$M = \begin{array}{c} \\ A \\ B \\ C \\ D \end{array} \begin{array}{c} A \quad B \quad C \quad D \\ \begin{pmatrix} 1 & 1 & 1 & 1 \\ 1 & 0 & 1 & 0 \\ 1 & 1 & 0 & 0 \\ 1 & 0 & 0 & 0 \end{pmatrix} \end{array}$$

On constate, du fait que le graphe ne soit pas orienté (c'est-à-dire, qu'on peut prendre les routes dans les deux sens), que la matrice est symétrique. Donc pour aller plus vite, dans le cas de graphes non orientés, on peut remplir la moitié supérieure (au dessus de la diagonale) de la matrice et compléter ensuite l'autre moitié.

Remarque : Sur la matrice ci-dessus, les lignes (**A**, **B**, **C**, **D**, écrits en vertical à gauche de la matrice) représentent les villages de départ, et les colonnes (**A**, **B**, **C**, **D**, écrits en horizontal au dessus de la matrice) représentent les villages à l'arrivée.

b) Matrice de transformation géométrique du plan

C'est une matrice **2 × 2** de la forme $T = \begin{pmatrix} a & b \\ c & d \end{pmatrix}$ qui permet d'obtenir les coordonnées d'un point image $M'(x', y')$ connaissant les coordonnées de son antécédent $M(x, y)$ par une transformation géométrique du plan (symétries par rapport aux axes du repère, rotation par rapport à un centre et un angle, etc).

Ces coordonnées sont reliés par la relation : $\begin{pmatrix} a & b \\ c & d \end{pmatrix} \times \begin{pmatrix} x \\ y \end{pmatrix} = \begin{pmatrix} x' \\ y' \end{pmatrix}$

Par exemple, dans le cas d'une symétrie par rapport à l'axe des abscisses, la matrice de transformation est donnée par : $T_{abs} = \begin{pmatrix} 1 & 0 \\ 0 & -1 \end{pmatrix}$

Dans le cas d'une symétrie par rapport à l'axe des ordonnées, la matrice de transformation est donnée par : $T_{ord} = \begin{pmatrix} -1 & 0 \\ 0 & 1 \end{pmatrix}$

Dans le cas d'une rotation de centre O et d'angle θ, la matrice de transformation est donnée par : $T_{Rot} = \begin{pmatrix} \cos\theta & -\sin\theta \\ \sin\theta & \cos\theta \end{pmatrix}$

c)   Suite de matrices colonnes U_n

Quand on s'intéresse à l'évolution de plusieurs types de population d'une année sur l'autre, la représentation sous forme de suite de matrices colonnes peut-être intéressante et pratique, pour prévoir leur nombre après un certain nombres d'années.

Illustrons ce type de problème par la situation suivante :

Exercice : Dans le cadre d'une étude sur les interactions sociales entre des souris, des chercheurs enferment des souris de laboratoire dans une cage comportant deux compartiments A et B. La porte entre ces compartiments est ouverte pendant dix minutes tous les jours à midi.

On étudie la répartition des souris dans les deux compartiments. On estime que chaque jour :

- **20%** des souris présentes dans le compartiment A avant l'ouverture de la porte se trouvent dans le compartiment B après fermeture de la porte,
- **10%** des souris qui étaient dans le compartiment B avant l'ouverture de la porte se trouvent dans le compartiment A après fermeture de la porte.

On suppose qu'au départ, les deux compartiments A et B contiennent le même effectif de souris. On pose $a_0 = 0,5$ et $b_0 = 0,5$.

Pour tout entier naturel n supérieur ou égal à 1, on note a_n et b_n les proportions de souris présentes respectivement dans les compartiments A et B au bout de n jours, après fermeture de la porte.

On désigne par U_n la matrice $\begin{pmatrix} a_n \\ b_n \end{pmatrix}$.

Soit n un entier naturel.

a) Calculer U_1 et en donner une interprétation.

b) Exprimer a_{n+1} et b_{n+1} en fonction de a_n et b_n.

c) En déduire que $U_{n+1} = MU_n$ où M est une matrice que l'on précisera.

d) Si on admet que $U_n = M^nU_0$, déterminer alors la répartition des souris dans les compartiments A et B au bout de 3 jours.

Solution

a) $a_1 = (1 - 0,2)a_0 + 0,1b_0$ $\qquad b_1 = 1 - a_1$

$\quad = 0,8 \times 0,5 + 0,1 \times 0,5 \qquad\quad = 0,55$

$\quad = 0,45$

On en déduit alors $U_1 = \begin{pmatrix} 0,45 \\ 0,55 \end{pmatrix}$; on peut ainsi comprendre, que le lendemain, il restera 45% des souris dans le compartiment A, contre 55% dans le B.

b) On peut procéder de la même manière que pour la question précédente, mais de manière générale pour deux années consécutives :

$a_{n+1} = (1 - 0,2)a_n + 0,1b_n \qquad b_{n+1} = 0,2a_n + (1 - 0,1) \times b_n$

$\quad = 0,8a_n + 0,1b_n \qquad\qquad\quad = 0,2a_n + 0,9a_n$

c) On peut ainsi écrire sous forme de matrice :

$$\begin{pmatrix} a_{n+1} \\ b_{n+1} \end{pmatrix} = \begin{pmatrix} 0,8 & 0,1 \\ 0,2 & 0,9 \end{pmatrix} \begin{pmatrix} a_n \\ b_n \end{pmatrix}$$

Par identification, on a alors : $U_{n+1} = \begin{pmatrix} a_{n+1} \\ b_{n+1} \end{pmatrix}$, $U_n = \begin{pmatrix} a_n \\ b_n \end{pmatrix}$

et $M = \begin{pmatrix} 0,8 & 0,1 \\ 0,2 & 0,9 \end{pmatrix}$.

d) Au bout de 3 jours, on a : $U_3 = M^3U_0$, avec $U_0 = \begin{pmatrix} a_0 \\ b_0 \end{pmatrix} = \begin{pmatrix} 0,5 \\ 0,5 \end{pmatrix}$, et à l'aide de la calculatrice, on trouve d'abord $M^3 = \begin{pmatrix} 0,562 & 0,219 \\ 0,438 & 0,781 \end{pmatrix}$, et ensuite

$$U_3 = M^3 \times U_0 = \begin{pmatrix} 0,3905 \\ 0,6095 \end{pmatrix}.$$

On trouve ainsi, au bout de **3** jours, **39, 05%** de souris dans le compartiment **A** et **60, 95%** de souris dans le **B**.

3   Chaînes de Markov

3.1   Qu'est-ce qu'une chaîne de Markov ?

Définition : Une **chaîne de Markov** est une **suite de variables aléatoires** (X_n) qui va permettre de **suivre l'évolution d'un système dans le temps** (l'indice n représenterait un instant : heure, jour, etc).

Par soucis de simplifier l'écriture, ces variables aléatoires ne pourrons prendre dans ce cours que **2** ou **3 états**.

Propriétés :

- Pour savoir ce qui va se passer à l'instant $n + 1$, il suffit de savoir uniquement ce qui se passe à l'instant n. On parle du processus de Markov « sans mémoire » ; en d'autre termes, le « futur » ne dépend pas du « passé », mais seulement de l'instant « présent ».

- La probabilité de passer d'un état à un autre, ne dépend pas de l'instant n.

Illustrons cela par des exemples afin de clarifier ces notions.

3.2   Système à 2 ou 3 états

- **Système à 2 états**

  Un adolescent joue chaque jour à un seul des **2** jeux vidéos installés sur son ordinateur : GTA (état G) et Fortnite (état F). L'espace des états est donc représenté par $\Omega_X = \{G, F\}$.

- **Système à 3 états**

  On admet que dans une ville, il y a trois possibilités de temps : Il neige (état **1**), il pleut (état **2**), il fait beau (état **3**). L'espace des états est donc représenté par $\Omega_X = \{1, 2, 3\}$.

3.3 Graphe orienté pondéré associé à une chaîne de Markov sur un système à 2 états

a) Exemple d'une situation d'un système à 2 états

Reprenons l'exemple de l'adolescent qui joue quotidiennement à un de ces **2** jeux vidéos. S'il joue à GTA un certain jour, il rejoue également à ce jeu le lendemain avec une probabilité de **0, 6** ; s'il joue à Fortnite, un certain jour, il rejouera le lendemain à ce jeu avec une probabilité de **0, 3**.

A ce stade, on peut remarquer que le terme **orienté** vient du fait, que la probabilité de passer de l'état G à l'état F n'est pas la même que celle de passer de F à G. Le sens d'orientation des arêtes a alors une valeur différente selon l'orientation.

On va ainsi construire un graphe où les sommets sont constitués par les états G et F, et on précise les probabilités de passer de G à G, puis celle de passer de G à F, etc. On obtient alors le graphe orienté où les arêtes sont pondérées par les **probabilités de transition** d'un état vers un autre (ou vers lui même) ci-contre :

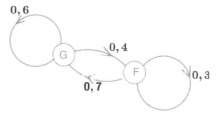

Remarque : L'avantage d'utiliser un graphe orienté, c'est que c'est très facile visuellement de retrouver les probabilités associées aux transitions d'un état vers un autre.

b) Distributions de Markov après n transitions

On appelle **distribution initiale**, notée π_0, la matrice ligne 2×1 (car seulement **2 états** pris en compte) correspondant à la répartition initiale des probabilités pour chacun des états.

Par exemple, si le premier jour ($n = 0$), l'adolescent joue de façon certaine à Fortnite, la probabilité associée à l'état F vaut $p(X_0 = F) = 1$ et celle de l'état G, vaut alors $p(X_0 = G) = 0$, la distribution initiale π_0 est donnée par :
$$\pi_0 = \begin{pmatrix} p(X_0 = G) & p(X_0 = F) \end{pmatrix} = \begin{pmatrix} 0 & 1 \end{pmatrix}$$

On peut alors de la même manière, en tenant compte du fait que le premier jour, l'adolescent jouait à Fortnite, prévoir à l'aide du graphe du paragraphe précédent, la distribution après **1** transition (**1** jour après), que l'on notera ainsi $\boldsymbol{\pi_1}$:

$$\boldsymbol{\pi_1} = \big(p(X_1 = G) \quad p(X_1 = F)\big) = \big(0,7 \quad 0,3\big)$$

Dans ce qui suit, on va voir comment obtenir facilement la distribution après $\boldsymbol{n}$ transitions définie par :

$$\boldsymbol{\pi_n} = \big(p(X_n = G) \quad p(X_n = F)\big)$$

Pour cela, on va définir une matrice appelée « **matrice de transition** », notée $\boldsymbol{P}$, qui se présente de la façon suivante :

$$P = \begin{array}{c} \\ \text{état } \boldsymbol{G} \\ \text{état } \boldsymbol{F} \end{array} \begin{array}{cc} \text{état } \boldsymbol{G} \quad \text{état } \boldsymbol{F} \quad (\text{« FUTUR »}) \\ \begin{pmatrix} 0,6 & 0,4 \\ 0,7 & 0,3 \end{pmatrix} \end{array}$$

$$(\text{« PRESENT »})$$

Remarques : • Les lignes de cette matrice, notées (« **PRÉSENT** »), représentent les états dans lequel on se trouve à une date donnée, et les colonnes, notées (« **FUTUR** »), représentent les états dans lequel on se trouvera le jour d'après.

• On remarquera aussi que les sommes des coefficients sur chaque ligne fait toujours **1** ; logique puisque en partant d'un sommet (état $\boldsymbol{F}$ ou état $\boldsymbol{G}$), on envisage toutes les possibilités.

Dans la propriété qui suit, on va alors voir comment passer d'une distribution du jour $\boldsymbol{n}$ à celle du jour suivant $\boldsymbol{n+1}$:

Propriété : Pour tout entier naturel $\boldsymbol{n}$, on a :
$$\boldsymbol{\pi_{n+1} = \pi_n \times P}$$

On peut d'ailleurs facilement vérifier que cette relation est bien vérifiée au premier rang en calculant le produit :

$$\pi_0 \times P = \big(0 \quad 1\big) \times \begin{pmatrix} 0,6 & 0,4 \\ 0,7 & 0,3 \end{pmatrix} = \big(0,7 \quad 0,3\big) = \pi_1$$

Et on peut ainsi déterminer, de proche en proche, la distribution du jour suivant :

$$\pi_2 = \pi_1 \times P = \big(0,7 \quad 0,3\big) \times \begin{pmatrix} 0,6 & 0,4 \\ 0,7 & 0,3 \end{pmatrix} = \big(0,63 \quad 0,37\big)$$

Remarque : On peut aussi effectuer les calculs des coefficients de la matrice ligne des distributions sans passer par l'écriture matricielle, à l'aide de sa calculatrice (de proche en proche) :

On constate d'abord que $\pi_{n+1} = \pi_n \times P$.

Posons $\pi_n = \begin{pmatrix} u_n & v_n \end{pmatrix}$ et $\pi_{n+1} = \begin{pmatrix} u_{n+1} & v_{n+1} \end{pmatrix}$; on a alors :

$$\begin{pmatrix} u_{n+1} & v_{n+1} \end{pmatrix} = \begin{pmatrix} u_n & v_n \end{pmatrix} \times \begin{pmatrix} 0,6 & 0,4 \\ 0,7 & 0,3 \end{pmatrix}$$

Si on développe ce produit matriciel, pour obtenir la relation entre les coefficients u_n, v_n, u_{n+1}, v_{n+1}, on obtient alors le système suivant :

$$\begin{cases} u_{n+1} = 0,6u_n + 0,7v_n \\ v_{n+1} = 0,4u_n + 0,3v_n \end{cases}$$

Pour obtenir, à l'aide de la TI-83, les différentes distributions π_n, il suffit d'utiliser les directives suivantes :

- touche $\boxed{\textbf{mode}}$, puis remplacer **Fonction** par **Suite** ;

- touche $\boxed{\boldsymbol{f(x)}}$, on entre alors n**Min=0**,
  puis $\backslash u(n+1) = 0.6u(n) + 0,7v(n)$, avec $u(0) = 0$ et $u(1) = 0,7$,
  et aussi,$\backslash v(n+1) = 0.4u(n) + 0,3v(n)$, avec $v(0) = 1$ et $v(1) = 0,3$.

- Ensuite, touche $\boxed{\textbf{2nde}}$+ **déf table** : **DébutTbl=0** et $\boldsymbol{\Delta}$**Tbl=1**.

- On obtient alors les résultats de toutes les distributions en utilisant touche $\boxed{\textbf{2nde}}$+**table**.

On obtient alors le tableau suivant :

n	u	v
0	0	1
1	0.7	0.3
2	0.63	0.37
3	0.637	0.363
4	0.6363	0.3637
5	0.6364	0.3636
6	0.6364	0.3636
etc...		

c) Distribution invariante d'une chaîne de Markov

Sur le tableau précédent, on retrouve bien les distributions π_0, π_1 et π_2 calculées précédemment. On remarque aussi, qu'à partir d'un certain rang (avec une convergence assez rapide...), on retrouve toujours les mêmes valeurs de π :

$\pi \approx \begin{pmatrix} 0,6364 & 0,3636 \end{pmatrix}$. On parle alors de **distribution invariante (unique) de la chaîne de Markov**.

Cela signifie que l'adolescent, au bout d'un certain jour, jouera à GTA avec une probabilité de presque **64%** et à Fortnite, avec une probabilité de presque **36%**.

Définition : π est une distribution **invariante** de la chaîne de Markov si
$$\pi = \pi \times P$$

Remarque : Voici un moyen de trouver par le calcul la distribution π :

Il suffit de poser $\pi = \begin{pmatrix} p & q \end{pmatrix}$; d'après ce qui précède, on a alors :
$$\begin{pmatrix} p & q \end{pmatrix} \times \begin{pmatrix} 0,6 & 0,4 \\ 0,7 & 0,3 \end{pmatrix} = \begin{pmatrix} p & q \end{pmatrix}$$
Ce qui conduit au système suivant :
$$\begin{cases} 0,6p + 0,7q = p \\ 0,4p + 0,3q = q \end{cases} \iff \begin{cases} 0,7q = 0,4p \\ 0,4p = 0,7q \end{cases}$$

On sait de plus, que p et q sont des probabilités contraires, d'où $p + q = 1$. Ce qui conduit au système suivant :

$$\begin{cases} 0,7q = 0,4p \\ p + q = 1 \end{cases} \iff \begin{cases} 7q = 4p \\ p + q = 1 \end{cases} \iff \begin{cases} p = 1 - q \\ 7q = 4(1 - q) \end{cases}$$
$$\iff \begin{cases} p = 1 - q \\ 11q = 4 \end{cases} \iff \begin{cases} p = \frac{7}{11} \approx 0,6364 \\ q = \frac{4}{11} \approx 0,3636 \end{cases}$$

On peut facilement vérifier par un calcul matriciel que :
$$\begin{pmatrix} \frac{7}{11} & \frac{4}{11} \end{pmatrix} \times \begin{pmatrix} 0,6 & 0,4 \\ 0,7 & 0,3 \end{pmatrix} = \begin{pmatrix} \frac{7}{11} & \frac{4}{11} \end{pmatrix}$$

On peut aussi remarquer un résultat très important : si on avait supposé que le premier jour, l'adolescent jouait à GTA (et non à Fortnite), on aurait eu : $\pi_0 = \begin{pmatrix} 1 & 0 \end{pmatrix}$; mais on aurait obtenu la même distribution invariante. Cela signifie que **la distribution invariante ne dépend pas de la distribution initiale**.

Propriétés : Le graphe possède une distribution **invariante P** (état stable d'ordre k) de la chaîne de Markov si :

- P ne possède pas de coefficients nuls ;
- les distributions probabilités π_n tendent vers l'état stable π quand n devient grand.

Remarque : Si P possède des coefficients nuls, alors il peut quand même y avoir un état stable ; mais pas systématiquement.

d) Autre façon de calculer directement les distributions

On remarquera alors que $\pi_2 = \pi_1 \times P = (\pi_0 \times P) \times P = \pi_0 \times P^2$.

Ainsi, on pourrait facilement démontrer par récurrence, la propriété très pratique qui suit :

Propriété : Pour tout entier naturel n, on a :
$$\pi_n = \pi_0 \times P^n$$

Pour s'entrainer, on pourrait par exemple, à l'aide de cette formule, trouver à la calculatrice, les probabilités que l'adolescent joue le troisième jour à ses **2** jeux par le calcul :

$$\pi_3 = \pi_0 \times P^3, \text{ avec } P^3 = \begin{pmatrix} 0,636 & 0,364 \\ 0,637 & 0,363 \end{pmatrix}$$

Et, on trouve alors :

$$\pi_3 = \begin{pmatrix} 0 & 1 \end{pmatrix} \begin{pmatrix} 0,636 & 0,364 \\ 0,637 & 0,363 \end{pmatrix} = \begin{pmatrix} 0,637 & 0,363 \end{pmatrix}$$

et on retrouve bien sûr, les mêmes résultats que ceux obtenus dans le tableau du 3.3-b) par la méthode « de proche en proche ».

3.4   Graphe orienté pondéré associé à une chaîne de Markov sur un système à 3 états

Pour illustrer ce cas, avec un système à **3** état, nous allons utiliser la même démarche que précédemment et traiter l'exercice suivant :

Exercice :   Voici les conditions météorologiques observées dans un pays lointain :

- Il ne fait jamais beau deux jours de suite.
- Si un jour il fait beau, le lendemain il peut neiger ou pleuvoir avec la même probabilité.
- Si un jour il pleut ou il neige, il y a une probabilité égale à $\frac{1}{2}$ qu'il y ait le même temps le lendemain,
- et s'il y a changement, il y a **1** chance sur **2** pour que ce soit pour du beau temps.

---

a) Former, à partir de cela, un graphe orienté pondéré associé à la chaîne de Markov correspondante.

b) Déterminer alors sa matrice de transition, notée P.

c) Si un jour il fait beau, quel est le temps le plus probable pour le sur-lendemain ?

Solution

a) Graphe orienté

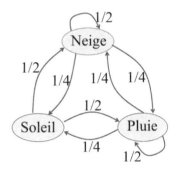

Il ne fait jamais beau **2** jours de suite, donc il n'y a pas d'arête entre les sommets « soleil-soleil ». De plus, s'il fait beau un jour, la probabilité qu'il pleuve ou qu'il neige vaut $\frac{1}{2}$.

De plus, s'il pleut ou il neige, la probabilité qu'il y ait le même temps vaut $\frac{1}{2}$.

On va donc construire une arête entre les sommets « pluie-pluie » ainsi que pour les sommets « neige-neige » avec la probabilité de $\frac{1}{2}$. En partant du sommet « pluie », il y a **1** chance sur **2** pour que ce soit du beau temps. Ainsi, la probabilité qu'il fasse beau le lendemain, sachant qu'il a plu, vaut $\frac{1}{4}$; et c'est aussi la probabilité qu'il neige le lendemain, sachant qu'il a plu la veille. Même raisonnement pour le sommet « neige ».

b) Matrice de transition

On a l'ensemble des états suivants : $\Omega_X = \{$Soleil, Pluie, Neige$\}$, et le temps d'un jour ne dépend que du temps du jour précédent ; il s'agit donc bien d'une chaîne de Markov dont la matrice de transition est donnée par :

$$
\begin{array}{cccc}
 & \text{Soleil} & \text{Pluie} & \text{Neige} \quad (\text{« FUTUR »}) \\
P = \begin{array}{c} \text{Soleil} \\ \text{Pluie} \\ \text{Neige} \end{array} & \left(\begin{array}{ccc} 0 & \frac{1}{2} & \frac{1}{2} \\ \frac{1}{4} & \frac{1}{2} & \frac{1}{4} \\ \frac{1}{4} & \frac{1}{4} & \frac{1}{2} \end{array} \right)
\end{array}
$$

(« PRESENT »)

c) Puisque la chaîne de Markov est une loi « sans mémoire », on peut prendre par exemple, le cas où il y avait du Soleil le premier jour ; soit $\pi_0 = \begin{pmatrix} 1 & 0 & 0 \end{pmatrix}$, et on cherche **2** jour plus tard, la distribution π_2 telle que : $\pi_2 = \pi_0 \times P^2$.

A la calculatrice, on obtient alors :

$$\pi_2 = \begin{pmatrix} 1 & 0 & 0 \end{pmatrix} \times \begin{pmatrix} 0 & \frac{1}{2} & \frac{1}{2} \\ \frac{1}{4} & \frac{1}{2} & \frac{1}{4} \\ \frac{1}{4} & \frac{1}{4} & \frac{1}{2} \end{pmatrix}$$

$$= \begin{pmatrix} 0,25 & 0,375 & 0,375 \end{pmatrix}$$

On en déduit donc, que s'il fait beau un jour, la probabilité qu'il fasse beau **2** jours plus tard vaut **0, 25**, la probabilité qu'il neige ou qu'il pleuve vaut alors **0, 375**. Donc le temps, le plus probable le surlendemain est qu'il neige ou qu'il pleuve.

Graphes et Matrices
Exercices "types"

1   Graphes et Matrices

1) Exercice de type « Rédactionnel »

Une compagnie aérienne utilise huit aéroports que l'on nomme A, B, C, D, E, F, G et H. Entre certains de ces aéroports, la compagnie propose des vols dans les deux sens. Cette situation est représentée par le graphe Γ ci-contre, dans lequel :

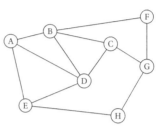

- les sommets représentent les aéroports,

- les arêtes représentent les liaisons assurées dans les deux sens par la compagnie.

Partie A

1) a) Déterminer, en justifiant, si le graphe Γ est complet.

   b) Déterminer, en justifiant, si le graphe Γ est connexe.

2) Donner la matrice d'adjacence M du graphe Γ en respectant l'ordre alphabétique des sommets du graphe.

3) Pour la suite de l'exercice, on donne les matrices suivantes :

$$M^2 = \begin{pmatrix} 3 & 1 & 2 & 2 & 1 & 1 & 0 & 1 \\ 1 & 4 & 1 & 2 & 2 & 0 & 2 & 0 \\ 2 & 1 & 3 & 1 & 1 & 2 & 0 & 1 \\ 2 & 2 & 1 & 4 & 1 & 1 & 1 & 1 \\ 1 & 2 & 1 & 1 & 3 & 0 & 1 & 0 \\ 1 & 0 & 2 & 1 & 0 & 2 & 0 & 1 \\ 0 & 2 & 0 & 1 & 1 & 0 & 3 & 0 \\ 1 & 0 & 1 & 1 & 0 & 1 & 0 & 2 \end{pmatrix} \text{ et } M^3 = \begin{pmatrix} 4 & 8 & 3 & 7 & 6 & 1 & 4 & 1 \\ 8 & 4 & 8 & 8 & 3 & 6 & 1 & 4 \\ 3 & 8 & 2 & 7 & 4 & 1 & 6 & 1 \\ 7 & 8 & 7 & 6 & 7 & 3 & 3 & 2 \\ 6 & 3 & 4 & 7 & 2 & 3 & 1 & 4 \\ 1 & 6 & 1 & 3 & 3 & 0 & 5 & 0 \\ 4 & 1 & 6 & 3 & 1 & 5 & 0 & 4 \\ 1 & 4 & 1 & 2 & 4 & 0 & 4 & 0 \end{pmatrix}$$

Un voyageur souhaite aller de l'aéroport B à l'aéroport H.

a) Déterminer le nombre minimal de vols qu'il doit prendre, Justifier les réponses à l'aide des matrices données ci-dessus.

b) Donner tous les trajets possibles empruntant trois vols successifs.

Partie B

Les arêtes sont maintenant pondérées par le coût de chaque vol, exprimé en euros.

Un voyageur partant de l'aéroport **A** doit se rendre à l'aéroport **H**, Déterminer alors le trajet le moins cher.

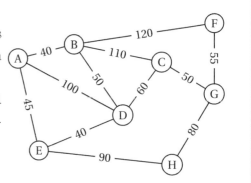

SOLUTION

Partie A

1) a) Pour que le graphe soit complet, il est nécessaire que tous les sommets soient adjacents **2** à **2** (c'est-à-dire, reliés par une arête). Or par exemple, les sommets **C** et **F** (ou **D** et **H**, etc.) ne le sont pas. Donc le graphe $\boldsymbol{\Gamma}$ n'est pas complet.

   b) Un graphe est connexe si on peut aller d'un sommet à un autre « sans lever le crayon » en utilisant les différentes arêtes. C'est le cas ici ; donc le graphe est connexe.

2) Matrice adjacente **M** du graphe $\boldsymbol{\Gamma}$:

$$M = \begin{array}{c} \\ A \\ B \\ C \\ D \\ E \\ F \\ G \\ H \end{array}\overset{\displaystyle A\ B\ C\ D\ E\ F\ G\ H}{\left(\begin{array}{cccccccc} 0 & 1 & 0 & 1 & 1 & 0 & 0 & 0 \\ 1 & 0 & 1 & 1 & 0 & 1 & 0 & 0 \\ 0 & 1 & 0 & 1 & 0 & 0 & 1 & 0 \\ 1 & 1 & 1 & 0 & 1 & 0 & 0 & 0 \\ 1 & 0 & 0 & 1 & 0 & 0 & 1 & 1 \\ 0 & 1 & 0 & 0 & 0 & 0 & 1 & 0 \\ 0 & 0 & 1 & 0 & 0 & 1 & 0 & 1 \\ 0 & 0 & 0 & 0 & 1 & 0 & 1 & 0 \end{array}\right)}$$

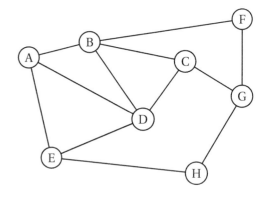

3)   a) Sur la matrice **M**, on voit que pour la **2**ᵉ ligne (aéroport **B**) et sur la **8**ᵉ colonne (aéroport **H**), le coefficient vaut **0**. Il n'y a donc pas de vol direct entre ces **2** aéroports.

Idem pour la matrice $\boldsymbol{M^2}$; on ne peut donc pas aller de l'aéroport **B** à l'aéroport **H** en **2** vols (**1** escale).

En revanche, pour la matrice M^3, il y a **4** possibilités pour se rendre de **B** à **H** en **3** vols (**2** escales).

b) En utilisant le graphe, on peut alors déterminer les **4** différentes possibilités pour se rendre de l'aéroport **B** à l'aéroport **H** :

- $B - A - E - H$,
- $B - D - E - H$,
- $B - C - G - H$,
- $B - F - G - H$.

Partie B

Nous allons reprendre les trajets précédents et calculer le coût total pour chaque chaîne :

- $B - A - E - H \longrightarrow$ Coût total : $40 + 45 + 90 = 175$ € ;
- $B - D - E - H \longrightarrow$ Coût total : $50 + 40 + 90 = 180$ € ;
- $B - C - G - H \longrightarrow$ Coût total : $110 + 50 + 80 = 240$ € ;
- $B - F - G - H \longrightarrow$ Coût total : $120 + 55 + 80 = 255$ €.

Donc le trajet le plus économique pour se rendre de **B** à **H** est le premier :

$$B - A - E - H$$

---

2) Exercice de type « Rédactionnel »

On étudie l'évolution dans le temps du nombre de jeunes et d'adultes dans une population d'animaux.

Pour tout entier naturel n, on note j_n le nombre d'animaux jeunes après n années d'observation et a_n le nombre d'animaux adultes après n années d'observation. Il y a au début de la première année de l'étude, **200** animaux **jeunes** et **500** animaux **adultes**. Ainsi $j_0 = 200$ et $a_0 = 500$.

On admet que pour tout entier naturel n on a :

$$\begin{cases} j_{n+1} = 0,125 j_n + 0,525 a_n \\ a_{n+1} = 0,625 j_n + 0,625 a_n \end{cases}$$

On introduit les matrices suivantes :

$$A = \begin{pmatrix} 0,125 & 0,525 \\ 0,625 & 0,625 \end{pmatrix} \text{ et, pour tout entier naturel } n, \ U_n = \begin{pmatrix} j_n \\ a_n \end{pmatrix}.$$

1) a) Montrer que pour tout entier naturel n, $U_{n+1} = A \times U_n$.

b) Calculer le nombre d'animaux jeunes et d'animaux adultes après un an d'observation puis après deux ans d'observation (résultats arrondis à l'unité près par défaut).

c) Á l'aide d'un raisonnement par récurrence, montrer que, pour tout entier naturel n non nul, $U_n = A^n U_0$.

2) On admet que pour tout entier naturel n non nul,

$$A^n = \begin{pmatrix} 0,3 + 0,7 \times (-0,25)^n & 0,42 - 0,42 \times (-0,25)^n \\ 0,5 - 0,5 \times (-0,25)^n & 0,7 + 0,3 \times (-0,25)^n \end{pmatrix}$$

a) En déduire les expressions de j_n et a_n en fonction de n

b) Déterminer les limites de ces deux suites (j_n) et (a_n).

c) Que peut-on en conclure pour la population d'animaux étudiée ?

SOLUTION

1) a) Pour tout $n \in \mathbb{N}$, $A \times U_n = \begin{pmatrix} 0,125 & 0,525 \\ 0,625 & 0,625 \end{pmatrix} \times \begin{pmatrix} j_n \\ a_n \end{pmatrix}$

$$= \begin{pmatrix} 0,125 j_n + 0,525 a_n \\ 0,625 j_n + 0,625 a_n \end{pmatrix} = \begin{pmatrix} j_{n+1} \\ a_{n+1} \end{pmatrix}$$

$$= U_{n+1}$$

On a donc montré que pour tout entier naturel n, $U_{n+1} = A \times U_n$.

b) Après un an d'observation $(n = 1)$, on a :

$$\begin{cases} j_1 = 0,125 j_0 + 0,525 a_0 \\ a_1 = 0,625 j_0 + 0,625 a_0 \end{cases} \text{ soit, } \begin{cases} j_1 = 0,125 \times 200 + 0,525 \times 500 \\ a_1 = 0,625 \times 200 + 0,625 \times 500 \end{cases}$$

$$\text{ou encore, } \begin{cases} j_2 = 287,5 \\ a_2 = 437,5 \end{cases}$$

Si on prend les valeurs obtenues par défaut, après **1** an d'observation, il a aura **287** animaux jeunes et **437** animaux adultes.

Après deux an d'observation $(n = 2)$, on a :

$$\begin{cases} j_2 = 0,125 j_1 + 0,525 a_1 \\ a_2 = 0,625 j_1 + 0,625 a_1 \end{cases} \text{ soit, } \begin{cases} j_2 = 0,125 \times 287,5 + 0,525 \times 437,5 \\ a_2 = 0,625 \times 287,5 + 0,625 \times 437,5 \end{cases}$$

$$\text{ou encore, } \begin{cases} j_2 = 265,625 \\ a_2 = 453.125 \end{cases}$$

Si on prend les valeurs obtenues par défaut, après **2** ans d'observation, il a aura **265** animaux jeunes et **453** animaux adultes.

c) Soit $P(n)$ la propriété à démontrer par récurrence définie par :

$$\text{« Pour tout } n \in \mathbb{N}^*,\ U_n = A^n U_1 \text{ ».}$$

- On vérifie la propriété à l'ordre 1er : $n = 1$

  D'après 1)a), on a vu, en remplaçant l'entier n par 1, que
  $U_1 = AU_0 = A^1 U_0$; d'où $P(1)$ est vraie.

- On suppose la propriété vraie à l'ordre k, c'est-à-dire, on suppose que
  $U_k = A^k U_0$ (pour l'entier k fixé). Démontrons la à l'ordre $k + 1$.

$$\boxed{\textit{But à obtenir : } U_{k+1} = A^{k+1} U_0}$$

  Or, $U_{k+1} = AU_k = A \times A^k U_0 = A^{k+1} U_0$.

- On a vérifié la propriété à l'ordre 1er,

  on a démontré que $P(k)$ implique $P(k+1)$;

  donc pour tout $n \in \mathbb{N}$, $U_n = A^n U_0$.

2) a) D'après la question précédente, on a, pour tout $n \in \mathbb{N}^*$, $U_n = A^n U_0$.
   C'est à dire, on a :

$$
\begin{pmatrix} j_n \\ a_n \end{pmatrix} = \begin{pmatrix} 0,3 + 0,7 \times (-0,25)^n & 0,42 - 0,42 \times (-0,25)^n \\ 0,5 - 0,5 \times (-0,25)^n & 0,7 + 0,3 \times (-0,25)^n \end{pmatrix} \times \begin{pmatrix} 200 \\ 500 \end{pmatrix}
$$

$$
= \begin{pmatrix} [0,3 + 0,7 \times (-0,25)^n] \times 200 + [0,42 - 0,42 \times (-0,25)^n] \times 500 \\ [0,5 - 0,5 \times (-0,25)^n] \times 200 + [0,7 + 0,3 \times (-0,25)^n] \times 500 \end{pmatrix}
$$

$$
= \begin{pmatrix} 270 - 70 \times (-0,25)^n \\ 450 + 50 \times (-0,25)^n \end{pmatrix}
$$

On en déduit alors que, pour tout entier n, on a :

$$
\begin{cases} j_n = 270 - 70 \times (-0,25)^n \\ a_n = 450 + 50 \times (-0,25)^n \end{cases}
$$

b) La suite $((-0,25)^n)$ est une suite géométrique dont la raison $q = -0,25$
   est comprise entre -1 et 1. Donc cette suite est convergente et converge
   vers 0 ; soit $\lim\limits_{n \to +\infty} (-0,25)^n = 0$.

   On a alors : $\lim\limits_{n \to +\infty} j_n = 270$ et $\lim\limits_{n \to +\infty} u_n = 450$.

c) On peut donc en conclure, qu'après un très grand nombre d'années d'observation, il y aura environ **270** animaux jeunes et **450** adultes. Si on
   compare le total, au départ, il y avait **700** animaux et au bout d'un très
   grand nombre d'années, il y en aura, à peu près, **720**.

3) Exercice de type « Rédactionnel »

Dans un pays de population constante égale à **120** millions, les habitants vivent soit en zone rurale, soit en ville. Les mouvements de population peuvent être modélisés de la façon suivante :

- en **2010**, la population compte **90** millions de ruraux et **30** millions de citadins ;
- chaque année, **10%** des ruraux émigrent à la ville ;
- chaque année, **5%** des citadins émigrent en zone rurale.

Pour tout entier naturel n, on note :

- R_n l'effectif de la population rurale, exprimé en millions d'habitants, en l'année $2010 + n$,
- C_n l'effectif de la population citadine, exprimé en millions d'habitants, en l'année $2010 + n$.
  On a donc $R_0 = 90$ et $C_0 = 30$.

1) On considère les matrices $M = \begin{pmatrix} 0,9 & 0,05 \\ 0,1 & 0,95 \end{pmatrix}$ et, pour tout entier naturel n, $U_n = \begin{pmatrix} R_n \\ C_n \end{pmatrix}$.

   a) Démontrer que, pour tout entier naturel n, $U_{n+1} = MU_n$.

   b) Calculer U_1. En déduire le nombre de ruraux et le nombre de citadins en **2011**.

2) Pour tout entier naturel n non nul, montrer à l'aide d'un raisonnement par récurrence, que $U_n = M^n U_0$.

3) a) On admet le résultat suivant :
$$M^n = \begin{pmatrix} \dfrac{1}{3} + \dfrac{2}{3} \times 0,85^n & \dfrac{1}{3} - \dfrac{1}{3} \times 0,85^n \\ \dfrac{2}{3} - \dfrac{2}{3} \times 0,85^n & \dfrac{2}{3} + \dfrac{1}{3} \times 0,85^n \end{pmatrix}$$

     En déduire que, pour tout entier naturel n, $R_n = 40 + 50 \times 0,85^n$ et déterminer l'expression de C_n en fonction de n.

   b) Déterminer la limite de R_n et de C_n lorsque n tend vers $+\infty$.
     Que peut-on en conclure pour la population étudiée ?

4) a) On admet que (R_n) est décroissante et que (C_n) est croissante.

Compléter l'algorithme ci-dessous, afin qu'il affiche le nombre d'années au bout duquel la population urbaine dépassera la population rurale.

Entrée :	n, R et C sont des nombres
Initialisation	n prend la valeur **0**
	R prend la valeur **90**
	C prend la valeur **30**
Traitement	Tant que . . . . . . faire
	n prend la valeur . . .
	R prend la valeur $50 \times 0,85^n + 40$
	C prend la valeur . . .
	Fin Tant que
Sortie	Afficher n

b) En résolvant l'inéquation d'inconnue n,

$$50 \times 0,85^n + 40 < 80 - 50 \times 0,85^n$$

retrouver la valeur affichée par l'algorithme.

SOLUTION

1) a) Pour tout entier naturel n, on a :

$$R_{n+1} = R_n - 0,1Rn + 0,05C_n = 0,9R_n + 0,05C_n$$
$$C_{n+1} = C_n - 0,05Cn + 0,1R_n = 0,1R_n + 0,95C_n$$

On peut alors écrire ces relations sous forme matricielle :

$$\begin{pmatrix} R_{n+1} \\ C_{n+1} \end{pmatrix} = \begin{pmatrix} 0,9 & 0,05 \\ 0,1 & 0,95 \end{pmatrix} \begin{pmatrix} R_n \\ C_n \end{pmatrix} \text{ ainsi, } U_{n+1} = MU_n$$

b) D'après la question précédente, on a $U_1 = MU_0$, soit

$$U_1 = \begin{pmatrix} 0,9 & 0,05 \\ 0,1 & 0,95 \end{pmatrix} \begin{pmatrix} 90 \\ 30 \end{pmatrix}$$

On obtient ainsi à la calculatrice, $U_1 = \begin{pmatrix} 82,5 \\ 37,5 \end{pmatrix}$; on en déduit alors :

$R_1 = 82,5$ et $C_1 = 37,5$. Il y aura alors en **2011**, **82,5** millions de ruraux et **37,5** millions de citadins.

2) Soit $P(n)$ la propriété à démontrer par récurrence définie par :

« Pour tout $n \in \mathbb{N}^*$, $U_n = M^n U_0$ ».

- On vérifie la propriété à l'ordre 1er : $n = 1$

  D'après 1)a), on a vu, en remplaçant l'entier n par 1, que

  $U_1 = MU_0 = M^1 U_0$; d'où $P(1)$ est vraie.

- On suppose la propriété vraie à l'ordre k, c'est-à-dire, on suppose que

  $U_k = M^k U_0$ (pour l'entier naturel non nul k fixé). Démontrons la à l'ordre $k + 1$.

$$\boxed{But\ à\ obtenir : U_{k+1} = M^{k+1} U_0}$$

  Or, $U_{k+1} = MU_k = M \times M^k U_0 = M^{k+1} U_0$.

- On a vérifié la propriété à l'ordre 1er,

  on a démontré que $P(k)$ implique $P(k + 1)$;

  donc pour tout $n \in \mathbb{N}^*$, $U_n = M^n U_0$.

3) a) Pour tout entier n, on a : $U_n = M^n U_0$

soit, $\begin{pmatrix} R_n \\ C_n \end{pmatrix} = \begin{pmatrix} \dfrac{1}{3} + \dfrac{2}{3} \times 0,85^n & \dfrac{1}{3} - \dfrac{1}{3} \times 0,85^n \\ \dfrac{2}{3} - \dfrac{2}{3} \times 0,85^n & \dfrac{2}{3} + \dfrac{1}{3} \times 0,85^n \end{pmatrix} \begin{pmatrix} 90 \\ 30 \end{pmatrix}.$

On en déduit ainsi,

$$R_n = 90 \left(\frac{1}{3} + \frac{2}{3} \times 0,85^n \right) + 30 \left(\frac{1}{3} - \frac{1}{3} \times 0,85^n \right)$$

$$= 30 + 60 \times 0,85^n + 10 - 10 \times 0,85^n$$

$$= 40 + 50 \times 0,85^n$$

Remarque : Pour calculer l'expression de C_n en fonction de n, on peut procéder de la même manière que pour R_n, ou bien remarquer que la population reste constante, donc $R_n + C_n = 120$, d'où $C_n = 120 - R_n$; ainsi, pour tout $n \in \mathbb{N}$, $C_n = 80 - 50 \times 0,85^n$.

b) $\lim\limits_{n \to +\infty} 0,85^n = 0$, car la suite $(0,85^n)_{n \in \mathbb{N}}$ est une suite géométrique dont la raison $q = 0,85$ est comprise entre -1 et 1.

On en déduit ainsi, $\lim\limits_{n \to +\infty} R_n = 40$ et $\lim\limits_{n \to +\infty} C_n = 80$.

On peut donc en conclure, qu'au bout d'un grand nombre d'années, la population va se stabiliser, et on comptera **40** millions de ruraux et **80** millions de citadins.

4) a) Algorithme

Entrée :	n, R et C sont des nombres
Initialisation	n prend la valeur **0**
	R prend la valeur **90**
	C prend la valeur **30**
Traitement	Tant que $\boxed{R \geqslant C}$ faire
	n prend la valeur $\boxed{n+1}$
	R prend la valeur $50 \times 0,85^n + 40$
	C prend la valeur $\boxed{120 - R}$
	Fin Tant que
Sortie	Afficher n

b) Pour tout entier n, on a :

$$R_n < C_n \iff 50 \times 0,85^n + 40 < 80 - 50 \times 0,85^n$$

$$\iff 40 > 100 \times 0,85^n$$

$$\iff 0,4 > 0,85^n$$

Et du fait que la fonction ln est strictement croissante sur $]0\,; +\infty[$, on a :

$\ln 0,4 > \ln 0,85^n \iff \ln 0,4 > n \ln 0,85$;

on en déduit alors $n > \dfrac{\ln 0,4}{\ln 0,85}$ (car $\ln 0,85 < 0$).

Remarque : $\dfrac{\ln 0,4}{\ln 0,85} \approx 5,6$; donc $n \geqslant 6$.

L'algorithme affichera donc la valeur $n = 6$; ce qui correspond à l'année **2016**. Pour cette valeur, le nombre d'habitants en zone rurale dépasse pour la première fois le nombre de citadins.

---

4) Exercice de type « Rédactionnel »

Un fumeur aimerait arrêter de fumer. On choisit d'utiliser la modélisation suivante :

- s'il ne fume pas un jour donné, il ne fume pas le jour suivant avec une probabilité de **0, 9** ;
- s'il fume un jour donné, il fume le jour suivant avec une probabilité de **0, 6**.

On appelle p_n la probabilité de ne pas fumer le n−ième jour et q_n, la probabilité de fumer le n−ième jour.

On suppose que $p_0 = 0$ et $q_0 = 1$.

1) Calculer p_1 et q_1.

2) On utilise un tableur pour automatiser le calcul des termes successifs des suites (p_n) et (q_n).

Une copie d'écran de cette feuille de calcul est fournie ci-dessous :

	A	B	C	D
1	n	p_n	q_n	
2	0	0	1	
3	1			
4	2			
5	3			

Dans la colonne A figurent les valeurs de l'entier naturel n.

Quelles formules peut-on écrire dans les cellules $B3$ et $C3$ de façon qu'en les recopiant vers le bas, on obtienne respectivement dans les colonnes B et C les termes successifs des suites (p_n) et (q_n) ?

3) On définit les matrices M et, pour tout entier naturel n, X_n par :

$$M = \begin{pmatrix} 0,9 & 0,4 \\ 0,1 & 0,6 \end{pmatrix} \text{ et } X_n = \begin{pmatrix} p_n \\ q_n \end{pmatrix}$$

On admet que $X_{n+1} = M \times X_n$ et que,

pour tout entier naturel n, $X_n = M^n \times X_0$.

On définit les matrices A et B par :

$$A = \begin{pmatrix} 0,8 & 0,8 \\ 0,2 & 0,2 \end{pmatrix} \text{ et } B = \begin{pmatrix} 0,2 & -0,8 \\ -0,2 & 0,8 \end{pmatrix}$$

a) Démontrer que $M = A + 0,5B$.

b) Vérifier que $A^2 = A$, et que $A \times B = B \times A = \begin{pmatrix} 0 & 0 \\ 0 & 0 \end{pmatrix}$.

On admet dans la suite que, pour tout entier naturel n strictement positif, $A^n = A$ et $B^n = B$.

c) Démontrer que, pour tout entier naturel n,
$$M^n = A + 0,5^n B$$

d) En déduire que, pour tout entier naturel n, $p_n = 0,8 - 0,8 \times 0,5^n$.

e) À long terme, peut-on affirmer avec certitude que le fumeur arrêtera de fumer ?

SOLUTION

1) Commençons par établir un arbre probabiliste où F_n correspond à l'évènement : « l'homme fume le jour n ».

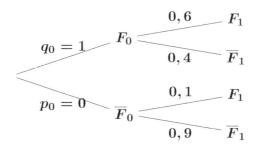

L'évènement $\overline{F_1}$ est la réunion de 2 évènements :
$$\overline{F_1} = (F_0 \cap \overline{F_1}) \cup (\overline{F_0} \cap \overline{F_1})$$
De plus, les évènements $F_0 \cap \overline{F_1}$ et $\overline{F_0} \cap \overline{F_1}$ sont incompatibles, donc, d'après le théorème des probabilités totales, on a :
$$\begin{aligned}
p_1 = P(F_1) &= P(F_0 \cap \overline{F_1}) + P(\overline{F_0} \cap \overline{F_1}) \\
&= P(F_0) \times P_{F_0}(\overline{F_1}) + P(\overline{F_0}) \times P_{\overline{F_0}}(\overline{F_1}) \\
&= q_0 \times P_{F_0}(\overline{F_1}) + p_0 \times P_{\overline{F_0}}(\overline{F_1}) \\
&= 1 \times 0,4 + 0 \times 0,9 \\
&= 0,4
\end{aligned}$$
Et on en déduit $q_1 = 1 - p_1 = 0,6$.

2) On peut procéder de la même manière pour un jour n quelconque :

L'évènement $\overline{F_{n+1}}$ est la réunion de 2 évènements :
$$\overline{F_{n+1}} = (F_n \cap \overline{F_{n+1}}) \cup (\overline{F_n} \cap \overline{F_{n+1}})$$
De plus, les évènements $F_n \cap \overline{F_{n+1}}$ et $\overline{F_n} \cap \overline{F_{n+1}}$ sont incompatibles, donc, d'après le théorème des probabilités totales, on a :
$$\begin{aligned}
p_{n+1} = P(\overline{F_{n+1}}) &= P(F_n \cap \overline{F_{n+1}}) + P(\overline{F_n} \cap \overline{F_{n+1}}) \\
&= P(F_n) \times P_{F_n}(\overline{F_{n+1}}) + P(\overline{F_n}) \times P_{\overline{F_n}}(\overline{F_{n+1}}) \\
&= q_n \times P_{F_n}(\overline{F_{n+1}}) + p_n \times P_{\overline{F_n}}(\overline{F_{n+1}}) \\
&= 0,4 q_n + 0,9 p_n
\end{aligned}$$

Dans la case $B3$, on écrit : $0,9{\star}B2 + 0,4{\star}C2$ et dans la case $C3$, on écrit $1 - B3$.

3) a) $A + 0,5B = \begin{pmatrix} 0,8 & 0,8 \\ 0,2 & 0,2 \end{pmatrix} + 0,5\begin{pmatrix} 0,2 & -0,8 \\ -0,2 & 0,8 \end{pmatrix}$

$$= \begin{pmatrix} 0,8 + 0,5 \times 2 & 0,8 + 0,5 \times (-0,8) \\ 0,2 + 0,5 \times (-0,2) & 0,2 + 0,5 \times 0,8 \end{pmatrix}$$

$$= \begin{pmatrix} 0,9 & 0,4 \\ 0,1 & 0,6 \end{pmatrix} = M$$

b) $A^2 = \begin{pmatrix} 0,8 & 0,8 \\ 0,2 & 0,2 \end{pmatrix}\begin{pmatrix} 0,8 & 0,8 \\ 0,2 & 0,2 \end{pmatrix}$

$$= \begin{pmatrix} 0,8 \times 0,8 + 0,8 \times 0,2 & 0,8 \times 0,8 + 0,8 \times 0,2 \\ 0,2 \times 0,8 + 0,2 \times 0,2 & 0,2 \times 0,8 + 0,2 \times 0,2 \end{pmatrix}$$

$$= \begin{pmatrix} 0,8 & 0,8 \\ 0,2 & 0,2 \end{pmatrix} = A$$

et, $A \times B = \begin{pmatrix} 0,8 & 0,8 \\ 0,2 & 0,2 \end{pmatrix}\begin{pmatrix} 0,2 & -0,8 \\ -0,2 & 0,8 \end{pmatrix}$

$$= \begin{pmatrix} 0,8 \times 0,2 + 0,8 \times (-0,2) & 0,8 \times (-0,8) + 0,8 \times 0,8 \\ 0,2 \times 0,2 + 0,2 \times (-0,2) & 0,2 \times (-0,8) + 0,2 \times 0,8 \end{pmatrix}$$

$$= \begin{pmatrix} 0 & 0 \\ 0 & 0 \end{pmatrix}$$

De même,

$B \times A = \begin{pmatrix} 0,2 & -0,8 \\ -0,2 & 0,8 \end{pmatrix}\begin{pmatrix} 0,8 & 0,8 \\ 0,2 & 0,2 \end{pmatrix}$

$$= \begin{pmatrix} 0,2 \times 0,8 + (-0,8) \times 0,2 & 0,2 \times 0,8 + (-0,8) \times 0,2 \\ (-0,2) \times 0,8 + 0,8 \times 0,2 & 0,8 \times (-0,2) + 0,8 \times 0,2 \end{pmatrix}$$

$$= \begin{pmatrix} 0 & 0 \\ 0 & 0 \end{pmatrix}$$

c) Soit $P(n)$ la propriété à démontrer par récurrence définie par :

« Pour tout $n \in \mathbb{N}$, $M^n = A + 0,5^n B$ ».

- On vérifie la propriété à l'ordre 1er : $n = 0$

$$A + 0,5^0 B = A + B = \begin{pmatrix} 0,8 & 0,8 \\ 0,2 & 0,2 \end{pmatrix} + \begin{pmatrix} 0,2 & -0,8 \\ -0,2 & 0,8 \end{pmatrix} = \begin{pmatrix} 1 & 0 \\ 0 & 1 \end{pmatrix}$$

$$= \mathbb{I}_2 = M^0, \text{ par convention ;}$$

d'où $P(0)$ est vraie.

- On suppose la propriété vraie à l'ordre k, c'est-à-dire, on suppose que $M^k = A + 0,5^k B$ (pour l'entier naturel k fixé). Démontrons-la à l'ordre $k + 1$.

$$\boxed{\textit{But à obtenir} : M^{k+1} = A + 0,5^{k+1}B}$$

Or, $M^{k+1} = M \times M^k = (A + 0,5B) \times (A + 0,5^k B)$.

$$= \underbrace{A^2}_{=A} + 0,5\underbrace{BA}_{=O_2} + 0,5^k\underbrace{AB}_{=O_2} + 0,5^{k+1}\underbrace{B^2}_{=B}$$

$$= A + 0,5^{k+1}B$$

en notant O_2 la matrice nulle d'ordre 2.

- On a vérifié la propriété à l'ordre 1er,

  on a démontré que $P(k)$ implique $P(k + 1)$;

  donc pour tout $n \in \mathbb{N}$, $M^n = A + 0,5^n B$.

d) D'après l'hypothèse de l'énoncé, on a :

$$X_n = M^n X_0, \text{ avec } X_n = \begin{pmatrix} p_n \\ q_n \end{pmatrix} \text{ et, } X_0 = \begin{pmatrix} p_0 \\ q_0 \end{pmatrix} = \begin{pmatrix} 0 \\ 1 \end{pmatrix}$$

on en déduit, d'après la question précédente, que :

$$\begin{pmatrix} p_n \\ q_n \end{pmatrix} = \left(\begin{pmatrix} 0,8 & 0,8 \\ 0,2 & 0,2 \end{pmatrix} + 0,5^n \begin{pmatrix} 0,2 & -0,8 \\ -0,2 & 0,8 \end{pmatrix} \right) \begin{pmatrix} 0 \\ 1 \end{pmatrix}$$

$$= \begin{pmatrix} 0,8 + 0,2 \times 0,5^n & 0,8 + (-0,8) \times 0,5^n \\ 0,2 \times + (-0,2) \times 0,5^n & 0,2 + 0,8 \times 0,5^n \end{pmatrix} \begin{pmatrix} 0 \\ 1 \end{pmatrix}$$

$$= \begin{pmatrix} 0,8 - 0,8 \times 0,5^n \\ 0,2 + 0,8 \times 0,5^n \end{pmatrix}$$

On en déduit, pour tout entier naturel n, $p_n = 0,8 - 0,8 \times 0,5^n$.

e) $\lim\limits_{n \to +\infty} 0,5^n = 0$, car la suite $(0,5^n)_{n \in \mathbb{N}}$ est une suite géométrique dont la raison $q = 0,5$ est comprise entre -1 et 1.

On en déduit ainsi, $\lim\limits_{n \to +\infty} p_n = 0,8$ (par « somme ») et au bout d'un très grand nombre de jours, la probabilité de ne pas fumer un jour n est proche de $0,8$.

Ainsi, la probabilité qu'il fume après une très longue durée est proche de $0,2$, mais cette probabilité n'est pas nulle !! on ne peut donc pas affirmer avec certitude que le fumeur arrêtera de fumer.

5) Exercice de type « Rédactionnel »

Dans le graphe ci-contre, les sommets représentent différentes zones de résidence ou d'activités d'une municipalité. Une arête reliant deux de ces sommets indique l'existence d'une voie d'accès principale entre deux lieux correspondants.

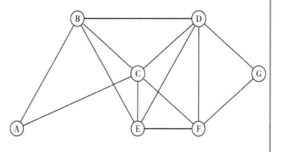

1) Déterminer la matrice M d'adjacence de ce graphe (les sommets seront pris dans l'ordre alphabétique et la 1re ligne et la 1re colonne seront notées A).

2) a) Déterminer le nombre de chemins de longueur **3** reliant A et F ; on pourra calculer M^3 à l'aide de la calculatrice.

   b) Donner alors la liste de ces chemins.

3) Dans le graphe ci-dessous, les valeurs indiquent, en minutes, les durées moyennes des trajets entre les différents lieux via les transports en commun.

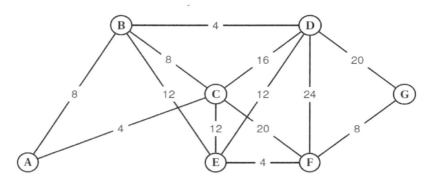

Une personne se trouve à la mairie A quand on lui rappelle qu'il a rendez-vous avec le responsable de l'hôpital situé en zone G.

   a) Par tâtonnement, déterminer le chemin de durée minimale que cette personne devra emprunter pour arriver à son rendez-vous.

   b) Déterminer alors la durée en minutes de ce trajet.

SOLUTION

1) Matrice d'adjacence au graphe

   Par exemple, le sommet **A** est directement relié uniquement aux sommets **B** et **C** ; ainsi, on mettra un coefficient égal à **1** sur la première ligne (qui correspond à **A**, et **2**^{e} et **3**^{e} colonnes qui correspondent respectivement à **B** et **C**). En procédant de même pour les autres sommets, on obtient ainsi la matrice d'adjacence **M** :

$$M = \begin{array}{c} \\ A \\ B \\ C \\ D \\ E \\ F \\ G \end{array} \begin{pmatrix} \begin{array}{ccccccc} A & B & C & D & E & F & G \\ 0 & 1 & 1 & 0 & 0 & 0 & 0 \\ 1 & 0 & 1 & 1 & 1 & 0 & 0 \\ 1 & 1 & 0 & 1 & 1 & 1 & 0 \\ 0 & 1 & 1 & 0 & 1 & 1 & 1 \\ 0 & 1 & 1 & 1 & 0 & 1 & 0 \\ 0 & 0 & 1 & 1 & 1 & 0 & 1 \\ 0 & 0 & 0 & 1 & 0 & 1 & 0 \end{array} \end{pmatrix}$$

2) a) Á l'aide de la calculatrice, on calcule la matrice M^3 ; le coefficient correspond à la **1**^{re} ligne (**A**) et la **6**^{e} colonne (**F**), correspond au nombre de chemins de longueur **3**.

   Remarque : Si on avait eu à déterminer le nombre de chemins de longueur **4**, on aurait calculé M^4, etc.

$$M^3 = \begin{array}{c} \\ A \\ B \\ C \\ D \\ E \\ F \\ G \end{array} \begin{pmatrix} \begin{array}{ccccccc} A & B & C & D & E & F & G \\ 2 & 7 & 8 & 5 & 5 & 5 & 3 \\ 7 & 8 & 12 & 13 & 12 & 8 & 5 \\ 8 & 12 & 12 & 15 & 13 & 13 & 5 \\ 5 & 13 & 15 & 12 & 13 & 12 & 8 \\ 5 & 12 & 13 & 13 & 10 & 12 & 5 \\ 5 & 8 & 13 & 12 & 12 & 8 & 7 \\ 3 & 5 & 5 & 8 & 5 & 7 & 2 \end{array} \end{pmatrix}$$

   On voit ainsi, sur la **1**^{re} ligne et **6**^{e} colonne que le coefficient vaut **5**. Il y a donc **5** chemins permettant d'aller de **A** à **F**.

   b) Liste des chemins de longueur **3** :
   $A - B - C - F$; $A - C - D - F$; $A - C - E - F$; $A - B - E - F$; $A - B - D - F$.

3) a) En partant du sommet A, à l'aide du graphe de la question 3), on voit que le chemin le plus court en durée, pour rejoindre le sommet G, correspond à la chaîne $A - C - E - F - G$.

   b) En reprenant les valeurs de cette chaîne, on obtient une durée totale de **28** minutes.

---

6) Exercice de type « Rédactionnel »

Vous devez organiser un tournoi sur un week-end et il faut prévoir cette organisation pour **4** ou **5** équipes.

Partie A : 4 équipes A, B, C et D participent au tournoi

Voici un planning en trois temps où chaque équipe rencontre une et une seule fois l'autre équipe durant le tournoi.

1er temps	2e temps	3e temps
A rencontre B	A rencontre C	A rencontre D
C rencontre D	B rencontre D	B rencontre C

1) a) Faire un graphe où les sommets sont les équipes, où une arête signifie : « ... et... se rencontrent »

   b) Combien le graphe a-t-il d'arêtes ? Quel est le degré de chaque sommet ? Quelle est la somme des degrés ? Quel est le lien entre cette somme et le nombre de rencontres ?

2) En mettant dans l'ordre alphabétique, écrire la matrice carrée (d'ordre **4**) d'adjacence de ce graphe.

Partie B : 5 équipes A, B, C ; D et E participent au tournoi

1) Recopier et compléter le planning en cinq temps où chaque équipe rencontre une et une seule fois l'autre équipe durant le tournoi et où à chaque temps une équipe soit exempte.

1er temps	2e temps	3e temps	4e temps	5e temps
A rencontre B C rencontre D E exempte				

Quel est le nombre de matches dans ce tournoi ?

2) a) Faire un graphe où les sommets sont les équipes, où une arête signifie : « ... et... se rencontrent »

b) Combien le graphe a-t-il d'arêtes ? Quel est le degré de chaque sommet ? Quelle est la somme des degrés ? Quel est le lien entre cette
somme et le nombre de rencontres ?

3) Pourquoi ne peut-on pas organiser un tournoi où chaque équipe ne joue
que trois matches.

4) En mettant dans l'ordre alphabétique, écrire la matrice carrée
(d'ordre **5**) d'adjacence de ce graphe.

SOLUTION

Partie A : 4 équipes A, B, C et D participent au tournoi

1) a) Graphe

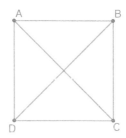

b) Réponses aux questions

- Nombre d'arêtes sur le graphe : **6**

- Degré de chaque sommet : **3** (car chaque équipe rencontre les **3**
autres).

- Somme des degrés : au total, il y a $4 \times 3 = 12$ degrés.

- Lien entre cette somme et le nombre de rencontres : La somme des
degrés est le double des rencontres (puisque deux équipes font une
rencontre). Le nombre de rencontres correspond au nombre d'arêtes,
il y a en donc **6**.

2) Matrice d'adjacence au graphe

$$M = \begin{array}{c} \\ A \\ B \\ C \\ D \end{array} \begin{array}{cccc} A & B & C & D \\ \begin{pmatrix} 0 & 1 & 1 & 1 \\ 1 & 0 & 1 & 1 \\ 1 & 1 & 0 & 1 \\ 1 & 1 & 1 & 0 \end{pmatrix} \end{array}$$

Partie B : 5 équipes A, B, C ; D et E participent au tournoi

1) Planning des rencontres

1er temps	2e temps	3e temps	4e temps	5e temps
A rencontre *B*	*A* rencontre *C*	*A* rencontre *E*	*A* rencontre *D*	*B* rencontre *C*
C rencontre *D*	*B* rencontre *E*	*B* rencontre *D*	*C* rencontre *E*	*D* rencontre *E*
E exempte	*D* exempte	*C* exempte	*B* exempte	*A* exempte

Il y a **2** rencontres par temps, il y a donc **10** rencontres.

2) a) Graphe associé

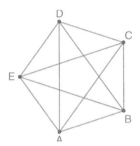

b) Réponses aux questions

- Nombre d'arêtes sur le graphe : **10**

- Degré de chaque sommet : **4** (car chaque équipe rencontre les **4** autres).

- Somme des degrés : au total, il y a **5 × 4 = 20** degrés.

- Lien entre cette somme et le nombre de rencontres : **20 = 2 × 10**.

3) Si chaque équipe joue trois matches, la somme des degrés de chaque sommet vaut : **5 × 3 = 15**.

On ne peut pas construire un graphe non ordonné où la somme des degrés est impaire puisqu'on a vu dans la partie cours, que la somme des degrés des sommets d'un graphe, est égale au double (donc nombre pair) du nombre d'arêtes du graphe.

4) Matrice d'adjacence d'ordre **5** :

$$M = \begin{array}{c} \\ A \\ B \\ C \\ D \\ E \end{array} \begin{array}{ccccc} A & B & C & D & E \\ \end{array} \left(\begin{array}{ccccc} 0 & 1 & 1 & 1 & 1 \\ 1 & 0 & 1 & 1 & 1 \\ 1 & 1 & 0 & 1 & 1 \\ 1 & 1 & 1 & 0 & 1 \\ 1 & 1 & 1 & 1 & 0 \end{array} \right)$$

7) Exercice de type « Rédactionnel »

Partie A : Étude d'un graphe

On considère le graphe $\mathcal{G}$ ci-dessous :

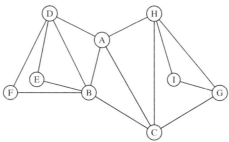

1) a) Le graphe $\mathcal{G}$ est-il complet ? Justifier.

b) Le graphe $\mathcal{G}$ est-il connexe ? Justifier.

2) Donner le degré de chacun des sommets du graphe $\mathcal{G}$.

3) a) Donner la matrice d'adjacence M associé au graphe $\mathcal{G}$ (les sommets seront rangés dans l'ordre alphabétique).

b) On donne :

$$M^2 = \begin{pmatrix} 4 & 2 & 2 & 1 & 2 & 2 & 2 & 1 & 1 \\ 2 & 5 & 1 & 3 & 1 & 1 & 1 & 2 & 0 \\ 2 & 1 & 4 & 2 & 1 & 1 & 1 & 2 & 2 \\ 1 & 3 & 2 & 4 & 1 & 1 & 0 & 1 & 0 \\ 2 & 1 & 1 & 1 & 2 & 2 & 0 & 0 & 0 \\ 2 & 1 & 1 & 1 & 2 & 2 & 0 & 0 & 0 \\ 2 & 1 & 1 & 0 & 0 & 0 & 3 & 2 & 1 \\ 1 & 2 & 2 & 1 & 0 & 0 & 2 & 4 & 1 \\ 1 & 0 & 2 & 0 & 0 & 0 & 1 & 1 & 2 \end{pmatrix}$$

Montrer, par le calcul, que le coefficient de la septième ligne et quatrième colonne de la matrice M^3 est égal à **3**.

Partie B : Applications

Dans cette partie, on pourra justifier les réponses en s'aidant de la partie A

On donne ci-dessous le plan simplifié d'un lycée :

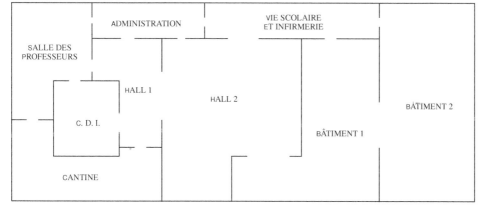

1) Le graphe $\mathcal{G}$ donné en partie A modélise cette situation. Recopier et compléter le tableau suivant :

Sommet du graphe $\mathcal{G}$	A	B	C	D	E	F	G	H	I
Lieu correspondant dans le lycée									

2) Un élève a cours de mathématiques dans le bâtiment 1. À la fin du cours, il doit rejoindre la salle des professeurs pour un rendez vous avec ses parents.

   Déterminer le nombre de chemins en trois étapes permettant à l'élève de rejoindre ses parents puis indiquer quels sont ces chemins.

3) Le lycée organise une journée portes-ouvertes.

   Sur les arêtes du graphe G sont indiqués les temps de parcours exprimés en seconde entre deux endroits du lycée.

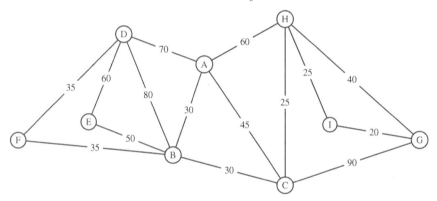

   Déterminer,le chemin permettant de relier le sommet G au sommet D en un temps minimal, puis calculer ce temps minimal, exprimé en seconde.

SOLUTION

Partie A : Étude d'un graphe

1) a) Pour que le graphe soit complet, il faut que tous les sommets soient liés **2** à **2** par une arête ; ce qui n'est pas le cas par exemple, entre les sommets C et I. On en déduit donc que le graphe $\mathcal{G}$ n'est pas complet.

   b) On peut relier **2** sommets quelconque du graphe « sans lever le crayon » ; donc le graphe est connexe.

2) On détermine le degré d'un sommet en comptant le nombre d'arêtes issues de chaque sommet.

Sommet du graphe $\mathcal{G}$	A	B	C	D	E	F	G	H	I
Degré	4	5	4	4	2	2	3	4	2

3) a) Matrice d'adjacence M au graphe :

$$M = \begin{array}{c} \\ A \\ B \\ C \\ D \\ E \\ F \\ G \\ H \\ I \end{array} \begin{array}{cccccccccc} A & B & C & D & E & F & G & H & I \\ \begin{pmatrix} 0 & 1 & 1 & 1 & 0 & 0 & 0 & 1 & 0 \\ 1 & 0 & 1 & 1 & 1 & 1 & 0 & 0 & 0 \\ 1 & 1 & 0 & 0 & 0 & 0 & 1 & 1 & 0 \\ 1 & 1 & 0 & 0 & 1 & 1 & 0 & 0 & 0 \\ 0 & 1 & 0 & 1 & 0 & 0 & 0 & 0 & 0 \\ 0 & 1 & 0 & 1 & 0 & 0 & 0 & 0 & 0 \\ 0 & 0 & 1 & 0 & 0 & 0 & 0 & 1 & 1 \\ 1 & 0 & 1 & 0 & 0 & 0 & 1 & 0 & 1 \\ 0 & 0 & 0 & 0 & 0 & 0 & 1 & 1 & 0 \end{pmatrix} \end{array}$$

b) On obtient la matrice M^3 en effectuant le produit matriciel suivant : $M^3 = M^2 \times M$. On obtient alors le coefficient situé à la **7e** ligne et **4e** colonne de la matrice M^3 en effectuant le produit de la **7e** ligne de la matrice M^2 par la **4e** colonne de la matrice M. On a alors le produit matriciel suivant :

$$\begin{pmatrix} 2 & 1 & 1 & 0 & 0 & 0 & 3 & 2 & 1 \end{pmatrix} \times \begin{pmatrix} 1 \\ 1 \\ 0 \\ 0 \\ 1 \\ 1 \\ 0 \\ 0 \\ 0 \end{pmatrix} = 2 \times 1 + 1 \times 1 + 1 \times 0 + 0 \times 0 + 0 \times 1 + 0 \times 1 + 3 \times 0 + 2 \times 0 + 1 \times 0$$

$$= 3$$

Partie B : Applications

1) Tableau complété

Sommet	A	B	C	D	E	F	G	H	I
Lieu	Admin	Hall 1	Hall 2	S.Profs	CDI	Cant.	Bât. 1	Vie S. et Inf.	Bât. 2

2) L'élève veut aller du sommet G (**7e** ligne) au sommet D (**4e** colonne) ; on peut déjà savoir le nombre de chemins distincts permettant d'y aller en regardant le coefficient associé de la matrice M^3. Et d'après la question 3-b), on sait qu'il y en a **3**.

On peut facilement les trouver à l'aide du graphe : $GHAD$, $GCBD$ et $GCAD$.

3) Par tâtonnement, à l'aide du graphe où sont indiquées les durées, on trouve que le chemin le plus rapide pour se rendre de G à D est le chemin : $GHCBFD$; il nécessite **165** secondes pour le parcourir.

---

8) Exercice de type « Rédactionnel »

Soit G un graphe orienté de sommets $ABCDEF$ dont la matrice adjacente est :

$$M = \begin{array}{c} \\ A \\ B \\ C \\ D \\ E \\ F \end{array} \begin{array}{cccccc} A & B & C & D & E & F \\ \left(\begin{array}{cccccc} 0 & 0 & 0 & 1 & 1 & 0 \\ 0 & 0 & 0 & 0 & 0 & 0 \\ 0 & 1 & 0 & 0 & 1 & 0 \\ 0 & 1 & 0 & 0 & 0 & 0 \\ 0 & 0 & 0 & 0 & 0 & 0 \\ 0 & 0 & 0 & 0 & 1 & 0 \end{array}\right) \end{array}$$

1) a) Existe-t-il des arêtes qui arrivent en A, en C ou en F ?

    b) Comment interpréter la présence de deux lignes de zéros dans la matrice M ?

2) Si on appelle boucle, les relations de type $A \longrightarrow A$, etc. alors combien le graphe comporte-t-il de boucles ?

3) a) Combien d'arêtes le graphe G comporte-t-il ?

    b) Si on appelle « prédécesseurs » les sommets de départ qui pointent vers un autre sommet et « successeurs » les sommets d'arrivée de ce même sommet, compléter alors le tableau suivant :

Prédécesseurs	Sommets	Successeurs
	A	
	B	
	C	
	D	
	E	
	F	

4) Donner le degré de chacun des sommets du graphe G.

5) Proposer une représentation du graphe G.

6) Trouver les matrice M^2, M^3, M^4, M^5 et M^6.

7) a) Existe-t-il des chaînes de longueur 2 qui arrivent au sommet E ?

    b) Combien existe-t-il de chaînes de longueur 2 ? Donner alors ce(s) chemin(s) s'il en existe.

8) a) Existe-t-il des chaînes de longueur **3** ?

   b) Existe-t-il des chaînes de longueur supérieure à **3** ?

9) a) Reproduire le graphe précédent en ajoutant des raccourcis. On appellera ce nouveau graphe **G'**.

   Remarque : On appelle « raccourci » une arête entre deux sommets qui sont déjà joignables par un chemin existant.

   b) Donner la matrice adjacente **M'** de ce nouveau graphe **G'**.

SOLUTION

1) a) On voit que sur la matrice **M**, les colonnes **1** ; **3** et **6** associées respectivement aux sommets **A**, **C** et **F**, ne sont constituées que de **0**.

   Il n'existe donc pas d'arêtes orientées vers les sommets **A**, **C** et **F**.

   b) D'après la matrice **M**, on voit que la **2**e et la **5**e lignes ne font apparaître que des **0**. Cela signifie qu'il n'y a aucune arête qui part des sommets **B** ou **E**.

2) Le graphe **G** ne comporte aucune boucle, puisque la diagonale de la matrice **M** n'est constituée que de **0**.

3) a) On voit que la matrice **M** comporte **6** fois le nombre **1** ; on en déduit donc qu'il y a seulement **6** arêtes sur le graphe.

   b) Tableau complété

Prédécesseurs	Sommets	Successeurs
	A	D et E
C et D	B	
	C	B et E
A	D	B
A, C et F	E	
	F	E

4) On détermine le degré d'un sommet en comptant le nombre d'arêtes issues de chaque sommet.

Sommet du graphe **G**	A	B	C	D	E	F
Degré	2	2	2	2	3	1

5) Représentation du graphe

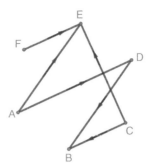

6) A la calculatrice, on trouve facilement la matrice M^2 :

$$M^2 = \begin{pmatrix} 0 & 1 & 0 & 0 & 0 & 0 \\ 0 & 0 & 0 & 0 & 0 & 0 \\ 0 & 0 & 0 & 0 & 0 & 0 \\ 0 & 0 & 0 & 0 & 0 & 0 \\ 0 & 0 & 0 & 0 & 0 & 0 \\ 0 & 0 & 0 & 0 & 0 & 0 \end{pmatrix}$$

Et les autres matrices M^3, M^4, M^5 et M^6 sont toutes des matrices nulles.

7) a) Il n'existe aucune chaîne de longueur **2** qui arrive au sommet **E**, puisque la **5**^{e} colonne de M^2 est constituée uniquement de **0**.

   b) On constate, en observant la matrice M^2 qu'il y a un seul coefficient qui vaut **1** ; il y a donc une seule chaîne de longueur **2**.

   En utilisant le graphe de la question **5**, on voit que l'unique chaîne de longueur **2** est : **ADB**.

8) a) La matrice M^3 est nulle, il n'y a donc pas de chaîne de longueur **3**.

   b) Non, puisque toutes les matrices d'ordre supérieure ou égale à **3** sont nulles.

9) a) Pour établir les éventuels raccourcis, il faut tenir compte de l'orientation des arêtes, et il n'en existe qu'un possible entre les sommets **A** et **B** :

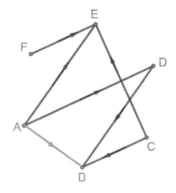

   b) Matrice d'adjacence M' du nouveau graphe :

$$M' = \begin{pmatrix} 0 & \boxed{1} & 0 & 1 & 1 & 0 \\ 0 & 0 & 0 & 0 & 0 & 0 \\ 0 & 1 & 0 & 0 & 1 & 0 \\ 0 & 1 & 0 & 0 & 0 & 0 \\ 0 & 0 & 0 & 0 & 0 & 0 \\ 0 & 0 & 0 & 0 & 1 & 0 \end{pmatrix}$$

9) Exercice de type « Rédactionnel »

Un logiciel permet de transformer un élément rectangulaire d'une photographie. Ainsi, le rectangle initial **OEFG** est transformé en un rectangle **OE′F′G′**, appelé image de **OEFG**.

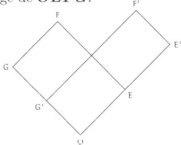

L'objet de cet exercice est d'étudier le rectangle obtenu après plusieurs transformations successives.

Partie A

Le plan est rapporté à un repère orthonormé $(O, \vec{\imath}, \vec{\jmath})$.

Les points **E**, **F** et **G** ont pour coordonnées respectives **(2 ; 2)**, **(−1 ; 5)** et **(−3 ; 3)**.

La transformation du logiciel associe à tout point $M(x\,;\ y)$ du plan, le point $M'(x'\,;\ y')$, image du point M tel que : $\begin{cases} x' = \frac{5}{4}x + \frac{3}{4}y \\ y' = \frac{3}{4}x + \frac{5}{4}y \end{cases}$

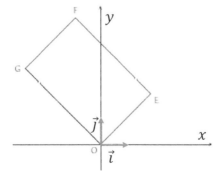

1) a) Calculer les coordonnées des points E', F' et G', images des points E, F et G par cette transformation.

   b) Comparer les longueurs OE et OE' d'une part, OG et OG' d'autre part.

2) Donner la matrice carrée d'ordre **2**, notée $\mathcal{A}$, telle que : $\begin{pmatrix} x' \\ y' \end{pmatrix} = \mathcal{A} \begin{pmatrix} x \\ y \end{pmatrix}$

Partie B

Dans cette partie, on étudie les coordonnées des images successives du sommet F du rectangle $OEFG$ lorsqu'on applique plusieurs fois la transformation du logiciel.

1) On considère l'algorithme suivant destiné à afficher les coordonnées de ces images successives.

   Une erreur a été commise.

   Modifier cet algorithme pour qu'il permette d'afficher ces coordonnées.

Entrée :	Saisir un entier naturel non nul N
Initialisation	Affecter à x la valeur -1
	Affecter à y la valeur **5**
Traitement	Entrer la valeur de N
	POUR i allant de **1** à N
	$\quad$ Affecter à a la valeur $\frac{5}{4}x + \frac{3}{4}y$
	$\quad$ Affecter à b la valeur $\frac{3}{4}x + \frac{5}{4}y$
	$\quad$ Affecter à x la valeur a
	$\quad$ Affecter à y la valeur b
	Fin POUR
Sortie	Afficher x
	Afficher y

2) On a obtenu le tableau suivant :

i	1	2	3	4	5	10	15
x	2,5	7,25	15,625	31,8125	69,9063	2047,9971	65535,9999
y	5,5	8,75	16,375	32,1875	64,0938	2048,0029	65536,0001

Conjecturer le comportement de la suite des images successives des coordonnées du point F.

Partie C

Dans cette partie, on étudie les coordonnées des images successives du sommet E du rectangle $OEFG$. On définit la suite des points $E_n\,(x_n;\ y_n)$ du plan par $E_0 = E$ et la relation de récurrence :

$$\begin{pmatrix} x_{n+1} \\ y_{n+1} \end{pmatrix} = \mathcal{A} \begin{pmatrix} x_n \\ y_n \end{pmatrix},$$

où $(x_{n+1};\ y_{n+1})$ désignent les coordonnées du point E_{n+1}.

Ainsi $x_0 = 2$ et $y_0 = 2$.

1) On admet que, pour tout entier $n \geqslant 1$, la matrice $\mathcal{A}^n$ peut s'écrire sous la forme : $\mathcal{A}^n = \begin{pmatrix} \alpha_n & \beta_n \\ \beta_n & \alpha_n \end{pmatrix}$.

Démontrer par récurrence que, pour tout entier naturel $n \geqslant 1$, on a :

$$\alpha_n = 2^{n-1} + \frac{1}{2^{n+1}} \text{ et } \beta_n = 2^{n-1} - \frac{1}{2^{n+1}}$$

2) a) Démontrer que, pour tout entier naturel n, le point E_n est situé sur la droite d'équation $y = x$.

On pourra utiliser que, pour tout entier naturel n, les coordonnées $(x_n;\ y_n)$ du point E_n vérifient :

$$\begin{pmatrix} x_n \\ y_n \end{pmatrix} = \mathcal{A}^n \begin{pmatrix} 2 \\ 2 \end{pmatrix},$$

b) Démontrer que la longueur OE_n tend vers $+\infty$ quand l'entier n tend vers $+\infty$.

SOLUTION

Partie A

1) a) Calcul des coordonnées des points images :

$$\begin{cases} x_{E'} = \frac{5}{4}x_E + \frac{3}{4}y_E \\ y_{E'} = \frac{3}{4}x_E + \frac{5}{4}y_E \end{cases} \Longleftrightarrow \begin{cases} x_{E'} = \frac{5}{4} \times 2 + \frac{3}{4} \times 2 \\ y_{E'} = \frac{3}{4} \times 2 + \frac{5}{4} \times 2 \end{cases} \Longleftrightarrow \begin{cases} x_{E'} = 4 \\ y_{E'} = 4 \end{cases}$$

Le point E' a donc pour coordonnées $E'(4;\ 4)$.

$$\begin{cases} x_{F'} = \frac{5}{4}x_F + \frac{3}{4}y_F \\ y_{F'} = \frac{3}{4}x_F + \frac{5}{4}y_F \end{cases} \Longleftrightarrow \begin{cases} x_{F'} = \frac{5}{4} \times (-1) + \frac{3}{4} \times 5 \\ y_{F'} = \frac{3}{4} \times (-1) + \frac{5}{4} \times 5 \end{cases} \Longleftrightarrow \begin{cases} x_{F'} = \frac{5}{2} \\ y_{F'} = \frac{11}{2} \end{cases}$$

Le point F' a donc pour coordonnées $F'(\frac{5}{2};\ \frac{11}{2})$.

$$\begin{cases} x_{G'} = \frac{5}{4}x_G + \frac{3}{4}y_G \\ y_{G'} = \frac{3}{4}x_G + \frac{5}{4}y_G \end{cases} \Longleftrightarrow \begin{cases} x_{G'} = \frac{5}{4} \times (-3) + \frac{3}{4} \times 3 \\ y_{G'} = \frac{3}{4} \times (-3) + \frac{5}{4} \times 3 \end{cases} \Longleftrightarrow \begin{cases} x_{G'} = -\frac{3}{2} \\ y_{G'} = \frac{3}{2} \end{cases}$$

Le point G' a donc pour coordonnées $G'(-\frac{3}{2}; \frac{3}{2})$.

b) Comparaison des longueurs :

$OE = \sqrt{2^2 + 2^2} = \sqrt{8} = 2\sqrt{2}$ et $OE' = \sqrt{4^2 + 4^2} = \sqrt{32} = 4\sqrt{2}$.

On en déduit alors que $OE' = 2OE$.

$OG = \sqrt{(-3)^2 + 3^2} = \sqrt{18} = 3\sqrt{2}$

et $OG' = \sqrt{\left(-\frac{3}{2}\right)^2 + \left(\frac{3}{2}\right)^2} = \sqrt{\frac{18}{4}} = \frac{3\sqrt{2}}{2}$. On en déduit alors :

$OG' = \frac{OG}{2}$

2) Pour tous réels x et y, on a : $\begin{cases} x' = \frac{5}{4}x + \frac{3}{4}y \\ y' = \frac{3}{4}x + \frac{5}{4}y \end{cases}$

Soit, $\begin{pmatrix} x' \\ y' \end{pmatrix} = \begin{pmatrix} \frac{5}{4}x + \frac{3}{4}y \\ \frac{3}{4}x + \frac{5}{4}y \end{pmatrix}$ ou encore, $\begin{pmatrix} x' \\ y' \end{pmatrix} = \begin{pmatrix} \frac{5}{4} & \frac{3}{4} \\ \frac{3}{4} & \frac{5}{4} \end{pmatrix} \begin{pmatrix} x \\ y \end{pmatrix}$

Par identification avec $\begin{pmatrix} x' \\ y' \end{pmatrix} = \mathcal{A} \begin{pmatrix} x \\ y \end{pmatrix}$, on en déduit alors : $\mathcal{A} = \begin{pmatrix} \frac{5}{4} & \frac{3}{4} \\ \frac{3}{4} & \frac{5}{4} \end{pmatrix}$.

Partie B

1) L'erreur qui a été commise réside dans le fait qu'à la sortie, il affiche x et y. C'est-à-dire qu'après la dernière boucle de l'algorithme, il affiche les dernières valeurs de x et y. Si on veut avoir toutes les valeurs de x et y, il faut intégrer « Afficher x » et « Afficher y », à l'intérieur de la boucle **POUR**. Voici donc l'algorithme modifié pour qu'il affiche toutes les coordonnées des points images :

Entrée :	Saisir un entier naturel non nul N
Initialisation	Affecter à x la valeur -1
	Affecter à y la valeur 5
Traitement	Entrer la valeur de N
	POUR i allant de 1 à N
	Affecter à a la valeur $\frac{5}{4}x + \frac{3}{4}y$
	Affecter à b la valeur $\frac{3}{4}x + \frac{5}{4}y$
	Affecter à x la valeur a
	Affecter à y la valeur b
	Afficher x
	Afficher y
	Fin POUR

2) D'après le tableau de valeurs des coordonnées des images du point $\boldsymbol{F}$, après plusieurs transformations successives, il semblerait que le point image s'éloigne de plus en plus de l'origine du repère (puisque ses coordonnées semblent tendre vers $+\infty$).

Partie C

1) Soit $\boldsymbol{P(n)}$ la propriété à démontrer par récurrence définie par :

« Pour tout $\boldsymbol{n} \in \mathbb{N}^*$, $\boldsymbol{\alpha_n} = \boldsymbol{2^{n-1}} + \dfrac{1}{\boldsymbol{2^{n+1}}}$ et $\boldsymbol{\beta_n} = \boldsymbol{2^{n-1}} - \dfrac{1}{\boldsymbol{2^{n+1}}}$ ».

- 1ère *étape* : Initialisation

   On vérifie la propriété à l'ordre $\boldsymbol{1}^{\text{er}}$: $(\boldsymbol{n = 1})$
   $\boldsymbol{2^0} + \dfrac{1}{\boldsymbol{2^2}} = \dfrac{5}{4} = \boldsymbol{\alpha_1}$ et $\boldsymbol{2^0} - \dfrac{1}{\boldsymbol{2^2}} = \dfrac{3}{4} = \boldsymbol{\beta_1}$; en accord avec les composantes de la matrice $\boldsymbol{\mathcal{A}}$ (voir partie A)2) ; d'où $\boldsymbol{P(1)}$ est vraie.

- 2ème *étape* : Transmission

   On suppose la propriété vraie à l'ordre $\boldsymbol{k}$, c'est-à-dire, on suppose que $\boldsymbol{\alpha_k} = \boldsymbol{2^{k-1}} + \dfrac{1}{\boldsymbol{2^{k+1}}}$ et $\boldsymbol{\beta_k} = \boldsymbol{2^{k-1}} - \dfrac{1}{\boldsymbol{2^{k+1}}}$ (pour l'entier $\boldsymbol{k}$ non nul fixé). Démontrons-la à l'ordre $\boldsymbol{k+1}$.

$$\boxed{\textit{But à obtenir :} \quad \boldsymbol{\alpha_{k+1}} = \boldsymbol{2^k} + \dfrac{1}{\boldsymbol{2^{k+2}}} \\ \text{et } \boldsymbol{\beta_{k+1}} = \boldsymbol{2^k} - \dfrac{1}{\boldsymbol{2^{k+2}}}}$$

De plus, $\boldsymbol{\mathcal{A}^{k+1}} = \boldsymbol{\mathcal{A}} \times \boldsymbol{\mathcal{A}^k} = \begin{pmatrix} \frac{5}{4} & \frac{3}{4} \\ \frac{3}{4} & \frac{5}{4} \end{pmatrix} \begin{pmatrix} \alpha_k & \beta_k \\ \beta_k & \alpha_k \end{pmatrix}$.

Or, $\boldsymbol{\mathcal{A}^{k+1}} = \begin{pmatrix} \alpha_{k+1} & \beta_{k+1} \\ \beta_{k+1} & \alpha_{k+1} \end{pmatrix}$; on en déduit alors :

$$\begin{pmatrix} \alpha_{k+1} & \beta_{k+1} \\ \beta_{k+1} & \alpha_{k+1} \end{pmatrix} = \begin{pmatrix} \frac{5}{4} & \frac{3}{4} \\ \frac{3}{4} & \frac{5}{4} \end{pmatrix} \begin{pmatrix} \alpha_k & \beta_k \\ \beta_k & \alpha_k \end{pmatrix}$$

$$\begin{pmatrix} \alpha_{k+1} & \beta_{k+1} \\ \beta_{k+1} & \alpha_{k+1} \end{pmatrix} = \begin{pmatrix} \frac{5}{4} & \frac{3}{4} \\ \frac{3}{4} & \frac{5}{4} \end{pmatrix} \underbrace{\begin{pmatrix} 2^{k-1} + \frac{1}{2^{k+1}} & 2^{k-1} - \frac{1}{2^{k+1}} \\ 2^{k-1} - \frac{1}{2^{k+1}} & 2^{k-1} + \frac{1}{2^{k+1}} \end{pmatrix}}_{\text{d'après hypothèse de récurrence}}$$

En développant le produit matriciel, on obtient alors :

$$\begin{cases} \alpha_{k+1} = \frac{5}{4}\left(2^{k-1} + \frac{1}{2^{k+1}}\right) + \frac{3}{4}\left(2^{k-1} - \frac{1}{2^{k+1}}\right) \\ \beta_{k+1} = \frac{3}{4}\left(2^{k-1} + \frac{1}{2^{k+1}}\right) + \frac{5}{4}\left(2^{k-1} - \frac{1}{2^{k+1}}\right) \end{cases}$$

$$\iff \begin{cases} \alpha_{k+1} = \left(\frac{5}{4} + \frac{3}{4}\right)2^{k-1} + \left(\frac{5}{4} - \frac{3}{4}\right)\frac{1}{2^{k+1}} = 2 \times 2^{k-1} + \frac{1}{2} \times \frac{1}{2^{k+1}} \\ \beta_{k+1} = \left(\frac{5}{4} + \frac{3}{4}\right)2^{k-1} + \left(\frac{3}{4} - \frac{5}{4}\right)\frac{1}{2^{k+1}} \end{cases}$$

$$\iff \begin{cases} \alpha_{k+1} = 2^k + \frac{1}{2^{k+2}} \\ \beta_{k+1} = 2^k - \frac{1}{2^{k+2}} \end{cases}$$

- *3ème étape* : Conclusion

  On a vérifié la propriété à l'ordre $\mathbf{1}^{\text{er}}$,

  on a démontré que $\boldsymbol{P(k)}$ implique $\boldsymbol{P(k+1)}$;

  donc pour tout $\boldsymbol{n} \in \mathbb{N}^*$, $\boldsymbol{\alpha_n} = \mathbf{2^{n-1}} + \dfrac{\mathbf{1}}{\mathbf{2^{n+1}}}$ et $\boldsymbol{\beta_n} = \mathbf{2^{n-1}} - \dfrac{\mathbf{1}}{\mathbf{2^{n+1}}}$.

2) a) Pour tout entier naturel $\boldsymbol{n}$ non nul, on a :

$$\begin{pmatrix} x_n \\ y_n \end{pmatrix} = \mathcal{A}^n \begin{pmatrix} 2 \\ 2 \end{pmatrix} = \begin{pmatrix} 2^{n-1} + \frac{1}{2^{n+1}} & 2^{n-1} - \frac{1}{2^{n+1}} \\ 2^{n-1} - \frac{1}{2^{n+1}} & 2^{n-1} + \frac{1}{2^{n+1}} \end{pmatrix} \begin{pmatrix} 2 \\ 2 \end{pmatrix}$$

$$= \begin{pmatrix} 2\left(2^{n-1} + \frac{1}{2^{n+1}}\right) + 2\left(2^{n-1} - \frac{1}{2^{n+1}}\right) \\ 2\left(2^{n-1} - \frac{1}{2^{n+1}}\right) + 2\left(2^{n-1} + \frac{1}{2^{n+1}}\right) \end{pmatrix}$$

$$= \begin{pmatrix} 2^n + 2^n \\ 2^n + 2^n \end{pmatrix} = \begin{pmatrix} 2^{n+1} \\ 2^{n+1} \end{pmatrix}$$

Remarque :   Pour $\boldsymbol{n = 0}$, on retrouve bien les coordonnées du point $\boldsymbol{E_0(2;\ 2)}$.

On constate aussi que l'abscisse $\boldsymbol{x_n}$ et l'ordonnée $\boldsymbol{y_n}$ du point $\boldsymbol{E_n}$ sont toutes les deux égales à $\mathbf{2^{n+1}}$. On en déduit donc que, pour tout entier naturel $\boldsymbol{n}$, le point $\boldsymbol{E_n}$ appartient à la droite d'équation $\boldsymbol{y = x}$.

b) Pour tout entier naturel $\boldsymbol{n}$, on a :

$$\boldsymbol{OE_n} = \sqrt{x_n^2 + y_n^2} = \sqrt{x_n^2 + x_n^2} \text{ (puisque } \boldsymbol{y_n = x_n}\text{)}$$

$$= \sqrt{2x_n^2} = x_n\sqrt{2} \text{ (car } \boldsymbol{x_n \geqslant 0}\text{)}$$

$$= \mathbf{2^{n+1}\sqrt{2}}$$

Or $(\mathbf{2^{n+1}})$ est une suite géométrique dont la raison $\boldsymbol{q = 2}$ est strictement supérieure à $\mathbf{1}$; on en déduit alors $\displaystyle\lim_{n \to +\infty} \mathbf{2^{n+1}} = +\infty$ et ainsi, $\displaystyle\lim_{n \to +\infty} \boldsymbol{OE_n} = +\infty$.

10) Exercice de type « Rédactionnel »

On donne les matrices $M = \begin{pmatrix} 1 & 1 & 1 \\ 1 & -1 & 1 \\ 4 & 2 & 1 \end{pmatrix}$ et $I = \begin{pmatrix} 1 & 0 & 0 \\ 0 & 1 & 0 \\ 0 & 0 & 1 \end{pmatrix}$

Partie A

1) Déterminer la matrice M^2. On donne $M^3 = \begin{pmatrix} 20 & 10 & 11 \\ 12 & 2 & 9 \\ 42 & 20 & 21 \end{pmatrix}$.

2) Vérifier que $M^3 = M^2 + 8M + 6I$.

3) On suppose que M est inversible ; en déduire que sa matrice inverse, notée M^{-1} est donnée par : $M^{-1} = \dfrac{1}{6}(M^2 - M - 8I)$.

Partie B. Étude d'un cas particulier

On cherche à déterminer trois nombres entiers a, b, et c tels que la parabole $\mathcal{P}$ d'équation $y = ax^2 + bx + c$ passe par les points $A(1 \; ; \; 1)$, $B(-1 \; ; \; -1)$, et $C(2 \; ; \; 5)$,

1) Démontrer que le problème revient à chercher trois entiers a, b, et c tels que :

$$M \begin{pmatrix} a \\ b \\ c \end{pmatrix} = \begin{pmatrix} 1 \\ -1 \\ 5 \end{pmatrix}$$

2) Calculer les nombres a, b et c et vérifier que ces nombres sont des entiers.

Partie C. Retour au cas général

Les nombres a, b, c, p, q, r sont des entiers.

Dans un repère $(O; \vec{\imath}, \vec{\jmath})$, on considère les points $A(1 \; ; \; p)$, $B(-1 \; ; \; q)$, et $C(2 \; ; \; r)$.

On cherche les valeurs de p, q et r pour qu'il existe une parabole d'équation $y = ax^2 + bx + c$ passant par A, B et C.

1) Démontrer que si $\begin{pmatrix} a \\ b \\ c \end{pmatrix} = M^{-1} \begin{pmatrix} p \\ q \\ r \end{pmatrix}$ avec a, b et c entiers, alors

$$\begin{cases} -3p + q + 2r \equiv 0 \; [6] \\ 3p - 3q \equiv 0 \; [6] \\ 6p + 2q - 2r \equiv 0 \; [6] \end{cases}$$

2) En déduire que $\begin{cases} q - r \equiv 0 \ [3] \\ p - q \equiv 0 \ [2] \end{cases}$.

3) Réciproquement, on admet que si $\begin{cases} q - r \equiv 0 \ [3] \\ p - q \equiv 0 \ [2] \\ A, \ B, \ C \text{ ne sont pas alignés} \end{cases}$,

   alors il existe trois entiers a, b et c tels que la parabole d'équation $y = ax^2 + bx + c$ passe par les points A, B et C.

   a) Montrer que les points A, B et C sont alignés si et seulement si $2r + q - 3p = 0$.

   b) On choisit $p = 7$. Déterminer des entiers q, r, a, b et c tels que la parabole d'équation $y = ax^2 + bx + c$ passe par les points A, B et C.

SOLUTION

Partie A

1) A l'aide de la calculatrice, on calcule M^2, et on obtient :
$$M^2 = \begin{pmatrix} 6 & 2 & 3 \\ 4 & 4 & 1 \\ 10 & 4 & 7 \end{pmatrix}$$

2) A la calculatrice ou à « la main », en utilisant la propriété sur la somme de matrices carrées de même ordre et la propriété de multiplication d'une matrice par un réel, on a :
$$\begin{aligned} M^2 + 8M + 6I &= \begin{pmatrix} 6 & 2 & 3 \\ 4 & 4 & 1 \\ 10 & 4 & 7 \end{pmatrix} + 8 \begin{pmatrix} 1 & 1 & 1 \\ 1 & -1 & 1 \\ 4 & 2 & 1 \end{pmatrix} + 6 \begin{pmatrix} 1 & 0 & 0 \\ 0 & 1 & 0 \\ 0 & 0 & 1 \end{pmatrix} \\ &= \begin{pmatrix} 6 & 2 & 3 \\ 4 & 4 & 1 \\ 10 & 4 & 7 \end{pmatrix} + \begin{pmatrix} 8 & 8 & 8 \\ 8 & -8 & 8 \\ 32 & 16 & 8 \end{pmatrix} + \begin{pmatrix} 6 & 0 & 0 \\ 0 & 6 & 0 \\ 0 & 0 & 6 \end{pmatrix} \\ &= \begin{pmatrix} 20 & 10 & 11 \\ 12 & 2 & 9 \\ 42 & 20 & 21 \end{pmatrix} \end{aligned}$$

   On a donc la relation matricielle suivante : $M^2 + 8M + 6I = M^3$.

3) Matrice inverse de M :

   Remarque : Une matrice inverse, notée A^{-1}, d'une matrice A est telle que : $A \times A^{-1} = I$ (où I est la matrice identité).

   Or, on a : $M^2 + 8M + 6I = M^3$, soit $M^3 - M^2 - 8M = 6I$;

et $M \times (M^2 - M - 8I) = 6I$; d'où, $M \times \dfrac{1}{6}(M^2 - M - 8I) = I$.

On en déduit donc que la matrice inverse de M, notée M^{-1} vérifie :

$$M^{-1} = \dfrac{1}{6}(M^2 - M - 8I)$$

Partie B. Étude d'un cas particulier

1) Si les points A, B et C appartiennent à la parabole $\mathcal{P}$, alors les coordonnées de ces points vérifient l'équation de la parabole, et on obtient le système suivant :

$$\begin{cases} a + b + c = 1 \\ a - b + c = -1 \\ 4a + 2b + c = 5 \end{cases} \text{, soit } \begin{pmatrix} 1 & 1 & 1 \\ 1 & -1 & 1 \\ 4 & 2 & 1 \end{pmatrix} \begin{pmatrix} a \\ b \\ c \end{pmatrix} = \begin{pmatrix} 1 \\ -1 \\ 5 \end{pmatrix} \text{ donc, } M \begin{pmatrix} a \\ b \\ c \end{pmatrix} = \begin{pmatrix} 1 \\ -1 \\ 5 \end{pmatrix}.$$

Le problème revient donc à chercher trois entiers a, b et c tels que

$$M \begin{pmatrix} a \\ b \\ c \end{pmatrix} = \begin{pmatrix} 1 \\ -1 \\ 5 \end{pmatrix}$$

2) En multipliant les deux membres de l'égalité précédente par M^{-1}, on obtient :

$M^{-1}M \begin{pmatrix} a \\ b \\ c \end{pmatrix} = M^{-1} \begin{pmatrix} 1 \\ -1 \\ 5 \end{pmatrix}$. De plus, $M^{-1}M = I_3$; où I_3 est la matrice identité d'ordre 3.

On en déduit alors $\begin{pmatrix} a \\ b \\ c \end{pmatrix} = M^{-1} \begin{pmatrix} 1 \\ -1 \\ 5 \end{pmatrix}$

De plus, d'après la partie A-3), on a :

$$M^{-1} = \dfrac{1}{6}(M^2 - M - 8I)$$

$$= \dfrac{1}{6}\left[\begin{pmatrix} 6 & 2 & 3 \\ 4 & 4 & 1 \\ 10 & 4 & 7 \end{pmatrix} - \begin{pmatrix} 1 & 1 & 1 \\ 1 & -1 & 1 \\ 4 & 2 & 1 \end{pmatrix} - 8 \begin{pmatrix} 1 & 0 & 0 \\ 0 & 1 & 0 \\ 0 & 0 & 1 \end{pmatrix} \right]$$

$$= \dfrac{1}{6}\begin{pmatrix} -3 & 1 & 2 \\ 3 & -3 & 0 \\ 6 & 2 & -2 \end{pmatrix}$$

On a alors $\begin{pmatrix} a \\ b \\ c \end{pmatrix} = \dfrac{1}{6}\begin{pmatrix} -3 & 1 & 2 \\ 3 & -3 & 0 \\ 6 & 2 & -2 \end{pmatrix}\begin{pmatrix} 1 \\ -1 \\ 5 \end{pmatrix} = \dfrac{1}{6}\begin{pmatrix} 6 \\ 6 \\ -6 \end{pmatrix}$

d'où, $\begin{pmatrix} a \\ b \\ c \end{pmatrix} = \begin{pmatrix} 1 \\ 1 \\ -1 \end{pmatrix}$

Remarque : les nombres a, b et c sont bien des entiers et la parabole $\mathcal{P}$ a pour équation : $y = x^2 + x - 1$.

Partie C. Retour au cas général

1) Si $\begin{pmatrix} a \\ b \\ c \end{pmatrix} = M^{-1} \begin{pmatrix} p \\ q \\ r \end{pmatrix}$, alors $\begin{pmatrix} a \\ b \\ c \end{pmatrix} = \dfrac{1}{6} \begin{pmatrix} -3 & 1 & 2 \\ 3 & -3 & 0 \\ 6 & 2 & -2 \end{pmatrix} \begin{pmatrix} p \\ q \\ r \end{pmatrix}$

$$\text{soit, } \begin{pmatrix} a \\ b \\ c \end{pmatrix} = \begin{pmatrix} \dfrac{-3p + q + 2r}{6} \\ \dfrac{3p - 3q}{6} \\ \dfrac{6p + 2q - 2r}{6} \end{pmatrix}$$

Et pour que les nombres a, b et c soient des entiers, on doit avoir les relations de congruences suivantes :

$$\begin{cases} -3p + q + 2r \equiv 0 \ [6] \\ 3p - 3q \equiv 0 \ [6] \\ 6p + 2q - 2r \equiv 0 \ [6] \end{cases}$$

2) D'après la question précédente, si on appelle L_1, L_2 et L_3 les différentes lignes du système, on a les implications suivantes en procédant à une combinaison linéaire entre les lignes L_1 et L_2 :

$$\begin{matrix} L_1 \\ L_2 \\ L_3 \end{matrix} \begin{cases} -3p + q + 2r \equiv 0 \ [6] \\ 3p - 3q \equiv 0 \ [6] \\ 6p + 2q - 2r \equiv 0 \ [6] \end{cases} \implies \begin{matrix} L_1 + L_2 \\ L_2 \end{matrix} \begin{cases} -2q + 2r \equiv 0 \ [6] \\ 3p - 3q \equiv 0 \ [6] \end{cases}$$

$$\implies \begin{cases} -2(q - r) \equiv 0 \ [6] \\ 3(p - q) \equiv 0 \ [6] \end{cases}$$

$$\implies \begin{cases} q - r \equiv 0 \ [3] \\ p - q \equiv 0 \ [2] \end{cases}$$

3) a) Les points A, B et C sont alignés si et seulement si les vecteurs $\overrightarrow{AB}$ et $\overrightarrow{AC}$ sont colinéaires, ou encore, si le déterminant de ces deux vecteurs est nul ; avec :

$$\overrightarrow{AB} \begin{pmatrix} -2 \\ q - p \end{pmatrix} \text{ et } \overrightarrow{AC} \begin{pmatrix} 1 \\ r - p \end{pmatrix} \text{ et } Det\left(\overrightarrow{AB} \ ; \ \overrightarrow{AC}\right) = 0.$$

$$Det\left(\overrightarrow{AB} \ ; \ \overrightarrow{AC}\right) = 0 \iff \begin{vmatrix} -2 & 1 \\ q - p & r - p \end{vmatrix} = 0$$

$$Det\left(\overrightarrow{AB} \ ; \ \overrightarrow{AC}\right) = 0 \iff -2(r - p) - (q - p) = 0$$

$$\iff -2r + 2p - q + p = 0$$

$$\iff 2r + q - 3p = 0$$

b) L'hypothèse donnée dans le texte, pour que la parabole $\mathcal{P}$ passe par les points A, B et C est :

$$\begin{cases} q - r \equiv 0 \ [3] \\ p - q \equiv 0 \ [2] \\ A, \ B, \ C \text{ ne sont pas alignés} \end{cases} \quad \text{soit,} \quad \begin{cases} q - r \equiv 0 \ [3] \\ p - q \equiv 0 \ [2] \\ 2r + q - 3p \neq 0 \end{cases}$$

si on choisit $p = 7$, alors on a le système suivant :

$$\begin{cases} q \equiv r \ [3] \\ q \equiv 7 \ [2] \\ 2r + q \neq 21 \end{cases} \iff \begin{cases} q \equiv 1 \ [2] \\ r \equiv q \ [3] \\ 2r + q \neq 21 \end{cases}$$

Si on prend, par exemple, $q = 1$, $r = 1$ et $p = 7$, on vérifie que ces valeurs choisies sont bien solutions de ce système, on obtient alors, d'après partie C-1) .

$$\begin{cases} a = \frac{-3 \times 7 + 1 + 2 \times 1}{6} = -3 \\ b = \frac{3 \times 7 - 3 \times 1}{6} = 3 \\ c = \frac{6 \times 7 + 2 \times 1 - 2 \times 1}{6} = 7 \end{cases}$$

On en conclut alors que la parabole d'équation $y = -3x^2 + 3x + 7$ passe par les points $A(1 \ ; 7)$, $B(-1 \ ; 1)$ et $C(2 \ ; 1)$.

2 Chaînes de Markov

1) Exercice de type « Rédactionnel »

Dans un jeu vidéo en ligne, les joueurs peuvent décider de rejoindre l'équipe A (statut noté A) ou l'équipe B (statut noté B) ou bien de n'en rejoindre aucune et rester ainsi solitaire (statut noté S). Chaque jour, chaque joueur peut changer de statut mais ne peut pas se retirer du jeu.

Les données recueillies sur les premières semaines après le lancement du jeu ont permis de dégager les tendances suivantes :

- un joueur de l'équipe A y reste le jour suivant avec une probabilité de **0, 6** ; il devient joueur solitaire avec une probabilité de **0, 25**. Sinon, il rejoint l'équipe B ;

- un joueur de l'équipe B y reste le jour suivant avec une probabilité de **0, 6** ; sinon, il devient joueur solitaire avec une probabilité identique à celle de rejoindre l'équipe A ;

- un joueur solitaire garde ce statut le jour suivant avec une probabilité de $\frac{1}{7}$; il rejoint l'équipe B avec une probabilité **3** fois plus élevée que celle de rejoindre l'équipe A.

Au début du jeu, à la clôture des inscriptions, tous les joueurs sont solitaires.

On note $U_n = \begin{pmatrix} a_n & b_n & c_n \end{pmatrix}$ l'état probabiliste des statuts d'un joueur au bout de n jours. Ainsi a_n est la probabilité d'être dans l'équipe A, b_n celle d'être dans l'équipe B et s_n celle d'être un joueur solitaire, après n jours de jeu.

On a donc : $a_0 = 0$, $b_0 = 0$ et $s_0 = 1$.

1) On note p la probabilité qu'un joueur solitaire un jour donné passe dans l'équipe A le jour suivant.
   Justifier que $p = \frac{3}{14}$.

2) a) Recopier et compléter le graphe probabiliste ci-contre représentant la situation.

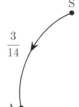

b) On admet que la matrice de transition est : $T = \begin{pmatrix} \frac{3}{5} & \frac{3}{20} & \frac{1}{4} \\ \frac{1}{5} & \frac{3}{5} & \frac{1}{5} \\ \frac{3}{14} & \frac{9}{14} & \frac{1}{7} \end{pmatrix}$

Pour tout entier naturel n, on a donc $U_{n+1} = U_n T$.

Montrer alors que, pour tout entier naturel n, on a $U_n = U_0 T^n$

c) Déterminer l'état probabiliste au bout d'une semaine, en arrondissant au millième.

3) On pose $V = \begin{pmatrix} 300 & 405 & 182 \end{pmatrix}$

a) Donner, sans détailler les calculs, le produit matriciel VT. Que constate-t-on ?

b) En déduire un état probabiliste qui reste stable d'un jour sur l'autre.

4) On donne l'algorithme suivant, où la commande « $U[i]$ » renvoie le coefficient de la i−**ème** colonne d'une matrice ligne U.

Variables	k est un entier naturel
	U une matrice de taille 1×3
	T une matrice carrée d'ordre 3
Traitement	U prend la valeur $\begin{pmatrix} 0 & 0 & 1 \end{pmatrix}$
	T prend la valeur $\begin{pmatrix} \frac{3}{5} & \frac{3}{20} & \frac{1}{4} \\ \frac{1}{5} & \frac{3}{5} & \frac{1}{5} \\ \frac{3}{14} & \frac{9}{14} & \frac{1}{7} \end{pmatrix}$
	Pour k allant de 1 à 7
	$\quad\quad U$ prend la valeur UT
	Fin Pour
Sortie	Afficher $U[1]$

a) Quelle est la valeur numérique arrondie au millième de la sortie de cet algorithme ?

L'interpréter dans le contexte de l'exercice.

b) Recopier et modifier cet algorithme pour qu'il affiche la fréquence de joueurs solitaires au bout de **13** jours.

SOLUTION

1) Il est dit dans le texte « un joueur solitaire garde ce statut le jour suivant avec une probabilité de $\frac{1}{7}$; il rejoint l'équipe B avec une probabilité **3** fois plus élevée que celle de rejoindre l'équipe A. »

Si on appelle A, B et S, les évènements « le joueur rejoint respectivement les équipes A, B et **Solitaire** », alors :

$$P_S(A) + P_S(B) + P_S(S) = 1 \iff p + 3p + \frac{1}{7} = 1.$$

On en déduit alors : $4p = \dfrac{6}{7}$ et $p = \dfrac{3}{14}$.

2) a) Graphe probabiliste

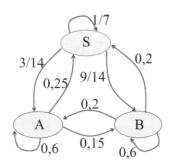

b) Soit $P(n)$ la propriété à démontrer par récurrence définie par :

« Pour tout $n \in \mathbb{N}$, $U_n = U_0 T^n$ ».

- On vérifie la propriété à l'ordre 1er : $U_0 T^0 = U_0 \mathbb{I}_3 = U_0$; d'où $P(0)$ est vraie.

- On suppose la propriété vraie à l'ordre k, c'est-à-dire, on suppose que $U_k = U_0 T^k$ (pour l'entier k fixé). Démontrons la à l'ordre $k + 1$.

$$\boxed{\textit{But à obtenir : } U_{k+1} = U_0 T^{k+1}}$$

Or, $U_{k+1} = U_k T = U_0 T^k T = U_0 T^{k+1}$.

- On a vérifié la propriété à l'ordre 1er,
  on a démontré que $P(k)$ implique $P(k+1)$;
  donc pour tout $n \in \mathbb{N}$, $U_n = U_0 T^n$.

c) L'état probabiliste au bout d'une semaine, en arrondissant numériquement au millième (à la calculatrice) est donné par : $U_7 = U_0 T^7$;
avec $U_0 = \begin{pmatrix} 0 & 0 & 1 \end{pmatrix}$. On trouve alors :

$$U_7 = \begin{pmatrix} 0,338 & 0,457 & 0,205 \end{pmatrix}$$

3) a) À la calculatrice, on obtient :

$$VT = \begin{pmatrix} 300 & 405 & 182 \end{pmatrix} \begin{pmatrix} \frac{3}{5} & \frac{3}{20} & \frac{1}{4} \\ \frac{1}{5} & \frac{3}{5} & \frac{1}{5} \\ \frac{3}{14} & \frac{9}{14} & \frac{1}{7} \end{pmatrix} = \begin{pmatrix} 300 & 405 & 182 \end{pmatrix}$$

On constate que $VT = V$.

b) Un état stable probabiliste correspond à la distribution invariante π, telle que $\pi T = \pi$. D'après la question précédente, il suffit de poser

$$\pi = \frac{1}{300 + 405 + 182}\begin{pmatrix} 300 & 405 & 182 \end{pmatrix} = \begin{pmatrix} \dfrac{300}{887} & \dfrac{405}{887} & \dfrac{182}{887} \end{pmatrix}$$

On peut le vérifier, en utilisant les propriétés matricielles : $\pi = \dfrac{1}{887}V$

alors $\pi T = \dfrac{1}{887}VT$; de plus, on a vu que $VT = V$. On en déduit alors

$\pi T = \dfrac{1}{887}V = \pi$.

4) a) $U[1]$ correspond au premier coefficient de U_7 ; c'est-à-dire, qu'il correspond à la probabilité que le joueur appartienne à l'équipe A au cours du 7e jour. D'après la question 2)c), on trouve $U[1] = 0,338$ (à 10^{-3} près).

b) Algorithme modifié pour obtenir la fréquence (ou probabilité) d'avoir des joueurs en solitaire le 7e jour :

Il suffit de remplacer « Pour k allant de 1 à 7 » par « Pour k allant de 1 à 13 » et aussi, pour avoir les joueurs solitaires $U[1]$ par $U[3]$; ainsi on obtient l'algorithme suivant :

Variables	k est un entier naturel
	U une matrice de taille 1×3
	T une matrice carrée d'ordre 3
Traitement	U prend la valeur $\begin{pmatrix} 0 & 0 & 1 \end{pmatrix}$
	T prend la valeur $\begin{pmatrix} \frac{3}{5} & \frac{3}{20} & \frac{1}{4} \\ \frac{1}{5} & \frac{3}{5} & \frac{1}{5} \\ \frac{3}{14} & \frac{9}{14} & \frac{1}{7} \end{pmatrix}$
	Pour k allant de 1 à $\boxed{13}$
	$\qquad$ U prend la valeur UT
	Fin Pour
Sortie	Afficher $\boxed{U[3]}$

---

2) Exercice de type « Rédactionnel »

Un individu vit dans un pays où il est susceptible d'attraper la Covid-19. Il peut être dans l'un des trois états suivants :

- ni malade ni immunisé (R),
- malade (M),
- ou immunisé (I)

D'un mois sur l'autre, son état peut changer selon les règles suivantes :

— étant immunisé, il a une probabilité de **0, 8** de le rester et de **0, 2** de passer à l'état **R**,

— étant malade, il a une probabilité de **0, 25** de le rester et de **0, 75** de devenir immunisé,

— enfin, étant dans l'état **R**, il a une probabilité de **0, 75** de le rester et de **0, 25** de devenir malade.

1) Établir un graphe orienté pondéré associé à la chaîne de Markov correspondante.

2) Déterminer la matrice de transition **P** relative à cette chaîne de Markov.

3) Si l'on s'intéresse et teste une population de **1000** individus de ce pays, comportant **100** individus malades et **900** individus ni malade ni immunisés,

   a) combien aura-t-on d'individus malades après un mois ?

   b) combien aura-t-on d'individus malades après deux mois ?

   c) que remarque-t-on si on calcule le nombre de malades au bout de **12** mois et de **24** mois ? Conclure pourquoi alors un vaccin est nécessaire pour lutter contre la Covid 19.

4) Mêmes questions, si l'on suppose qu'il y a au départ **150** individus malades, **500** individus ni malades ni immunisés et **350** individus immunisés. Que remarque-t-on au niveau du calcul du nombre de malades après plusieurs mois ?

SOLUTION

1) Graphe probabiliste

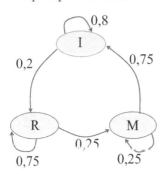

2) Matrice de transition **P** :

$$
P = \begin{array}{c} \\ R \\ M \\ I \end{array}
\begin{pmatrix}
0,75 & 0,25 & 0 \\
0 & 0,25 & 0,75 \\
0,2 & 0 & 0,8
\end{pmatrix}
$$

avec en-têtes de colonnes $\text{R} \quad \text{M} \quad \text{I}$ (« **FUTUR** »)

(« **PRESENT** »)

3) a) Commençons par déterminer la distribution initiale π_0 :

$$\pi_0 = \begin{pmatrix} p(X_0 = R) & p(X_0 = M) & p(X_0 = I) \end{pmatrix} = \begin{pmatrix} \dfrac{900}{1000} & \dfrac{100}{1000} & \dfrac{0}{1000} \end{pmatrix}$$

$$= \begin{pmatrix} 0,9 & 0,1 & 0 \end{pmatrix}$$

On va chercher la distribution π_1 correspondant à la répartition des probabilités **1** mois plus tard :

$$\pi_1 = \pi_0 P = \begin{pmatrix} 0,9 & 0,1 & 0 \end{pmatrix} \begin{pmatrix} 0,75 & 0,25 & 0 \\ 0 & 0,25 & 0,75 \\ 0,2 & 0 & 0,8 \end{pmatrix}$$

$$= \begin{pmatrix} 0,675 & 0,25 & 0,075 \end{pmatrix}$$

On en déduit alors qu'il y a une probabilité égale à **0, 25** d'avoir une personne malade ; et on en déduit alors le nombre de malades Nb_M :

$Nb_M = 0, 25 \times 1000 = 250$ malades au bout d'un mois.

b) En procédant de la même façon, on peut déduire le nombre de malades au bout de **2** mois :

$$\pi_2 = \pi_1 P = \begin{pmatrix} 0,675 & 0,25 & 0,075 \end{pmatrix} \begin{pmatrix} 0,75 & 0,25 & 0 \\ 0 & 0,25 & 0,75 \\ 0,2 & 0 & 0,8 \end{pmatrix}$$

$$= \begin{pmatrix} 0,52125 & 0,23125 & 0,2475 \end{pmatrix}$$

On en déduit ainsi que le nombre Nb_M de malades **2** mois plus tard est d'environ : $Nb_M \approx 0, 231 \times 1000 \approx 231$.

c) Pour calculer les distributions après **12** et **24** mois, il suffit d'appliquer la propriété : $\pi_n = \pi_0 P^n$; ainsi, on obtient à la calculatrice respectivement au bout de **12** et de **24** mois :

$$\pi_{12} = \pi_0 P^{12} = \begin{pmatrix} 0,9 & 0,1 & 0 \end{pmatrix} \begin{pmatrix} 0,75 & 0,25 & 0 \\ 0 & 0,25 & 0,75 \\ 0,2 & 0 & 0,8 \end{pmatrix}^{12}$$

$$\approx \begin{pmatrix} 0,3871 & 0,1290 & 0,4839 \end{pmatrix}$$

$$\pi_{24} = \pi_0 P^{24} = \begin{pmatrix} 0,9 & 0,1 & 0 \end{pmatrix} \begin{pmatrix} 0,75 & 0,25 & 0 \\ 0 & 0,25 & 0,75 \\ 0,2 & 0 & 0,8 \end{pmatrix}^{24}$$

$$\approx \begin{pmatrix} 0,3871 & 0,1290 & 0,4839 \end{pmatrix}$$

On constate alors que la distribution converge vers la distribution invariante π telle que $\pi \approx \begin{pmatrix} 0,3871 & 0,1290 & 0,4839 \end{pmatrix}$.

Ainsi, si on compte sur une immunité naturelle, sur les **1000** malades, il y en aura toujours un grand nombre, ici **129** malades. Voilà pourquoi il est nécessaire de vacciner la population afin de réduire considérablement la propagation du virus.

4) a) Commençons par déterminer la nouvelle distribution initiale π_0' :

$$\pi_0' = \begin{pmatrix} p(X_0 = R) & p(X_0 = M) & p(X_0 = I) \end{pmatrix} = \begin{pmatrix} \dfrac{500}{1000} & \dfrac{150}{1000} & \dfrac{350}{1000} \end{pmatrix}$$

$$= \begin{pmatrix} 0,5 & 0,15 & 0,35 \end{pmatrix}$$

On va chercher la distribution π_1' correspondant à la répartition des probabilités **1** mois plus tard :

$$\pi_1' = \pi_0' P = \begin{pmatrix} 0,5 & 0,15 & 0,35 \end{pmatrix} \begin{pmatrix} 0,75 & 0,25 & 0 \\ 0 & 0,25 & 0,75 \\ 0,2 & 0 & 0,8 \end{pmatrix}$$

$$= \begin{pmatrix} 0,4450 & 0,1625 & 0,3925 \end{pmatrix}$$

On en déduit alors qu'il y a une probabilité égale à **0,1625** d'avoir une personne malade ; et on en déduit alors le nombre de malades Nb_M : $Nb_M \approx 0,1625 \times 1000 \approx 163$ malades au bout d'un mois.

b) En procédant de la même façon, on peut déduire le nombre de malades au bout de **2** mois :

$$\pi_2' = \pi_1' P = \begin{pmatrix} 0,4450 & 0,1625 & 0,3925 \end{pmatrix} \begin{pmatrix} 0,75 & 0,25 & 0 \\ 0 & 0,25 & 0,75 \\ 0,2 & 0 & 0,8 \end{pmatrix}$$

$$= \begin{pmatrix} 0,4123 & 0,1519 & 0,4359 \end{pmatrix}$$

On en déduit ainsi que le nombre Nb_M' de malades **2** mois plus tard est d'environ : $Nb_M' \approx 0,1519 \times 1000 \approx 152$.

c) Pour calculer les distributions après **12** et **24** mois, il suffit d'appliquer la propriété : $\pi_n = \pi_0 P^n$; et à l'aide de la calculatrice, on obtient respectivement au bout de **12** et de **24** mois :

$$\pi_{12}' = \pi_0' P^{12} = \begin{pmatrix} 0,5 & 0,15 & 0,35 \end{pmatrix} \begin{pmatrix} 0,75 & 0,25 & 0 \\ 0 & 0,25 & 0,75 \\ 0,2 & 0 & 0,8 \end{pmatrix}^{12}$$

$$\approx \begin{pmatrix} 0,3871 & 0,1290 & 0,4839 \end{pmatrix}$$

$$\pi_{24}' = \pi_0' P^{24} = \begin{pmatrix} 0,9 & 0,1 & 0 \end{pmatrix} \begin{pmatrix} 0,75 & 0,25 & 0 \\ 0 & 0,25 & 0,75 \\ 0,2 & 0 & 0,8 \end{pmatrix}^{24}$$

$$\approx \begin{pmatrix} 0,3871 & 0,1290 & 0,4839 \end{pmatrix}$$

On constate alors que la distribution converge vers la même distribution invariante π telle que $\pi \approx \begin{pmatrix} 0,3871 & 0,1290 & 0,4839 \end{pmatrix}$.

On retrouve alors le résultat de cours, à savoir, que la distribution invariante ne dépend pas de la distribution initiale.

---

3) Exercice de type « Rédactionnel »

On étudie l'évolution, par décennie (une décennie est une période de **10** ans), des formations végétales sur un vaste territoire en les décomposant pour simplifier en trois catégories :

- Lande, notée L ;
- Maquis, noté M ;
- Forêt, notée F.

On modélise cette dynamique par une chaîne de Markov X_n d'espace d'états $S = \{L, M, F\}$ et de matrice de transition P définie par :

$$P = \begin{array}{c} \\ L \\ M \\ F \end{array} \begin{array}{ccc} L & M & F \\ \begin{pmatrix} 0,3 & 0,3 & 0,4 \\ 0,65 & 0 & 0,35 \\ 0,1 & 0,3 & 0,6 \end{pmatrix} \end{array}$$

1) Établir un graphe orienté pondéré associé à la matrice de transition.

2) Quelle est, selon ce modèle, la probabilité que la formation végétale passe de l'état « forêt » à l'état « lande » ?

3) Calculer la probabilité d'avoir la chaîne orientée suivante :
$$F \longrightarrow M \longrightarrow L \longrightarrow F \, ;$$
c'est-à-dire, relative à la suite des variables aléatoires :
$$X_0 = F, \ X_1 = M, \ X_2 = L, \ X_3 = F.$$

4) Donner un exemple de chaîne de longueur **4** et de probabilité nulle.

5) Quelle est, selon ce modèle, la probabilité que la formation végétale passe de L à F :
   a) en **1** décennie ?
   b) en **2** décennies ?

6) Connaissant la répartition initiale π_0 telle que :
$$\pi_0 = \begin{pmatrix} 0,4 & 0,4 & 0,2 \end{pmatrix}$$
   a) Calculer la distribution π_1 relative à la décennie suivante.

b) En **10** ans, des trois formations végétales, lesquelles progressent, lesquelles régressent ?

c) On admet qu'au bout d'un siècle, la distribution devient invariante ; et la surface considérée de végétation est constituée de **10.000** hectares, prévoir alors la surface de la végétation pour chacun de ces **3** états.

SOLUTION

1) Graphe orienté pondéré :

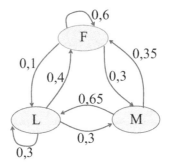

2) La probabilité que la formation végétale passe de l'état « forêt » à l'état « lande » est donnée par : $P_{X_n=F}(X_{n+1} = L) = 0,1$ (on l'obtient en prenant le coefficient de la **3**^{e} ligne et de la **1**^{re} colonne de la matrice de transition).

Remarque : Puisque le processus de Markov est « sans mémoire », on aurait pu aussi écrire : $P_{X_n=F}(X_{n+1} = L) = P_{X_0=F}(X_1 = L) = 0,1$.

3) On cherche la probabilité de l'évènement A :
$$A = (X_0 = F) \cap (X_1 = M) \cap (X_2 = L) \cap (X_3 = F)$$
$$P(A) = P_{X_0=F}(X_1 = M) \times P_{X_1=M}(X_2 = L) \times P_{X_2=L}(X_3 = F)$$
$$= 0,3 \times 0,65 \times 0,4$$
$$= 0,078$$

4) Pour obtenir une probabilité nulle, il suffit de choisir une chaîne du graphe telle que la variable aléatoire X_n prend successivement les états M et M ; puisque $P_{X_n=M}(X_{n+1} = M) = 0$. On peut ainsi par exemple choisir les chaînes de longueur **4** correspondant aux transitions :

- $L \longrightarrow M \longrightarrow M \longrightarrow F \longrightarrow L$,
- $F \longrightarrow L \longrightarrow F \longrightarrow M \longrightarrow M$,
- etc.

5) a) Puisque le processus de Markov est « sans mémoire », pour calculer la probabilité que la formation végétale passe de l'état L à F en 1 décennie,

il suffit de calculer : $P_{X_0=L}(X_1 = F) = 0,4$ (en utilisant le graphe orienté pondéré de la question **1**).

b) Pour calculer la probabilité de passer de l'état L à l'état F sur **2** décennies, le plus simple est de construire l'arbre probabiliste comme suit :

1ère décennie   2ième décennie

On en déduit alors :

$$P_{X_0=L}(X_2 = F) = P_{X_0=L}(X_1 = L) \times P_{X_1=L}(X_2 = F)$$
$$+ P_{X_0=L}(X_1 = M) \times P_{X_1-M}(X_2 = F)$$
$$+ P_{X_0=L}(X_1 = F) \times P_{X_1=F}(X_2 = F)$$
$$= 0,3 \times 0,4 + 0,3 \times 0,35 + 0,4 \times 0,6$$
$$= 0,465$$

6) a) La distribution initiale π_0 est donnée par : $\pi_0 = \begin{pmatrix} 0,4 & 0,4 & 0,2 \end{pmatrix}$; on peut alors obtenir la distribution π_1 associée à la distribution de la décennie suivante avec $\pi_1 = \pi_0 P$; soit

$$\pi_1 = \begin{pmatrix} 0,4 & 0,4 & 0,2 \end{pmatrix} \begin{pmatrix} 0,3 & 0,3 & 0,4 \\ 0,65 & 0 & 0,35 \\ 0,1 & 0,3 & 0,6 \end{pmatrix}$$
$$= \begin{pmatrix} 0,4 & 0,18 & 0,42 \end{pmatrix}$$

b) D'après la question précédente, on voit que la lande est stable, le maquis régresse et la forêt progresse.

c) Pour calculer la distribution invariante π, il suffit de calculer son approximation dans l'hypothèse où elle est atteinte au bout de **10** décennies :

On la calcule alors par la formule : $\pi = \pi_0 P^{10}$ et on trouve :

$$\pi \approx \begin{pmatrix} 0,284 & 0,231 & 0,486 \end{pmatrix}$$

Ainsi, à très long terme, selon le processus de Markov, la surface associée à chacun de ces états est donnée par :

- Surface « Lande » : $S_L = 10000 \times 0,284 = 2840$ hectares,
- Surface « Maquis » : $S_M = 10000 \times 0,231 = 2310$ hectares,
- Surface « Forêt » : $S_L = 10000 \times 0,486 = 4860$ hectares.

4) Exercice de type « Vrai ou Faux »

Soit la variable aléatoire $(X_n)_{n \geqslant 0}$ suivant une chaîne de Markov d'espace d'états $S = \{0, 1, 2\}$ dont la matrice de transition P est donnée par :

$$P = \begin{array}{c} \\ 0 \\ 1 \\ 2 \end{array} \begin{array}{ccc} 0 & 1 & 2 \\ \begin{pmatrix} \frac{2}{3} & \frac{1}{3} & 0 \\ \frac{1}{4} & \frac{1}{2} & \frac{1}{4} \\ 0 & 0 & 1 \end{pmatrix} \end{array}$$

et telle que $X_0 = 0$; alors,

a) La probabilité, dans l'étape suivante, d'obtenir $X_1 = 0$, vaut $\dfrac{2}{3}$.

b) La probabilité, dans **2** étapes suivantes, d'obtenir $X_2 = 2$, vaut $\dfrac{1}{12}$.

c) On note $p(X_n = \ldots)$, la probabilité que la variable aléatoire X_n prenne une valeur de l'espace d'états à l'étape n. On a alors :
   Pour tout $n \geqslant 0$, $p(X_{n+1} = 0) = \frac{2}{3}p(X_n = 0) + \frac{1}{4}p(X_n = 0)$.

d) Pour tout $n \geqslant 0$, $p(X_{n+1} = 1) = \frac{1}{3}p(X_n = 0) + \frac{1}{2}p(X_n = 1)$.

e) La distribution invariante π pour la matrice de transition P est donnée par : $\pi = \left(\dfrac{1}{3} \quad \dfrac{1}{3} \quad \dfrac{1}{3} \right)$.

SOLUTION

a) **VRAI** ;

On cherche la probabilité suivante : $P_{X_0=0}(X_1 = 0)$. On la lit dans la matrice de transition P (1re ligne et 1re colonne) ; soit $P_{X_0=0}(X_1 = 0) = \dfrac{2}{3}$.

b) **VRAI** ;

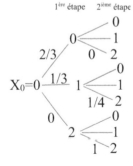

On en déduit alors :

$P(X_2 = 2) = P(X_1 = 0) \times P_{X_1=0}(X_2 = 2)$
$\qquad\qquad + P(X_1 = 1) \times P_{X_1=1}(X_2 = 2)$
$\qquad\qquad + P(X_1 = 2) \times P_{X_1=2}(X_2 = 2)$
$\qquad = \dfrac{2}{3} \times 0 + \dfrac{1}{3} \times \dfrac{1}{4} + 0 \times 1$
$\qquad = \dfrac{1}{12}$

c) FAUX ;

D'après l'arbre probabiliste ci-contre, on en déduit alors :

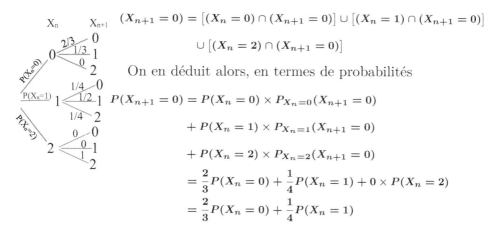

$$(X_{n+1} = 0) = [(X_n = 0) \cap (X_{n+1} = 0)] \cup [(X_n = 1) \cap (X_{n+1} = 0)]$$
$$\cup [(X_n = 2) \cap (X_{n+1} = 0)]$$

On en déduit alors, en termes de probabilités

$$P(X_{n+1} = 0) = P(X_n = 0) \times P_{X_n=0}(X_{n+1} = 0)$$
$$+ P(X_n = 1) \times P_{X_n=1}(X_{n+1} = 0)$$
$$+ P(X_n = 2) \times P_{X_n=2}(X_{n+1} = 0)$$
$$= \frac{2}{3}P(X_n = 0) + \frac{1}{4}P(X_n = 1) + 0 \times P(X_n = 2)$$
$$= \frac{2}{3}P(X_n = 0) + \frac{1}{4}P(X_n = 1)$$

d) **VRAI** ;

En utilisant l'arbre probabiliste de la question précédente, on en déduit :

$$(X_{n+1} = 1) = [(X_n = 0) \cap (X_{n+1} = 1)] \cup [(X_n = 1) \cap (X_{n+1} = 1)] \cup [(X_n = 2) \cap (X_{n+1} = 1)]$$

On en déduit alors, en termes de probabilités

$$P(X_{n+1} = 1) = P(X_n = 0) \times P_{X_n=0}(X_{n+1} = 1)$$
$$+ P(X_n = 1) \times P_{X_n=1}(X_{n+1} = 1)$$
$$+ P(X_n = 2) \times P_{X_n=2}(X_{n+1} = 1)$$
$$= \frac{1}{3}P(X_n = 0) + \frac{1}{2}P(X_n = 1) + 0 \times P(X_n = 2)$$
$$= \frac{1}{3}P(X_n = 0) + \frac{1}{2}P(X_n = 1)$$

e) FAUX ;

D'après le cours, π est la distribution invariante pour P si $\pi \times P = \pi$.

Or si on calcule « à la main », le premier coefficient de la matrice $\pi \times P$ (matrice ligne 1×3), on obtient $a_{11} = \frac{1}{3} \times \frac{2}{3} + \frac{1}{3} \times \frac{1}{4} + \frac{1}{3} \times 0 = \frac{11}{36} \neq \frac{1}{3}$.

On en déduit que $\pi = \begin{pmatrix} \frac{1}{3} & \frac{1}{3} & \frac{1}{3} \end{pmatrix}$, n'est pas la distribution invariante pour P.

---

5) Exercice de type « Rédactionnel »

On s'intéresse à l'effet de la présence d'un couple de lions dans une région de savane dans laquelle cohabitent trois populations d'animaux dont les lions se nourrissent. On modélise les proies du couple de lions de la façon suivante :

- Antilopes, notée **A**,
- Gnous, noté **G**,
- Zèbres, notée **Z** ;

comme les états d'une chaîne de Markov dont les sommets sont constitués par une successions de proies mangées par les lions ; par exemple :

ZGGAGGAA

On fait l'hypothèse que la probabilité qu'un lion mange une proie **A** (ou **G** ou **Z**) après avoir mangé une proie **G** (ou **A** ou **Z**) ne dépend que de **A** (ou **G** ou **Z**) et non de ce qu'il avait mangé avant **A** (et que cette probabilité est invariante au cours du temps).

On modélise ainsi cette dynamique par une chaîne de Markov X_n d'espace d'états $S = \{A, G, Z\}$ et de matrice de transition P définie par :

$$P = \begin{array}{c} \\ A \\ G \\ Z \end{array} \begin{array}{ccc} A & G & Z \\ \begin{pmatrix} 0,5 & 0,1 & 0,4 \\ 0,2 & 0,3 & 0,5 \\ 0,2 & 0,2 & 0,6 \end{pmatrix} \end{array}$$

1) Quelle est, selon ce modèle, la probabilité que les lions mangent un zèbre après avoir mangé une antilope ?

2) Si on considère les **2** chaînes suivantes : **ZAAG** et **ZAGA**, quelle est la plus probable ? Justifier votre réponse.

3) Établir un graphe orienté pondéré associé à la matrice de transition.

4) La distribution π_0 suivante : $\pi_0 = \begin{pmatrix} \frac{6}{21} & \frac{4}{21} & \frac{11}{21} \end{pmatrix}$ est-elle une distribution invariante pour la chaîne de Markov ? Justifier votre réponse.

5) Si sur cette portion de savane, la population des antilopes est au départ, bien supérieure à celle des autres types de proies, va-t-elle, selon ce modèle, diminuer, augmenter ou rester prépondérante ? Justifier.

SOLUTION

1) On cherche la probabilité conditionnelle suivante : $P_{X_n=A}(X_{n+1} = Z)$; d'après la matrice de transition, elle correspond au coefficient de la matrice P se trouvant à la 1re ligne et à la 3e colonne ; soit $P_{X_n=A}(X_{n+1} = Z) = 0,4$.

2) Puisque le processus de Markov est « sans mémoire », on peut supposer qu'au départ $(n = 0)$, les lions mangeaient un Zèbre, et on a :

$$P(ZAAG) = P(X_0 = Z)P_{X_0=Z}(X_1 = A)P_{X_1=A}(X_2 = A)P_{X_2=A}(X_3 = G)$$
$$= P(X_0 = Z) \times 0,2 \times 0,5 \times 0,1$$
$$= 0,01P(X_0 = Z)$$

Et de même pour la **2**^{e} chaîne, on a :

$$P(ZAGA) = P(X_0 = Z)P_{X_0=Z}(X_1 = A)P_{X_1=A}(X_2 = G)P_{X_2=G}(X_3 = A)$$
$$= P(X_0 = Z) \times 0,2 \times 0,1 \times 0,2$$
$$= 0,004P(X_0 = Z)$$

Donc $P(ZAAG) > P(ZAGA)$ et les lions ont plus de chance de suivre la chaîne $ZAAG$ que la chaîne $ZAGA$.

3) Graphe orienté pondéré :

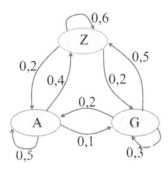

4) Si π_0 est une distribution invariante, alors $\pi_0 \times P = \pi_0$.

On peut faire ce produit matriciel à la calculatrice, et on obtient :

$$\pi_0 P = \begin{pmatrix} \dfrac{6}{21} & \dfrac{4}{21} & \dfrac{11}{21} \end{pmatrix} \begin{pmatrix} 0,5 & 0,1 & 0,4 \\ 0,2 & 0,3 & 0,5 \\ 0,2 & 0,2 & 0,6 \end{pmatrix}$$
$$= \begin{pmatrix} \dfrac{6}{21} & \dfrac{4}{21} & \dfrac{11}{21} \end{pmatrix}$$

On en déduit donc que π_0 est bien une distribution invariante par P.

5) Puisque la matrice de transition P est constituée de coefficients tous non nuls, on sait que, quelque soit la distribution initiale, la dynamique va tendre vers la distribution limite (invariante) π_0.

Donc si au départ, la population d'antilopes est supérieure à celle des autres proies, au bout d'un très grand nombre de repas des lions, la proportion d'antilopes va tendre vers $\frac{6}{21} \approx 28,6\%$; elle va donc baisser et ne restera pas prépondérante.

6) Exercice de type « Rédactionnel »

Trois produits, P_1, P_2, P_3 sont en concurrence. Une enquête a été réalisée à un instant que l'on considère initial et on a :

- **30%** des gens préfèrent P_1,
- **50%** préfèrent P_2,
- et le reste préfèrent P_3.

Une campagne de publicité est lancée pour améliorer les parts de marché de P_1. Après campagne, on regarde quels clients ont changé de préférence :

avant \ après	P_1	P_2	P_3
P_1	50%	40%	10%
P_2	30%	70%	0%
P_3	20%	0%	80%

On lit par exemple ici que **20%** des consommateurs de P_3 préfèrent maintenant P_1.

On peut modéliser les effets de la campagne de publicité par une chaîne de Markov.

1) Quels sont les **3** états de cette chaîne, et pourquoi peut-on la qualifier de chaîne de Markov ?

2) Écrire la matrice de transition et donner le graphe associé à cette matrice.

3) Quelle est la distribution initiale π_0 avant la campagne publicitaire et celle après que l'on notera π_1 ?

4) On refait la même campagne, on suppose qu'elle aura les mêmes effets. Donnez, pour chaque produit P_i, le pourcentage de personnes préférant P_1, P_2 et P_3 parmi les personnes qui préféraient P_i à l'origine.

5) Que devient l'état du marché après une deuxième campagne ?

6) On suppose que la campagne est refaite indéfiniment. Existe-t-il une limite à l'état du marché ? Si oui, laquelle ?

SOLUTION

1) Les **3** états considérés ici sont les produits ; donc l'ensemble des états est donné

par : $\Omega_X = \{P_1, P_2, P_3\}$.

Le résultat de la campagne future ne dépend que des résultats de celle d'avant ; et non des campagnes antérieures. Cela correspond donc bien à une chaîne de Markov.

2) Matrice de transition

$$P = \begin{array}{c} \\ P_1 \\ P_2 \\ P_3 \end{array} \begin{pmatrix} P_1 & P_2 & P_3 \\ 0,5 & 0,4 & 0,1 \\ 0,3 & 0,7 & 0 \\ 0,2 & 0 & 0,8 \end{pmatrix}$$

Graphe orienté pondéré :

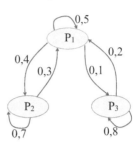

3) Distribution initiale π_0 :

$\pi_0 = \begin{pmatrix} 0,3 & 0,5 & 0,2 \end{pmatrix}$.

La distribution π_1 après la campagne est donnée par : $\pi_1 = \pi_0 P$, soit

$$\pi_1 = \begin{pmatrix} 0,3 & 0,5 & 0,2 \end{pmatrix} \begin{pmatrix} 0,5 & 0,4 & 0,1 \\ 0,3 & 0,7 & 0 \\ 0,2 & 0 & 0,8 \end{pmatrix}$$

$$= \begin{pmatrix} 0,34 & 0,47 & 0,19 \end{pmatrix}$$

4) L'effet d'une nouvelle campagne est donnée par le carré de la matrice de transition, soit :

$$P^2 = \begin{pmatrix} 0,39 & 0,48 & 0,13 \\ 0,36 & 0,61 & 0,03 \\ 0,26 & 0,08 & 0,66 \end{pmatrix}$$

5) L'état du marché après la deuxième campagne est donnée par : $\pi_2 = \pi_0 P^2$, soit

$$\pi_2 = \begin{pmatrix} 0,3 & 0,5 & 0,2 \end{pmatrix} \begin{pmatrix} 0,39 & 0,48 & 0,13 \\ 0,36 & 0,61 & 0,03 \\ 0,26 & 0,08 & 0,66 \end{pmatrix}$$

$$= \begin{pmatrix} 0,349 & 0,465 & 0,186 \end{pmatrix}$$

Il y aura ainsi, après la deuxième campagne $34,9\%$ des produits choisis seront de type P_1, $46,5\%$ seront de type P_2 et pour finir, $18,6\%$ de type P_3.

6) Si on suppose que la campagne est refaite indéfiniment, on obtiendra alors la distribution invariante π. Pour l'obtenir, on résout l'équation :

$$\begin{pmatrix} a & b & c \end{pmatrix} \begin{pmatrix} 0,5 & 0,4 & 0,1 \\ 0,3 & 0,7 & 0 \\ 0,2 & 0 & 0,8 \end{pmatrix} = \begin{pmatrix} a & b & c \end{pmatrix}$$

avec $a + b + c = 1$; on obtient alors le système d'équations suivant :

$$\begin{cases} 0,5a & + 0,3b & + 0,2c & = a \\ 0,4a & + 0,7b & & = b \\ 0,1a & & + 0,8c & = c \\ a & + b & + c & = 1 \end{cases} \quad \text{soit,} \quad \begin{cases} -0,5a & + 0,3b & + 0,2c & = 0 \\ 0,4a & - 0,3b & & = 0 \\ 0,1a & & - 0,2c & = 0 \\ a & + b & + c & = 1 \end{cases}$$

En utilisant sa calculatrice pour résoudre les équations simultanées (système d'équations), on trouve alors les inconnues a, b, et c :

$$\begin{cases} a = \frac{6}{17} \\ b = \frac{8}{17} \\ c = \frac{3}{17} \end{cases}$$

on obtient alors la distribution invariante : $\pi = \begin{pmatrix} \dfrac{6}{17} & \dfrac{8}{17} & \dfrac{3}{17} \end{pmatrix}$.

Remarque : On aurait pu aussi remarquer que la suite des distributions (π_n) était convergente, en donnant à n des valeurs de plus en plus grandes, et, à l'aide de la calculatrice, on aurait pu obtenir facilement des valeurs approchées pour la distribution invariante π, en calculant par exemple : $\pi \approx \pi_{10} = \pi_0 P^{10}$ (d'après une propriété vue en cours).

On aurait ainsi obtenu : $\pi \approx \begin{pmatrix} 0,353 & 0,470 & 0,177 \end{pmatrix}$.

---

7) Exercice de type « Rédactionnel »

Soit $(X_n)_{n \geqslant 0}$ une chaîne de Markov constituée de **3** états : $\{1, 2, 3\}$ dont la matrice de transition Q est définie par :

$$Q = \begin{pmatrix} 0 & 1 & 0 \\ 0 & \dfrac{2}{3} & \dfrac{1}{3} \\ p & 1-p & 0 \end{pmatrix}$$

1) Dessiner le graphe de cette chaîne de Markov.

2) Calculer les probabilités conditionnelles suivantes :

- $P_{X_0=1}(X_1 = 1)$,   • $P_{X_0=2}(X_1 = 2)$,

- $P_{X_0=1}(X_2 = 1)$,   • $P_{X_0=2}(X_2 = 2)$,

- $P_{X_0=1}(X_3 = 1)$,   • $P_{X_0=2}(X_3 = 2)$.

3) Quelle est la loi de X_1 si X_0 suit une loi uniforme sur $\{1, 2, 3\}$.

4) On suppose que X_0 a pour loi $\left(\frac{1}{2}, \frac{1}{4}, \frac{1}{4}\right)$,

   calculer $P(X_1 = 2 \text{ et } X_2 = 3)$.

SOLUTION

1) Graphe orienté pondéré :

2) Calcul des probabilités :

- $P_{X_0=1}(X_1 = 1) = p_{1,1} = 0$ (puisqu'il n'y a pas de boucle de l'état 1 à lui même,

- $P_{X_0=1}(X_2 = 1) = \underbrace{p_{1,1}}_{=0}\underbrace{p_{1,1}}_{=0} + \underbrace{p_{1,2}}_{=1}\underbrace{p_{2,1}}_{=0} + \underbrace{p_{1,3}}_{=0}\underbrace{p_{3,1}}_{=p} = 0$,

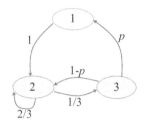

Pour ceux qui ont du mal à établir directement les probabilités entre les différents états, il peut être judicieux, à l'aide du graphe de construire un arbre probabiliste comme suit :

- $P_{X_0=1}(X_3 = 1) = p_{1,2} \times p_{2,3} \times p_{3,1} = \dfrac{p}{3}$,

On peut facilement démontrer ce résultat à l'aide de l'arbre probabiliste ci-contre, en considérant uniquement les branches où les probabilités sont non nulles :

- $P_{X_0=2}(X_1 = 2) = p_{2,2} = \dfrac{2}{3}$,

- $P_{X_0=2}(X_2 = 2) = p_{2,2}p_{2,2} + p_{2,3}p_{3,2} = \frac{2}{3} \times \frac{2}{3} + \frac{1}{3}(1-p) = \dfrac{7-3p}{9},$

- $P_{X_0=2}(X_3 = 2) = p_{2,2}p_{2,2}p_{2,2} + p_{2,2}p_{2,3}p_{3,2} + p_{2,3}p_{3,2}p_{2,2}$

$$+ \, p_{2,3}p_{3,1}p_{1,2} = \dfrac{20-3p}{27}.$$

3) Si X_0 suit une loi uniforme alors :

$$P(X_0 = 1) = P(X_0 = 2) = P(X_0 = 3) = \frac{1}{3}.$$

Et on peut alors construire l'arbre probabiliste permettant de passer de l'état X_0 à X_1 :

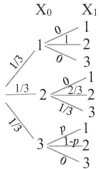

On peut alors déterminer la loi de probabilité suivie par X_1 :

- $p(X_1 = 1) = \dfrac{p}{3},$

- $p(X_1 = 2) = \dfrac{1}{3} + \dfrac{2}{9} + \dfrac{1-p}{3} = \dfrac{8-3p}{9},$

- $p(X_1 = 3) = \dfrac{1}{9}.$

4) Commençons par tracer l'arbre probabiliste correspond à cette situation :

$$
\begin{array}{ccc}
X_0 & X_1 & X_2
\end{array}
$$

$$\text{1/2 } 1 \xrightarrow{\ 1\ } 2 \xrightarrow{\ 1/3\ } 3$$

$$\text{1/4 } 2 \xrightarrow{\ 2/3\ } 2 \xrightarrow{\ 1/3\ } 3$$

$$\text{1/ } 3 \xrightarrow{\ 1\text{-}p\ } 2 \xrightarrow{\ 1/3\ } 3$$

On en déduit alors :

$$P(X_1 = 2 \text{ et } X_3 = 3) = \frac{1}{6} + \frac{1}{18} + \frac{1-p}{12}$$

$$= \frac{6 + 2 + 3 - 3p}{36}$$

$$= \frac{11 - 3p}{36}$$

8) Exercice de type « Rédactionnel »

On dispose, dans une maison individuelle, de deux systèmes de chauffage, l'un de base et l'autre d'appoint. On dira qu'on est dans l'état **1** si seul le chauffage de base fonctionne, et dans l'état **2** si les deux systèmes fonctionnent.

Si un jour on est dans l'état **1**, on estime qu'on y reste le lendemain avec une probabilité $\frac{1}{2}$. En revanche, si on est dans l'état 2, le lendemain la maison est chaude, et l'on passe à l'état **1** avec une probabilité $\frac{3}{4}$.

Soit X_n l'état du système au jour numéro n.

1) Déterminer la matrice de transition et son graphe.

2) On pose $p_n = P(X_n = 1)$. Déterminer une relation de récurrence entre p_n et p_{n+1}.

3) On définit la suite $(u_n)_{n \geqslant 0}$ par : $u_n = p_n - \dfrac{3}{5}$.

    a) Donner la nature de (u_n).

    b) Exprimer alors u_n, puis p_n en fonction de n.

    c) Que vaut $\displaystyle\lim_{n \to +\infty} p_n$?

4) On suppose que l'on est dans l'état **1** un dimanche, trouver la probabilité d'être dans le même état le dimanche suivant.

5) Montrer que si un jour on se retrouve dans l'état **1** avec probabilité $\frac{3}{5}$ alors il en est de même les jours qui suivent.

6) On se place dans le cas où $p_0 = \frac{3}{5}$. Chaque jour dans l'état 1 coûte **2€**, **4€** dans l'état **2**, et chaque transition de l'état **1** à l'état **2** ou inversement coûte **1€**. Calculer le coût moyen de chauffage d'une journée.

SOLUTION

1) Dans cette chaîne de Markov, l'ensemble des états possibles est donné par $\Omega_X = \{1, 2\}$. On peut alors déterminer, à l'aide des données de l'énoncé, le graphe probabiliste et la matrice de transition :

Graphe probabiliste

Matrice de transition P :

$$P = \begin{array}{c} \\ 1 \\ 2 \end{array} \begin{array}{c} 1 \quad 2 \quad \text{(« FUTUR »)} \\ \begin{pmatrix} \dfrac{1}{2} & \dfrac{1}{2} \\ \dfrac{3}{4} & \dfrac{1}{4} \end{pmatrix} \end{array}$$

(« **PRESENT** »)

2) Relation entre p_n et p_{n+1}

Comme on peut le voir avec l'arbre probabiliste ci-dessous, les évènements $(X_{n+1} = 1)$ et $(X_n = \ldots)$ sont liés par la relation :

$$(X_{n+1} = 1) = [(X_n = 1) \cap (X_{n+1} = 1)] \cup [(X_n = 2) \cap (X_{n+1} = 1)]$$

On obtient alors à l'aide de la formule des probabilités totales, en remarquant que $p_{n+1} = P(X_{n+1} = 1)$, la relation entre les différentes probabilités :

$$p_{n+1} = P(X_n = 1) \times P_{X_n=1}(X_{n+1} = 1)$$
$$+ P(X_n = 2) \times P_{X_n=2}(X_{n+1} = 1)$$
$$= \frac{1}{2}p_n + \frac{3}{4}(1 - p_n)$$
$$= \frac{3}{4} - \frac{1}{4}p_n$$

3) a) Pour tout $n \geqslant 0$, $u_{n+1} = p_{n+1} - \dfrac{3}{5} = \dfrac{3}{4} - \dfrac{1}{4}p_n - \dfrac{3}{5} = \dfrac{3}{20} - \dfrac{1}{4}p_n$

$$3 = -\frac{1}{4}\left(p_n - \frac{3}{5}\right) = -\frac{1}{4}u_n$$

On en déduit donc que la suite (u_n) est une suite géométrique de raison $q = -\dfrac{1}{4}$ et de 1er terme $u_0 = p_0 - \dfrac{3}{5}$.

b) Pour tout entier naturel n, on a alors :

$$u_n = u_0\left(-\frac{1}{4}\right)^n = \left(p_0 - \frac{3}{5}\right)\left(-\frac{1}{4}\right)^n$$

De plus, $p_n = u_n + \dfrac{3}{5}$, on en déduit alors : $p_n = \dfrac{3}{5} + \left(p_0 - \dfrac{3}{5}\right)\left(-\dfrac{1}{4}\right)^n$.

c) La suite (u_n) est une suite géométrique dont la raison $q = -\frac{1}{4}$ est comprise entre -1 et 1. Donc cette suite est convergente et converge vers 0 ; soit
$$\lim_{n \to +\infty} u_n = 0.$$

On a alors, par « somme », $\lim\limits_{n \to +\infty} p_n = \dfrac{3}{5}$.

4) On cherche la probabilité suivante : $P_{X_n=1}(X_{n+7} = 1)$. On sait de plus que le processus de Markov est « sans mémoire » ; on peut alors écrire :

$P_{X_n=1}(X_{n+7} = 1) = P_{X_0=1}(X_7 = 1)$.

Or, $P_{X_0=1}(X_7 = 1) = p_7 = \dfrac{3}{5} + \left(p_0 - \dfrac{3}{5}\right)\left(-\dfrac{1}{4}\right)^7$; avec $p_0 = 1$.

On en déduit alors : $P_{X_0=1}(X_7 = 1) = \dfrac{3}{5} + \left(1 - \dfrac{3}{5}\right)\left(-\dfrac{1}{4}\right)^7$

$$= \frac{3}{5} + \frac{2}{5}\left(-\frac{1}{4}\right)^7 \approx \frac{3}{5}$$

5) La matrice de transition P contient uniquement des éléments non nuls ; par

conséquent, les distributions $\pi_n = \begin{pmatrix} p_n & 1 - p_n \end{pmatrix}$ tendent vers un état stable $\pi = \begin{pmatrix} \frac{3}{5} & \frac{2}{5} \end{pmatrix}$ lorsque n devient grand. On constate ici qu'on se trouve déjà dans l'état stationnaire $p_n = \frac{3}{5}$. Donc les jours suivants, on reste dans le même état, avec la même probabilité.

6) L'espérance mathématique $E[C]$ lié au coût C lors d'une journée n est donnée par :

$$E[C] = \sum_i c_i P(C = c_i)$$

$$= 2 \times \left(\frac{3}{5} \times \frac{1}{2} \right) + 5 \times \left(\frac{3}{5} \times \frac{1}{2} \right)$$

$$+ 3 \times \left(\frac{2}{5} \times \frac{3}{4} \right) + 4 \times \left(\frac{2}{5} \times \frac{1}{4} \right)$$

$$= 3,40 \text{ €}$$

---

9) Exercice de type « Rédactionnel »

Alexandra, Bernard et Chantal se lancent un ballon. Alexandra le lance toujours à Chantal, Chantal le lance aux deux autres avec la même probabilité, Bernard le lance une fois sur trois à Alexandra, deux fois sur trois à Chantal. Pour tout entier n, on note X_n la variable aléatoire prenant les états suivants :

- A si Alexandra a le ballon après n lancers ;
- B si Bernard a le ballon après n lancers ;
- C si Chantal a le ballon après n lancers.

1) Déterminer la matrice de transition P associé à (X_n) et dessiner son graphe.

2) Notons, pour tout $n \in \mathbb{N}$, $\pi_n = \begin{pmatrix} a_n & b_n & c_n \end{pmatrix}$, la distribution de X_n.

   a) Pour tout entier n, calculer π_{n+1} en fonction de π_n, puis exprimer une relation entre les coefficients de ces matrices lignes.

   b) On suppose qu'Alexandra a le ballon au début du jeu. Pour chaque enfant, calculer la probabilité d'avoir le ballon après deux lancers.

3) Montrer que $(X_n)_{n \geqslant 0}$ admet une unique distribution invariante π et la calculer.

SOLUTION

1) Matrice de transition   Graphe orienté pondéré :

$$P = \begin{array}{c} \\ A \\ B \\ C \end{array} \begin{array}{ccc} A & B & C \\ \end{array} \begin{pmatrix} 0 & 0 & 1 \\ \dfrac{1}{3} & 0 & \dfrac{2}{3} \\ \dfrac{1}{2} & \dfrac{1}{2} & 0 \end{pmatrix}$$

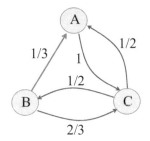

2) a) Les distributions π_{n+1} et π_n sont reliées par la relation : $\pi_{n+1} = \pi_n P$; soit

$$\begin{pmatrix} a_{n+1} & b_{n+1} & c_{n+1} \end{pmatrix} = \begin{pmatrix} a_n & b_n & c_n \end{pmatrix} \begin{pmatrix} 0 & 0 & 1 \\ \dfrac{1}{3} & 0 & \dfrac{2}{3} \\ \dfrac{1}{2} & \dfrac{1}{2} & 0 \end{pmatrix}$$

$$= \begin{pmatrix} \dfrac{1}{3}b_n + \dfrac{1}{2}c_n & \dfrac{1}{2}c_n & a_n + \dfrac{2}{3}b_n \end{pmatrix}$$

On obtient ainsi la relation entre les probabilités de π_{n+1} et celles de π_n :

$$\begin{cases} a_{n+1} = \dfrac{1}{3}b_n + \dfrac{1}{2}c_n \\ b_{n+1} = \dfrac{1}{2}c_n \\ c_{n+1} = a_n + \dfrac{2}{3}b_n \end{cases}$$

b) Si on suppose qu'Alexandra a le ballon au début du jeu, on peut écrire que la distribution initiale π_0 est donnée par : $\pi_0 = \begin{pmatrix} 1 & 0 & 0 \end{pmatrix}$. La distribution π_2 après deux lancers est donnée par :

$$\pi_2 = \pi_0 P^2$$

À l'aide de la calculatrice, on peut facilement calculer le produit matriciel, et on obtient : $\pi_2 = \begin{pmatrix} 0,5 & 0,5 & 0 \end{pmatrix}$.

On peut en déduire, qu'après **2** lancers, Alexandra et Bernard ont **une chance sur deux** d'avoir le ballon, alors que Chantal n'aura aucune chance d'avoir le ballon.

3) La distribution invariante π est telle que $\pi = \pi P$. Si on pose $\pi = \begin{pmatrix} a & b & c \end{pmatrix}$, avec $a + b + c = 1$, on obtient le système suivant :

$$\begin{cases} a = \frac{1}{3}b + \frac{1}{2}c \\ b = \frac{1}{2}c \\ c = a + \frac{2}{3}b \\ a + b + c = 1 \end{cases} \iff \begin{cases} b = \frac{1}{2}c \\ a = \frac{1}{6}c + \frac{1}{2}c = \frac{2}{3}c \\ c = \frac{2}{3}c + \frac{2}{3} \times \frac{1}{2}c = c \\ \frac{2}{3}c + \frac{1}{2}c + c = 1 \end{cases} \iff \begin{cases} a = \frac{4}{13} \\ b = \frac{3}{13} \\ c = \frac{6}{13} \end{cases}$$

On constate que ce système admet une solution unique ; on en déduit ainsi que (X_n) admet bien une unique distribution invariante π définie par :

$$\pi = \begin{pmatrix} \dfrac{4}{13} & \dfrac{3}{13} & \dfrac{6}{13} \end{pmatrix}$$

---

10) Exercice de type « Rédactionnel »

On dispose de **2** machines identiques fonctionnant indépendamment et pouvant tomber en panne au cours d'une journée avec la probabilité $q = \frac{1}{4}$. On note X_n le nombre de machines en panne au début de la **n-ième** journée.

1) On suppose que, si une machine est tombée en panne un jour, elle est réparée la nuit suivante et qu'on ne peut réparer qu'une machine dans la nuit.

   a) Trouver le nombre d'états associé au nombre de machines en panne le matin et montrer que l'on peut définir ainsi une chaîne de Markov.
   b) Déterminer le graphe associée à cette chaîne et la matrice de transition.
   c) Déterminer éventuellement la distribution invariante.

2) Mêmes questions en supposant qu'une machine en panne n'est réparée que le lendemain (c'est-à-dire, aucune la nuit), et le réparateur ne pouvant toujours réparer qu'une machine dans la journée.

3) Le réparateur, de plus en plus paresseux, met maintenant 2 jours pour réparer une seule machine. Montrer que (X_n) n'est plus une chaîne de Markov, et dire comment modifier l'ensemble des états pour que le processus suive bien une chaîne de Markov.

SOLUTION

1) a) Détermination du nombre d'états :

- Si le soir, il y a **0** ou **1** machine en panne, le lendemain matin, puisqu'on peut en réparer **1** dans la nuit, il y en aura aucune en panne.

- Si le soir, il y a **2** machines en panne et puisque dans la nuit, on peut en réparer **1** seule, alors le matin, il restera **1** machine en panne.

Ainsi, l'ensemble des états associés au nombre de machines en panne le matin est donné par : $\Omega_X = \{0, 1\}$.

Le nombre de machines en panne le matin, ne dépend que du nombre de machines en panne la veille au matin, et du nombre de machines qui tombent en panne durant la journée. Ce nombre ne dépend pas de la date où la panne se produit ; c'est donc un processus « sans mémoire » qui correspond bien à une chaîne de Markov.

b) Avant de déterminer le graphe et la matrice de transition, commençons par déterminer les probabilités associées à chaque transition :

- Soit $p_{0,0}$, la probabilité de trouver **0** machine en panne le matin sachant qu'il n'y avait aucune machine en panne la veille. Cela signifie qu'aucune des **2** machines n'est tombée en panne durant la journée ou qu'une seule des **2** machines est tombée en panne et qu'elle a été réparée durant la nuit, et donc le matin, il y a aucune machine en panne.

  $p_{0,0} = p(0 \text{ machine en panne}) + p(1 \text{ machine en panne})$ et puisque les pannes sont indépendantes, on a alors :

  $$p_{0,0} = \underbrace{\frac{3}{4} \times \frac{3}{4}}_{p(0 \text{ machine en panne})} + \underbrace{\frac{1}{4} \times \frac{3}{4} + \frac{3}{4} \times \frac{1}{4}}_{p(1 \text{ machine en panne})} = \frac{15}{16}$$

- Soit $p_{0,1}$, la probabilité de trouver **1** machine en panne le matin sachant qu'il n'y avait aucune machine en panne la veille ; cela signifie que les **2** machines sont tombées en panne durant la journée et que, durant la nuit, on en réparé **1** seule. On a ainsi :

  $$p_{0,1} = \left(\frac{1}{4}\right)^2 = \frac{1}{16}.$$

- Soit Soit $p_{1,0}$, la probabilité de trouver le lendemain les **2** machines en fonctionnement, sachant que la veille, **1** machine était en panne. Cela signifie que la deuxième machine n'est pas tombée en panne. On a ainsi :

  $$p_{1,0} = \frac{3}{4}.$$

- Soit $p_{1,1}$, la probabilité de trouver **1** machine en panne le matin, sachant que la veille, il y en avait déjà **1** en panne. C'est à dire qu'on cherche la probabilité que la deuxième machine tombe également en panne. On a ainsi :

$$p_{1,1} = \frac{1}{4}.$$

On peut alors facilement en déduire, le graphe probabiliste et la matrice de transition que l'on notera P :

Graphe probabiliste

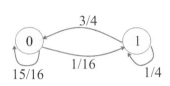

Matrice de transition P :

$$P = \begin{array}{c} \\ 0 \\ \\ 1 \end{array} \begin{array}{cc} 0 & 1 \quad (\text{« \textbf{FUTUR} »}) \\ \begin{pmatrix} \dfrac{15}{16} & \dfrac{1}{16} \\ \\ \dfrac{3}{4} & \dfrac{1}{4} \end{pmatrix} \end{array}$$

(« **PRESENT** »)

c) Distribution invariante π :

Elle est telle que $\pi = \pi P$; il suffit de poser $\pi = \begin{pmatrix} a & b \end{pmatrix}$; d'après ce qui précède, on a alors :

$$\begin{pmatrix} a & b \end{pmatrix} = \begin{pmatrix} a & b \end{pmatrix} \times \begin{pmatrix} \dfrac{15}{16} & \dfrac{1}{16} \\ \\ \dfrac{3}{4} & \dfrac{1}{4} \end{pmatrix}$$

Ce qui conduit au système suivant :

$$\begin{cases} a = \frac{15}{16}a + \frac{3}{4}b \\ b = \frac{1}{16}a + \frac{1}{4} \end{cases} \iff \begin{cases} 16a = 15a + 12b \\ 16b = a + 4b \end{cases}$$

On sait de plus, que a et b sont des probabilités contraires, d'où $a + b = 1$. Ce qui conduit au système suivant :

$$\begin{cases} a = 12b \\ a + b = 1 \end{cases} \iff \begin{cases} 13b = 1 \\ a = 12b \end{cases} \iff \begin{cases} a = \frac{12}{13} \\ b = \frac{1}{13} \end{cases}$$

La distribution invariante est alors donnée par : $\pi = \begin{pmatrix} \dfrac{12}{13} & \dfrac{1}{13} \end{pmatrix}$.

2) a) Détermination du nombre d'états

Si aucune machine ne peut être réparée la nuit, le matin, il peut alors y avoir **0** ou **1** ou **2** machines en panne et l'ensemble des états est alors modifié (et il y a maintenant **3** états) ; on a alors : $\Omega'_X = \{0, 1, 2\}$.

b) Déterminons les probabilités entre les différents états

- Soit $p'_{0,0}$, la probabilité de trouver **0** machine en panne le matin en sachant que la veille, il n'y en avait aucune en panne le matin. Cela signifie qu'aucune des **2** machines n'est tombée en panne durant la journée et donc le matin, il y a aucune machine en panne. On a alors :

$$p_{0,0} = \left(\frac{3}{4}\right)^2 = \frac{9}{16}.$$

- Soit $p'_{0,1}$, la probabilité de trouver **1** machine en panne le matin sachant qu'il n'y en avait aucune en panne la veille au matin ; cela signifie qu'une machine sur les deux, est tombée en panne durant la journée. On a ainsi :

$$p'_{0,1} = 2 \times \frac{1}{4} \times \frac{3}{4} = \frac{6}{16}.$$

- Soit Soit $p'_{0,2}$, la probabilité de trouver le lendemain matin les **2** machines en panne sachant qu'il n'y en avait aucune en panne la veille au matin. On a ainsi :

$$p'_{0,2} = \left(\frac{1}{4}\right)^2 = \frac{1}{16}.$$

- Soit Soit $p'_{1,0}$, la probabilité de trouver le lendemain matin la machine qui marchait la veille marche encore. On a ainsi :

$$p'_{1,0} = \frac{3}{4}.$$

- Soit $p'_{1,1}$, la probabilité de trouver **1** machine en panne le matin, sachant que la veille, il y en avait déjà **1** en panne le matin. C'est à dire qu'on cherche la probabilité que la deuxième machine tombe également en panne (celle qui était en panne la veille marche, puisqu'elle a été réparée). On a ainsi :

$$p'_{1,1} = \frac{1}{4}.$$

- Soit $p'_{1,2}$, la probabilité de trouver **2** machine en panne le matin, sachant que la veille, il y en avait déjà **1** en panne le matin. Mais la machine qui était en panne la veille marche le lendemain puisqu'elle est réparée ; on ne peut donc pas avoir les deux machines en panne, si l'une d'elles a été réparée. On a ainsi :

$$p'_{1,2} = 0.$$

- Soit $p'_{2,0}$, la probabilité de trouver **0** machine en panne le matin, sachant que la veille, il y en avait déjà **2** en panne le matin. On sait aussi qu'on ne peut réparer qu'une machine par jour. On ne peut donc pas trouver les **2** machines en état de marche si la veille les **2** étaient en panne. On a ainsi :

$$p'_{2,0} = 0.$$

- Soit $p'_{2,1}$, la probabilité de trouver **1** machine en panne le matin, sachant que la veille, il y en avait déjà **2** en panne le matin. On sait aussi qu'on ne peut réparer qu'une machine par jour. Donc si on en répare une des deux, on est sûr d'en trouver une qui marche le lendemain. On a ainsi :

$$p'_{2,1} = 1.$$

- Pour finir, soit $p'_{2,2}$, la probabilité de trouver **2** machines en panne le matin, sachant que la veille, il y en avait déjà **2** en panne le matin. Et si on en répare une des deux, on est sûr d'en trouver une qui marche le lendemain. On a ainsi :

$$p'_{2,2} = 0.$$

On peut alors facilement en déduire, le graphe probabiliste et la matrice de transition que l'on notera P :

Graphe probabiliste orienté :　　　　Matrice de transition P :

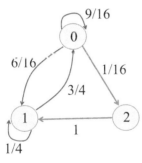

$$P = \begin{array}{c} \\ 0 \\ 1 \\ 2 \end{array} \begin{array}{ccc} 0 & 1 & 2 \\ \left(\begin{array}{ccc} \dfrac{9}{16} & \dfrac{6}{16} & \dfrac{1}{16} \\ \dfrac{3}{4} & \dfrac{1}{4} & 0 \\ 0 & 1 & 0 \end{array}\right) \end{array}$$

c) Distribution invariante π :

Elle est telle que $\pi = \pi P$; il suffit de poser $\pi = \begin{pmatrix} a & b & c \end{pmatrix}$; d'après ce qui précède, on a alors :

$$\begin{pmatrix} a & b & c \end{pmatrix} = \begin{pmatrix} a & b & c \end{pmatrix} \times \begin{pmatrix} \dfrac{9}{16} & \dfrac{6}{16} & \dfrac{1}{16} \\ \dfrac{3}{4} & \dfrac{1}{4} & 0 \\ 0 & 1 & 0 \end{pmatrix}$$

Ce qui conduit au système suivant :

$$\begin{cases} a = \frac{9}{16}a + \frac{3}{4}b \\ b = \frac{6}{16}a + \frac{1}{4}b + c \\ c = \frac{1}{16}a \end{cases} \iff \begin{cases} 9a + 12b = 16a \\ 6a + 4b + 16c = 16b \\ a = 16c \end{cases}$$

$$\iff \begin{cases} 7a = 12b \\ 6a - 12b + 16c = 0 \\ a = 16c \end{cases}$$

On sait de plus, que $a + b + c = 1$; ce qui conduit au système suivant :

$$\begin{cases} b = \frac{7}{12}a \\ a = 16c \\ a + b + c = 1 \end{cases} \iff \begin{cases} a + \frac{7}{12}a + \frac{1}{16}a = 1 \\ b = \frac{7}{12}a \\ c = \frac{1}{16}a \end{cases} \iff \begin{cases} a = \frac{48}{79} \\ b = \frac{28}{79} \\ c = \frac{3}{79} \end{cases}$$

Remarque : On peut vérifier que $6a - 12b + 16c = 0$; et on aurait pu directement résoudre le système à la calculatrice (équations simultanées).

La distribution invariante est alors donnée par : $\pi = \left(\dfrac{48}{79} \quad \dfrac{28}{79} \quad \dfrac{3}{79} \right)$.

3) L'ensemble des états n'a pas changé, puisqu'on a toujours **0**, ou **1** ou **2** machine(s) en panne. Mais si on prend par exemple le cas, où un jour donné, **2** machines sont en panne, on ne peut pas savoir si le lendemain, il y aura **1** ou **2** machine(s) en panne (puisque le réparateur a **2** jours au maximum pour la réparer). On n'est donc plus dans la configuration du processus de Markov car on ne peut pas prévoir de manière certaine le nombre de machines qui fonctionnent le lendemain. Pour revenir à une chaine de Markov, il faudrait introduire **2** états supplémentaires afin de savoir si la réparation se fait le **1**^{er} ou le **2**^{e} jour :

- **1Bis :** **1** machine est en panne et elle sera réparée le **2**^{e} jour ;

- **2Bis :** **2** machines sont en panne et c'est le deuxième jour qu'on réparera la **1**^{re} machine.

Printed in France by Amazon
Brétigny-sur-Orge, FR

13390577R00161